空中交通管理系列教材

通信 导航 监视设施

（第2版）

主　编　程　擎

副主编　江　波　张雪华

主　审　何秋钊

西南交通大学出版社
·成　都·

内容提要

本书介绍了民航当前采用的通信、导航、监视系统的种类、功能及工作原理，同时对卫星通信、卫星导航和自动相关监视的理论及技术也进行了详细阐述。通过该课程的学习，民航交通运输专业及其相关专业方向的学生能了解民航通信、导航、监视系统的体系结构，掌握设施设备的组成、功能及其应用，并具备相应的实践技能。

本书为空中交通管理、飞行签派和航行情报专业的专用教材，也可作为交通运输与规划专业研究生的选用教材，还可供空中交通管制保障部门（通信导航雷达部门）的工程技术人员参考。

图书在版编目（CIP）数据

通信　导航　监视设施／程擎主编. —2 版. —成都：西南交通大学出版社，2016.2（2025.1 重印）
空中交通管理系列教材
ISBN 978-7-5643-4561-7

Ⅰ. ①通… Ⅱ. ①程… Ⅲ. ①航空通信 – 教材　② 航空导航 – 教材③航空 – 监视控制 – 教材　Ⅳ. ①V243.1 ②V249.3

中国版本图书馆 CIP 数据核字（2016）第 032028 号

空中交通管理系列教材

通信　导航　监视设施（第 2 版）
主编　程　擎

责 任 编 辑	宋彦博	
封 面 设 计	何东琳设计工作室	
出 版 发 行	西南交通大学出版社 （四川省成都市二环路北一段 111 号 西南交通大学创新大厦 21 楼）	
发 行 部 电 话	028-87600564　028-87600533	
邮 政 编 码	610031	
网 　 　 址	http://www.xnjdcbs.com	
印 　 　 刷	成都中永印务有限责任公司	
成 品 尺 寸	185 mm×260 mm	
印 　 　 张	17.5	
字 　 　 数	437 千	
版 　 　 次	2016 年 2 月第 2 版	
印 　 　 次	2025 年 1 月第 12 次	
书 　 　 号	ISBN 978-7-5643-4561-7	
定 　 　 价	55.00 元	

课件咨询电话：028-81435775
图书如有印装质量问题　本社负责退换
版权所有　盗版必究　举报电话：028-87600562

第 2 版前言

"通信、导航、监视设施"是交通运输专业的一门专业基础课，专门介绍民航当前所使用的以及未来可能使用的通信、导航、监视系统，具体内容包括无线电基础知识，民航通信系统、导航系统和监视系统。

本教材详细介绍了民航当前采用的通信系统、导航系统、监视系统的种类、功能及各系统的工作原理。同时，考虑到民航新一代空中交通管理系统的推进，以及各种新技术的逐步应用，本教材对卫星通信、全球卫星导航系统和自动相关监视等系统也进行了详细阐述。

本教材源于 1997 年开始使用的自编讲义。2004 年 1 月，魏光兴、程擎、张光明、江波和方学东对讲义进行了修订，并于同年 6 月在西南交通大学出版社出版。随着新一代空中交通管理系统新技术的逐步使用，空中交通管理、飞行签派及航行情报等人员对民航通信、导航、监视知识提出了新的要求。2014 年，中国民用航空飞行学院决定对本教材进行重新修订。新版教材按照新大纲重新设置教学内容，重新研讨了该学科的知识体系和学科特点。教材编写组收集了大量资料，对教材进行了大幅度的修订及改编，使教材的内容、结构、体系更贴近专业教学需要，更加符合民航发展的要求。

本书由中国民用航空飞行学院的程擎等老师编写，其中，第 1 章、第 2 章由江波编写，第 3 章、第 5 章由程擎编写，第 4 章由张雪华编写。全书由程擎统稿，何秋钊审阅。通信、导航、监视教学组的其他老师对本教材也提出了很好的建议。

在本书编写过程中，我们得到了中国民用航空飞行学院空中交通管理学院、教务处，以及提供资料的各民航单位的大力支持，在此一并表示衷心感谢。

本书可作为民航交通运输专业学生及成人理论培训教材。由于本教材涉及面广，编者所掌握资料不全，加之水平有限，书中不足之处在所难免，恳请读者批评指正。

编 者

2015 年 9 月于中国民用航空飞行学院

第1版前言

通信、导航、监视系统是民航生产实践中的重要保障系统，它是保证飞行正常、安全的重要手段。随着新航行系统的逐步实施，新技术得到了广泛应用；航空管理及运行手段的变革正在进行，程序化、制度化、科学化、自动化的航行系统正在形成；服务系统在航空中的地位越来越举足轻重，它的发展和进步必将给民航带来巨大而深远的影响。

《通信、导航、监视设施》是专门研讨民航当前及未来发展所采用的通信、导航、监视系统的教材，是空中交通管理、飞行签派及航行情报服务等交通运输专业的一门专业基础课。

本教材详细介绍了民航当前采用的通信系统、导航系统、监视系统的种类、功能及各系统的工作原理。同时，由于卫星技术的发展，新航行系统的逐步应用，对卫星通信、卫星导航和 ADS 监视的理论及技术也进行了详细阐述。

本教材于 1997 年开始使用，先后在交通运输专业、大改航、大改情、大改签专业试用。试用期间，广泛征求了教师和部分学生的意见，同时在教材的实用性方面，还征求了民航生产一线的专家和技术人员的意见，并详细分析了教材的反馈信息。在此基础上，重新搜集和消化了大量资料，重新研讨了该学科的知识体系和学科教学特点，对教材进行了大幅度的修订改编，并针对航空设备和地面保障系统的发展，删除了大量陈旧的内容，增加了许多新知识、新技术，使教材的内容、结构、体系更加完善，更加符合民航发展实际和发展要求。

本书共分为五章。第一章主要介绍了民航通信、导航、监视系统，新航行系统及对民航发展的影响；第二章主要讲述了无线电信号的产生、传播和接收；第三章主要介绍了民航平面通信网络和地-空通信系统、卫星通信系统，介绍了主要的数据通信网（X. 25 分组交换网、帧中继 FR 网、数字数据网 DDN、异步传输模式 ATM）和中国民航数据通信系统；第四章主要讲述了民航近程导航系统和远程导航系统，包括 NDB、VOR、DME 及 ILS 系统，惯导 IRS 和卫星导航 GPS 系统；讨论了系统的工作原理和系统的性能；第五章主要介绍了民航的监视系统，包括雷达原理、一次雷达工作原理及性能参数，A/C 模式二次雷达和 S 模式二次雷达的工作原理及性能参数，自动相关监视 ADS 系统以及机载监视设备（TCAS、GPWS、EGPWS 和风切变探测系统）。

本书由中国民航飞行学院魏光兴等同志编写，其中，第一章由魏光兴编写，第二章由江波编写，第三章由张光明编写，第四章由方学东、魏光兴编写，第五章由程擎、魏光兴编写。全书由魏光兴统稿主编，张焕对全书进行了审阅。

本书在编写过程中，得到了民航西南管理局通导处、通信总站，中国民航飞行学院教务处，中国民航飞行学院空管学院，中国民航飞行学院空管中心及领航教研室的大力支持，得到了朱代武、何秋钊、张焕的热心帮助，他们提出了不少宝贵意见，在此一并表示衷心感谢。

本书为民航交通运输专业及成人理论培训教材，由于编者资料占有不全、水平有限，书中错误和不足之处在所难免，恳请读者批评指正。

编　者

2004 年 1 月于中国民航飞行学院

目　录

第 1 章 绪 论

民用航空是国民经济的重要组成部分之一，而民航空中交通服务系统建设的好坏，直接关系到民用航空的安全、正常和效率。为了适应我国民航运输业快速增长的需求，空中交通服务系统的发展、建设必须与航空运输的发展速度相协调。

民航空中交通服务系统由空中交通管理系统、通信系统、导航系统、监视系统、气象系统、航行情报系统和其他支持系统等组成。其中，通信系统、导航系统和监视系统构成了航行系统的硬件部分。通信系统分为平面通信系统和地-空通信系统。平面通信系统包括机场总机、机场平面移动通信、电报网、雷达数据传输网、卫星传输网、自动情报网、分组交换网和管制移交通信等。地-空通信是飞机和地面管制单位、航空公司之间的通信。导航系统分为终端区域导航系统和航路导航系统两类。终端区域导航系统是指在终端区域引导飞机进离场、进近着陆的导航系统。航路导航系统是引导飞机沿航路飞行的导航系统。监视系统分为终端区域监视系统和航路监视系统，主要指地面空中交通管制单位用于对飞机状态进行监控的系统。

在通信、导航监视系统的发展过程中，国际民航组织（ICAO）于 20 世纪 80 年代提出了发展新航行系统的战略，因此本书把 20 世纪 80 年代以前的航行系统称为传统航行系统。

1.1 传统航行系统

1.1.1 传统航行系统的概况

20 世纪 80 年代，地-空通信主要采用语音通信，包括高频（HF）话音通信系统和甚高频（VHF）话音通信系统，在欧洲和北美也少量使用了低速的地-空数据链通信。

导航系统主要采用陆基导航系统。其中，终端区域导航系统包括无方向性信标系统（NDB）、甚高频全向信标台/测距仪（VOR/DME）系统、仪表着陆系统（ILS）和微波着陆系统（MLS）等；航路导航系统分为近程导航系统和远程导航系统两种，包括 NDB、VOR/DME、INS/IRS（惯性导航系统/惯性基准系统）、罗兰-C 和奥米加（OMEGA）导航系统等。

监视系统包括在高交通密度区域和终端区域使用的一次雷达和二次雷达监视，在雷达覆盖区域外，使用依靠话音通信来报告飞机位置的人工相关监视。

1.1.2　传统航行系统的缺陷

传统航行系统的通信导航监视（CNS）系统都是基于陆基的系统，是分散和各自独立的系统。随着飞行流量的日益增加，这些通信、导航和监视系统越来越不能适应民航发展的需要，它们在多个方面都制约着民航的发展。传统航行系统存在的主要缺点表现在以下几个方面：

① 陆基系统的覆盖范围有限：这些通信导航监视系统中在视线范围内传播的包括 VHF 通信、VOR、DME、一次雷达和二次雷达等，其覆盖范围有限。

② 精度低，可靠性差：中远程的陆基传播系统包括 HF 通信、NDB、罗兰-C 等，由于传播特性的可变性，其准确性和可靠性受地区、昼夜和季节气候的影响较大。

③ 全球难以以统一方式运作：不同的国家和地区采用的通信导航监视设施不同，导致使用不同的管制方式时，其管制间隔和流量不同，运行方式也不同。

④ 通信采用话音而缺少空-地数字数据交换系统，主要表现为：

➢ 速度慢：利用话音传送 200 个字符需 30～40 s，占用信道时间比较长。目前，空中交通繁忙的地区，VHF 频率资源已显得紧张，话音通信限制了 VHF 频率资源利用率的提高。

➢ 易出错：话音通信主要在机组人员、管制员及航务管理人员之间进行，长时间的飞行和讲话都易使人疲劳，加上各国、各地的语言、口音不一致，可能产生听不懂、听不清或说错、抄错的情况。

➢ 多信宿的限制：有些通信内容要先由话务员收下，然后人工转发给多个用户，进一步增加了出错的可能性，并且延长了通信时间。

➢ 业务种类受限制：某些计算机数据不便由人口述，飞机上所利用的地面数据库信息，也不便由话音通信来实现。

⑤ 随着民航的飞速发展，飞机数量和飞行流量有很大的增加，而传统通信导航监视系统很难适应飞机数量及流量的增加。

1.1.3　对新航行系统的总体要求

传统航行系统存在弊端，已越来越不适应民航的发展，需要变革。ICAO 很早就开始发展新航行系统，其对新航行系统的总体要求体现在安全、容量、效率和效益四个方面，具体为：

① 用新技术适应未来航行的需要，提高系统容量。

② 覆盖海洋、边远地区和高高度区域，实现全球无缝隙的覆盖。

③ 采用数字式数据交换，改善质量，提高空管自动化水平，保证航空安全。

④ 提高空管的灵活性，从程序管制过渡到设备监视下的管制，使空域的利用动态化。

⑤ 扩展监视的作用，在保证安全的前提下缩小飞行间隔，提高空域的利用率。

⑥ 提高精密定位能力，有利于实现区域导航和四维导航，扩展航线距离短而快捷的直飞航线，扩大飞行自由度，节约飞行时间和燃油。

⑦ 适应各种环境，包括不同空域环境、不同交通密度、不同机载设备、不同地面设备，并能适应多样化用户，以及全球飞行时跨区或飞越国境时的实用性。

1.2　新航行系统

1.2.1　新航行系统的产生

为解决现行航行系统在未来航空运输中的安全、容量和效率不足的问题，ICAO 基于对未来飞行流量增长和应用需求的预测，于 1983 年提出在飞机、空间和地面设施三个环境中发展基于卫星和数字信息的先进通信、导航和监视技术。由于当时有些系统设备仍在研制中，尚不具备所需运行条件，ICAO 将该建议称为未来航行系统（FANS）方案。1988 年 5 月，在 FANS 第四次会议上，ICAO 建议采纳主要基于卫星技术的全球新 CNS/ATM 系统，即 FANS 系统，其内容包括技术、运营、经济、财政、法律、组织等多个领域，为各地区实施新航行系统提供了更具体的指导。1990 年，FANS-II 委员会成立，负责制订 FANS 系统的实施计划和过渡安排。1991 年，FANS 的概念和基本方案在 ICAO 第十次航行会议上通过，并于 1992 年 10 月得到 ICAO 第 29 届大会批准。1993 年，FANS-II 委员会完成历史使命，FANS 系统转入实施阶段，同时改称 FANS 系统为 CNS/ATM 系统，简称新航行系统。

CNS/ATM 系统在航空中的应用给全球航空运输的安全性、有效性、灵活性带来巨大的变革，使空中交通管理进入了新的发展时代。

1.2.2　新航行系统的组成

新航行系统是一个以星基为主的全球通信、导航、监视加上自动化的空中交通管理系统，如图 1.1 所示。新航行系统由通信（C）系统、导航（N）系统、监视（S）系统和空中交通管理（ATM）系统四部分组成。其中，通信、导航和监视系统是基础设施；导航是系统的核心，通信是系统的必要条件，监视是系统保障安全的手段，三者缺一不可。空中交通管理是管理体制、配套设施及其应用软件的组合。新航行系统主要新在"星基"上，即系统的关键问题是卫星的应用。空中交通管理系统的关键问题是数字化、计算机处理及联网问题。

空中交通管理系统是新航行系统的一个重要组成部分，是构筑在通信、导航和监视系统上的管理系统、配套设施及其应用软件的组合。其目的是使航空器运营者按其计划的时间起飞和到达，并在不降低安全水平的情况下，以最小约束的方式，按其满意的飞行面飞行。根据空中交通管理系统实现功能目标的不同，空中交通管理系统可分为以下几个子系统：空中交通流量管理（ATFM）、空域管理（ASM）、空中交通服务（ATS）。而空中交通服务又可分为空中交通管制（ATC）、航行情报服务（FIS）、告警服务（AL），并在空中交通管理中引入所需空中交通管理性能（RATMP）概念。ATM 系统的关键问题是数据化、计算机处理及联网问题。

从新技术利用上说，新航行系统主要是卫星技术、数据链技术和计算机网络技术的综合应用。系统在采用新技术方面有如下特点：

① 利用卫星技术，从陆基通信导航监视系统逐步向星基通信导航监视系统过渡，逐步以星基系统为主；

② 数据链技术的开发利用可实现地-空、地-地、空-空之间可靠的数据交换；

③ 系统采用数字化、计算机处理和联网技术。

ICAO 在 1992 年批准了新航行系统的实施方案，并在 1993 年转入实施阶段。在多年的发展过程中，随着一些新技术的出现，ICAO 也修改了新技术实施规划方案，并在 2012 蒙特利尔第 12 次航行会议中，制定了通信导航监视系统的发展线路图。

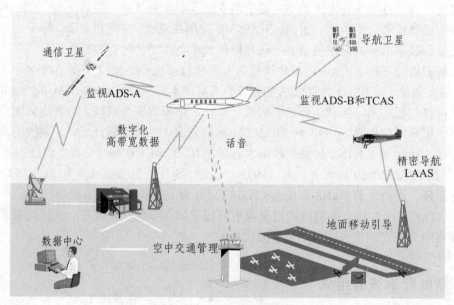

图 1.1　CNS/ATM 环境

1.2.3　新航行系统的发展及 ASBU 技术路线图规划

1992 年，ICAO 批准了新航行系统的实施方案，并从 1993 年转入实施阶段，还制定了《CNS/ATM 系统全球空中航行计划》（Doc 9750 号文件）；在随后的 CNS/ATM 实施过程中，随着一些新理念的出现和航行新技术的应用，ICAO 在 2003 年的第 11 次全球航行大会上提出了"全球一体化的空中交通管理"运行概念；2012 年，ICAO 在蒙特利尔第 12 次航行会议中更新了《全球空中航行计划》，提出航空系统组块升级（Aviation System Block Upgrade，ASBU），并制定了 ASBU 的技术路线。

ASBU 的技术路线包括通信系统、导航系统、监视系统、信息管理技术和航空电子设备技术路线等，这里简单介绍通信系统、导航系统和监视系统的发展规划。

1.2.3.1　通信系统

对于通信系统来说，最关键的是发展双向的数据通信，尤其是飞机与地面的通信。通信技术路线图实际上包括 3 部分，分别为空-地数据链通信、地-地通信以及空-地语音通信。

空-地数据链通信采用 HF 数据链通信、VHF 数据链通信和卫星数据链通信，其技术都从当前的飞机通信寻址与报告系统（ACARS）向航空电信网（ATN）发展。另外，空-地数据链通信系统还包括航空移动空港通信系统（AeroMACS），它有望提供大容量的数据链路，在飞机停靠闸口或停机坪时，实现飞机、车辆、固定站之间的高效率信息交换，以及支持不同的 ATM 和 AOC 应用。

地-地通信的互联网协议由 IPv4 全面发展为 IPv6，覆盖全部的语音通信。

空-地语音通信包括 VHF 语音通信、HF 语音通信和卫星通信，未来主要发展数字语音系统。

1.2.3.2　导航系统

对于导航系统来说，传统的无线电导航已经不能适应越来越繁忙的空中交通流量需求。为保证导航的安全、高效率以及空中交通的有序进行，国际民航组织必须发展新型的导航系统。

导航方式应从基于信号的传统导航方式向基于性能的导航方式转变，在不同的区域运用不同的 PBN 导航规范。应采用全球导航卫星系统（GNSS）来提供全球覆盖，并发展多频、多星座的全球导航卫星系统（GNSS），通过 GNSS 增强系统来提供 CAT I、CAT II 和 CAT III 类精密进近。应保留微波着陆系统（MLS）和仪表着陆系统（ILS），以缓解 GNSS 中断时对精密进近的需求。NDB、VOR 将逐步退出导航领域，改用 DME 组成陆基导航网络来支持 PBN 运行。

1.2.3.3　监视系统

监视系统的技术线路图包括场面监视、地-空监视和空-空监视三部分。场面监视技术包括场面监视雷达、多点定位监视、广播式自动相关监视和照相机。地-空监视包括一次雷达、二次雷达（SSR）、S 模式二次雷达、广域多点定位监视、广播式自动相关监视系统（ADS-B）和协约式自动相关监视系统（ADS-C）。空-空监视采用广播式自动相关监视系统（ADS-B）。

1.2.4　新航行系统的特点

新航行系统的特点反映在系统、技术和实施等方面。

1.2.4.1　系统方面

1. 新航行系统是一个完整的系统

新航行系统由通信系统、导航系统、监视系统和空中交通管理系统组成。实际应用中，虽然存在独立的可用技术和设备性能规定，但从完成安全、有效飞行任务总目标意义上来看，其中的通信、导航和监视系统以硬件设备和应用开发为主，空中交通管理则以数据综合处理和规则管理运行为主。通信、导航、监视和空中交通管理之间相辅相成，在科学的管理方法指导下，高性能的硬件设备能为实现 ATM 目标提供可靠的手段，为空中交通高效率运行提供潜能。不论是现在 ATC 的目标，还是今后全球 ATM 的目标，都是依赖于当时的可用技术和设备能力提出来的。新航行系统将各种可靠的手段（通信、导航、监视等）和方法（程序法规等）有机地综合在一起，对来自各信源的信息进行加工、处理和利用，实现一致的和无缝隙的全球空中交通管理。在实施空中交通管理的过程中，应将各分系统的高性能都体现在ATM 的效益上，使空中交通在任何情形下都有条不紊。

2. 新航行系统是一个全球一体化的系统

新航行系统满足国际承认和相互运行的要求，对空域用户以边界透明方式确保相邻系统和程序能够相互衔接，适合于广泛用户和各种水平的机载电子设备。随着新航行系统不断完善而产生的所需总系统性能（RTSP）这一概念，将对总系统在安全性、规范性、有效性、空域共享和人文因素方面做出规定。RTSP 成为发展新航行系统过程中普遍应用的系列标准，指导各国、各地区如何实施新系统，以保证取得协调一致的运行效果，使空中交通管理和空域利用达到最佳水平，从而实现全球一体化 ATM 的目标。

3. 新航行系统是一个以滚动方式发展的系统

纵观 ICAO 开始提出的 FANS 方案和其后一再讨论制订的 CNS/ATM 实施方案，在新航行系统中，分系统成分发生了一些变化。例如：数据链通信中的甚高频数据链（VDL）通信重点发展 VDL 2 和 VDL 4，卫星通信中出现了铱星通信；导航系统中的陆基导航系统延长了测距仪（DME）的应用，GNSS 中新增加了"伽利略"卫星导航系统和"北斗"卫星导航系统，并增加了多种增强系统；监视技术中出现了多点定位技术、多基一次监视雷达技术，且ADS 的应用更广泛。另外，ICAO 还先后增加了所需性能的概念。具体有：所需导航性能（RNP）、所需通信性能（RCP）、所需监视性能（RMP）、所需空中交通管理性能（RATMP）和在这些性能综合条件下的所需总系统性能（RTSP）。由此可见，ICAO 的工作方式已经从在新系统中使用和不使用什么设备的选择上转到注重制定所需性能标准上来。从已经颁布的RNP 规定的应用结果来看，RNP 概念的应用实现了 ICAO 的预期目的。所需性能概念体现了ICAO 发展航行系统的战略思想，即面对今后交通流量的持续增长和新技术的不断涌现，在完善各种性能要求，并在所需性能指导下，为各国、各地区提供广泛的新技术应用空间和发展余地。在标准化的管理模式下，新航行系统会不断地吸纳新技术、新应用，并使其向更趋于理想模式的方向发展。

1.2.4.2　技术方面

新航行系统利用了多种技术，其主要依赖的新技术可以表示为：卫星技术 + 数据链技术 +计算机网络技术 + 自动化技术。其中，卫星技术和数据处理技术从根本上克服了陆基航行系统固有的而又无法解决的一些缺陷，如覆盖能力有限、信号质量差等。计算机技术和自动化技术是实现信息处理快捷、精确，减轻人员工作负荷的重要手段，如机载的飞行管理系统和空管自动化系统大大减轻了飞行员和管制员的工作负荷。

1.2.4.3　实施方面

在新技术的实施中，在不同的实施区域，可采用先辅后主和先易后难的方式。在走向新航行系统的进程中，必然有新老系统并存的过渡期。初期，新系统在运行中起辅助作用，即在功能上发挥补充能力作用；后期，除少部分优秀的现行系统作新系统的备份外，新系统成为空中交通管理的主角。随着人们对新航行系统体系认识和理解的加深，新技术的渗透将使新系统逐步平稳地取代现行系统。

所谓"先易后难"，指新系统先在对陆基设备影响小的地方或环境中实现应用，而在可能对陆基系统产生较大影响的场合迟后慎重应用。例如，PBN、GLS技术首先应用于我国的偏远高原机场，随后在其他容量大的机场使用。

1.2.4.4 新航行系统对空中交通管理系统的影响

1. 陆基航行系统向星基航行系统转变

人类对空间技术的研究，解决了一些在陆地环境下无法解决的问题。卫星技术的应用是人类文明发展的重要标志。卫星技术可用性的提高是陆基航行系统向星基航行系统转变的关键。卫星通信技术在电视广播领域也得到了广泛的应用，经历了从租用、购买转发器开始，到自主发射卫星、使用专用转发器的发展过程。卫星通信技术也从服务于娱乐、日常生活发展到能以多种速率、多种方式传输多种数据，并应用于各个领域。在实现陆基通信方式困难的地方，卫星通信技术已经成为重要的依赖手段。与现行陆基导航系统相比，全球导航卫星系统具有高精度、多功能、全球性等优点，解决了航路设计受限于地面设施的问题，也为远距离或跨洋飞行提供了实时定位导航手段。当基本卫星导航系统与可靠的增强系统结合后，可将其用于全部飞行阶段。在建设具有相同规模和同样保证能力的常规空管系统所需经费方面，星基空管系统已向陆基空管系统提出了挑战。

2. 国家空管系统向全球一体化空管体系转变

在现行航行系统环境下，由于各国空中交通管理设施的能力不同，管制方法和管制程序以及在空域利用和最低间隔标准问题上缺乏一致性，因而对飞机的有效飞行增加了额外限制。在发展空中交通管理系统的过程中，国家与国家之间很少合作，使飞机不能有效发挥先进机载设备的能力，特别是现行航行系统缺乏全球覆盖性、规范性和有效性的共同基础。现行航行空中交通服务的安全水平仅限于某些空域范围，还不具备全球性的安全水平。这些都是现行系统无法满足未来交通增长要求和空域用户需求的原因。现行条件下，随着空中交通运输量的持续增长，空域的不连续性和国家航行系统的不一致性，会妨碍有限空域的最佳利用。

新航行系统中一体化的ATM能够使飞行员满足其计划的离港和到达时间，在最小的限制和不危及安全的情况下保持其优选飞行剖面。为此，需要空域和国家空管系统的部件、程序具有协调性和标准化，以国际统一的ATM标准和程序全面开发新航行系统技术。

新航行系统中的功能系统具有全球覆盖的特点，机载和地面设备之间相互联系和数据交换功能的兼容性保证了总系统能一致有效地工作。飞机无论在境内还是跨国飞行，都将获得全球一体化航行系统所提供的无缝隙空域管理的标准服务。

3. 空中交通管制向自动化方向转变

空中交通管制工作由复杂任务组成，要求管制员具有较高的技能和灵活应变的能力，如对空域的洞察力，可用信息的处理、推理和决断的独特能力。全球一体化ATM所显示的安全性、空域高容量和飞行有效性的要求，在管制员发挥其特有能力的同时，还要利用自动化手段改善管制工作效率。在航行数据采集处理、动态空域的组织、飞行状态的预测、解决冲突建议措施的选择过程中，自动化系统的快速解算能力将获得更及时、更准确的结果，帮助管制员自动进行空中交通活动的计算、排序和间隔，获得更直接的航路，以便在有限的空域内建立有效的飞行流量。同时，各种信息多途径自动有效的传输，极大地减轻了管制员的工作负荷。

目前，空中交通管制将以渐进方式引进自动化系统，利用计算机和有关软件协助管制员完成部分任务。应当明确，实现自动化的空中交通管制方式并不等于完全取代管制员。在实际应用中，受各种随机因素和不可预见事件的影响，飞机不可能也不总是按其预定计划运行。因此，自动化的空中交通管制方式仍然需要发挥管制员特有的能力和灵活性特点。

1.2.5 我国当前航行系统状况

随着新航行系统在我国的推进，当前中国民航的航行系统取得了很大的进步。

1.2.5.1 通信系统方面

通信系统分为平面通信和地-空通信来建设。在平面通信方面，建成覆盖全国民用机场、航空公司及空中交通管制单位的中高速自动转报网络；建成以民航总局为中心，各地区管理局为分中心的民航数据交换传输网络，该网络包括分组交换设备和帧中继交换设备，分布在全国民航所有省会机场和大型航站；建成由话音通信网（TES）和数据通信网（PES）两部分组成的专用卫星通信网，该网络在全国 125 个机场建有数据通信网卫星小站，在 95 个机场建有话音通信网卫星小站，可分别提供数据和话音端口 1 200 多个，数据端口 1 600 多个。

1.2.5.2 地-空通信方面

甚高频通信已成为主要地-空通信手段，并达到了相当高的覆盖度。目前，在机场终端管制范围内，甚高频通信可提供塔台、进近、航站自动情报服务等通信服务。在航路对空通信方面，随着在全国大中型机场及主要航路（航线）上的甚高频共用系统和航路甚高频遥控台的不断建设，实现了我国东部地区 6 000 m 以上空域和其他地区沿国际航路 6 000 m 以上空域甚高频通信覆盖，在一些繁忙航路上达到了 3 000 m 以上的甚高频通信覆盖。另外，为满足在紧急情况下航空公司运控与飞机实现语音通信的要求，中国民航下发了《航空公司运行控制卫星通信实施方案》，规定了航空公司发展卫星通信的具体内容和实施计划表。

建成的中国民航甚高频地-空数据通信网络是目前国内覆盖范围最大的地-空通信网络之一。该网络可以为民航总局、航空公司和空管部门提供飞机在飞行过程中的实时动态及有关信息，并将地面有关部门的相关信息及时传递给飞行中的飞机。该网络目前已与美国阿瑞克（ARINC）地-空数据通信网和泰国通信公司的地-空数据链网络实现连通，可为飞机提供跨国的地-空甚高频数据通信服务，以满足航空公司及空中交通管理的各项应用需求，同时为将来向航空电信网（ATN）过渡奠定了基础。

1.2.5.3　导航系统方面

目前已建成全向信标 370 余套，全向信标/测距设备 170 余套；在全国主要机场配备仪表着陆系统 150 余套，有些机场的仪表着陆系统已按照 II 类运行标准开始使用。为推动基于性能导航（PBN）在民航的应用，我国民航总局下发了《中国民航基于性能的导航实施路线图》，规定了总的目标、关键任务和具体实施时间表。根据导航发展的要求，中国民航采取了多项措施，包括：陆基导航台布局的优化，在多个机场开发基于性能导航的飞行程序，地基增强系统（GBAS）的实验、建设，快速发展我国自己的北斗卫星导航系统（BDS）等。

1.2.5.4　监视系统方面

2010 年，中国民用航空局空管行业管理办公室发布了咨询通告《中国民航监视技术应用政策》，对我国近期（2011—2020）、中期（2021—2025）和远期（2026—2030）的空管监视政策进行了规划。2012 年，民航总局发布了《中国民用航空 ADS-B 实施规划》，对我国运输航空和通用航空实施 ADS-B 实施进行了总体规划并给出了具体的实施计划。根据我国的监视政策和前期多年的建设，中国民航雷达监视系统初具规模，在省会和干线机场基本上都装备了空管二次雷达，而且在主要机场都装备了空管一/二次雷达系统。东部大部分地区实现了全面覆盖，部分地区实现了双重甚至多重覆盖。但我国东北部分地区、西部许多区域不能实现雷达覆盖，这极大影响了在这些地区的空管监视。我国对成都—拉萨、B213 等西部航路、南海区域和东北部分区域加强了 ADS-B 地面站建设，基本实现了对这些地区的 ADS-B 覆盖。

1.3　世界各国新一代航空运输系统

当 ICAO 在 1993 把 FANS 改名为 CNS/ATM 后，新航行系统便进入了逐步实施阶段。随着新航行系统各种技术的逐步实现和航空业的发展，世界各国提出了发展新一代航空运输系统，主要有美国提出的“新一代航空运输系统”（Next Generation Air Transportation System，NextGen）发展战略和欧洲提出的欧洲单一天空 ATM 实施计划（The Single European Sky ATM Research，SESAR）。

美国在 2003 年提出的 NextGen 不是一个全新的独立系统，而是在现有基础上采用新标准、新技术、新装备、新程序，集成相关航空业务子系统，采用新的运行方式、业务方式、管理模式过渡发展成为下一代航空运输体系。其目标在于改进航空运行的安全、容量、效率、可预测性、降低成本、更加环保等。

美国的 NextGen 由联合计划发展办公室（Joint Planning & Development Office，JPDO）负责总协调；由联邦航空局牵头研发改进机场基础设施、综合安全管理系统，制订环境保护措施，协调全球航空标准、设备及运行；由国土安全部建立多层次、自适应安保系统；由美国国家航空航天局（NASA）和美国联邦航空局（FAA）研究开发空中交通管理系统；由国防部研究开发网络信息平台和情景意识系统；由美国商业部研究开发提高气象能力以及降低天气影响。NextGen 发展的核心技术包括：广播式自动相关监视（ADS-B）、NextGen 的网络天气服务（NNEW）、系统范围内的信息管理（SWIM）、国家空域系统语音系统（NVS）、数据通信（Data Comm）和协同空中交通管理技术（CATMT）。

2004 年 11 月 19 日，欧盟委员会和欧洲航行组织联手启动了名为欧洲单一天空实施计划（SESAR）ATM 实施项目研究。欧洲单一天空实施计划的目的是对欧洲空中交通管制结构进行重组，根据空中交通流向和流量而不是根据国界来重新规划欧洲空域，在欧洲范围内建立一个统一的空管服务系统取代目前各自为政的空管系统及运行程序，以满足未来欧洲的安全、容量和效率需要。SESAR 包括定义（2004—2008）、研发（2009—2013）、部署和实施（2014—2020）三个阶段。按照实施计划表，该项目当前正处于部署和实施阶段，工业界将承担该阶段的大部分费用，部署工业界研发制造的新系统、新设备，并保证新系统的实际应用。SESAR 正在采用和研发的新技术包括：VDL2 数据链通信、欧洲静止卫星导航覆盖系统（EGNOS）、多点定位监视、多基一次监视雷达（MSPSR）、机载间隔辅助系统（ASAS）、地基增强系统（GBAS）、增强视觉系统（EVS）等。

其他航空业发达的国家也在积极发展新一代航空运输系统，如澳大利亚、日本和印度等。

澳大利亚：全国两个航路管制中心，管理全球面积的 11%，已全部实施 GNSS、ADS-B 和飞行流量管理，是国际空管新技术的试验者和领先者。

日本：建立多功能卫星通信导航监视系统（MTSAT），已发射一颗地球同步轨道卫星，目标是实现日本基于卫星的 CNS/ATM，已在本土主要航路实施 RNAV 运行，具备飞行流量管理系统。

印度：现有技术和装备落后，但起点高，直接向新一代航空运输系统过渡，正在实施 GAGAN 卫星增强系统。

我国民航总局在 2006 年提出建设新一代民航运输系统，在 2006 年 3 月成立民航新一代航空运输系统领导小组。其发展目标是：带有前瞻性地综合改进和发展机场设施；建立新型的高效、透明、多层次、非干扰式的机场安全检查系统；充分应用新科技，改变空中管理的理念，建立一个适应能力强的空中交通管理系统；建立行业综合性公共信息网络平台；建立法制、科学、综合、积极主动式的安全管理系统；全面、系统地提高天气观测和预报水平，大大减少天气对飞行的影响；建立适应国际新技术、新标准、新程序的适航审定系统；全面建设有中国传统文化特色的企业文化和行业文化。

复习思考题

1. 目前的民航空管服务系统由哪些分系统组成？
2. 民航通信、导航、监视系统由哪些分系统组成？
3. 简述传统航行系统的状况。
4. 传统航行系统为什么要实行变革？
5. 试述 CNS/ATM 的组成。
6. 试述 CNS/ATM 的特点。
7. 试述 CNS/ATM 对空管体系的变革。
8. 简述世界各国新一代空管航空运输系统的发展情况。
9. ASBU 的通信、导航和监视系统技术路线的规划是怎样的？

第2章 无线电信号基础

2.1 无线电信号的产生

2.1.1 无线电波

无线电波（简称电波）是指频率在 300 GHz 以下的电磁波，而电磁波是指在空间传播的交变电磁场。

2.1.1.1 电磁波的形成与传播

电磁波的形成是利用振荡电路产生电磁振荡，然后通过天线把射频能量转化为空间电磁能，即把射频信号施加到天线输入端时，天线便能把射频信号所包含的电磁能量有效地辐射到空中去，并在天线附近的空间中形成电磁波。也就是说，射频电源（发射机）所产生的射频能量通过天线转化为空间电磁能。随后，天线附近空间的电磁能量将会按照一定的规律扩散，不断向远方传播。如图 2.1 所示，天线在空间 A 点所形成的交变电场 E，将会在 B 点产生交变磁场；而 A 点所形成的交变磁场 H，将会在 B 点产生交变电场。这样，A 点的交变电磁场推进到 B 点，到达 B 点的交变电场和交变磁场，又会在距天线更远处的 C 点产生交变电场和交变磁场。如此继续，电磁能量就不断向前传播。

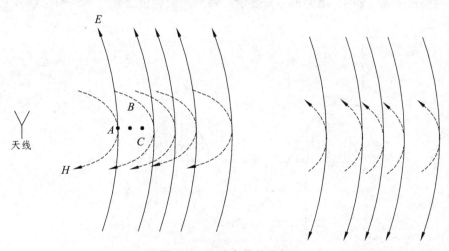

图 2.1 无线电波的传播

11

2.1.1.2　电波的分布与传播方向

空间电磁波是由天线上的射频信号形成的，其变化规律取决于射频信号的变化规律。图2.2所示为某一瞬间电磁场的变化规律。

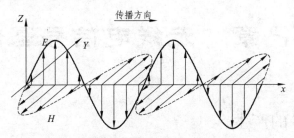

图2.2　无线电波电场强度和磁场强度的分布

从图2.2可以看出，在空间任意点处，电场矢量 E、磁场矢量 H 和电波传播方向是互相垂直的，满足右手螺旋定则，如图2.3所示。

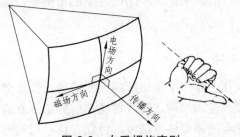

图2.3　右手螺旋定则

2.1.1.3　电波的相位

在电波的传播方向上，一个波长范围内同一时刻的电场强度是不同的。空间某一点场强的强弱、方向和变化趋势的瞬时状态，叫作电波的相位。习惯上用角度来表示电波的相位，称为电波的相角（相位角），用字母 φ 来表示。两点间的相位之差，叫作相位差，记为 $\Delta\varphi$，如图2.4所示。

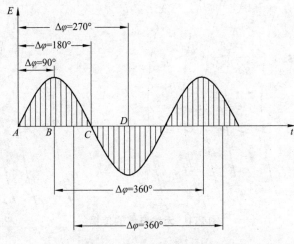

图2.4　无线电波的相位

2.1.1.4　波阵面

电波中相位相同的各点组成的面，称为波阵面。波阵面实际上是与波源（天线）距离相同的各点所组成的面。显然，当把天线看成是一个点波源时，电波的波阵面是一个球面，这样的电波称为球面波。在距天线很远的地方，所接收到的电波只是球面波的一个极小部分，此时的波阵面可以看成一个平面，称为平面波。

2.1.1.5　电波的极化

电波在空间传播时，其电场矢量是按照一定的规律变化的，这就是电波的极化。电波的电场方向称为它的极化方向。电波的极化分为线极化（包括水平极化和垂直极化）和圆极化。

线极化是指在传播过程中，电场矢量末端轨迹曲线是一直线，方向保持不变。水平极化是指电场矢量与地面平行，垂直极化是指电场矢量与地面垂直。圆极化是指电场矢量的末端以等角速度旋转，其轨迹为一个圆。面向电波传播的方向，电场矢量做顺时针方向旋转，称为右旋圆极化；反之，称为左旋圆极化。

与地面垂直放置的发射天线发出的波是垂直极化波，水平放置的天线发射出的是水平极化波。根据电磁感应法则，水平极化波只能用水平极化天线接收，垂直极化波只能用垂直极化天线接收，圆极化波用圆极化天线接收。因此，采用同一天线收发信号，可以较好地滤除杂波。

2.1.2　无线电发送设备

2.1.2.1　无线电信息传输系统

依靠电信号（光信号）传输信息的系统，称为无线电信息传输系统，一般可以概括为如图 2.5 所示的模型。

图 2.5　无线电信息传输系统模型

1. 信　源

信源的作用是产生（形成）消息。消息是用以载荷信息的有次序的符号序列或连续的时间函数。前者称为离散消息，如电报、数据；后者称为连续消息，如语言、活动图像。

2. 发信机

发信机的作用是将消息转换为适于在信道中传输的信号。信号是消息的直接反映，是消息的载荷者。在无线电系统中，信号可以由电压、电流等物理量来体现。消息转换为信号一般要经过三个步骤，即变换、编码和调制。变换是指将表达消息的非电参量转换为电参量。编码主要是针对数字系统对数字信号进行的某种变换。调制是将信号的频谱搬移到满足信道传输特性的频率的过程。如无线系统中，是用空间辐射方式传输信号的。由天线理论可知：只有当辐射天线的尺寸大于信号波长的 1/10 时，信号才能被天线有效辐射，即对于 1 m 的天线，辐射频率至少需要 30 MHz。因此，必须通过调制将信号频谱搬移到需要的频率范围，便于以电磁波的形式辐射出去。有关调制的内容我们将在后面详细讨论。

3. 信 道

信道是信号由发信机传输到收信机的媒介或途径（通道）。信道的传输性能影响到信号传输的质量，信号在信道中容易受到各种噪声的干扰。

4. 收信机

收信机与发信机的作用相反，它是将信号转换为消息。

5. 收信者

收信者是消息传输的对象，它与信源的作用相反。

2.1.2.2 发送设备（发信机）

1. 无线电发送设备的要求

① 要有足够的输出功率。输出功率是发射机末级输往天线的射频信号功率。输出功率越大，则转变为电磁波的能量就越大，传播距离就越远。

② 要有很高的频率准确度和频率稳定度。频率准确度是指振荡器的实际工作频率（f）和标准频率（f_0）之间的偏差，通常分为绝对频率准确度（$\Delta f = f - f_0$）和相对频率准确度（$\Delta f / f_0$）。频率稳定度是指在一定时间间隔内频率变化的最大值，也分为绝对频率稳定度和相对频率稳定度。发送设备的频率准确度决定了发送和接收之间能否迅速沟通信号的传输，而频率稳定度则决定了信号传输的可靠性。

③ 要有较高的传输效率。无线电发送设备的总效率 η 是指发送设备输出功率（送到天线的功率）P_A 与发送设备总输入功率 P_0 的比值，即

$$\eta = P_A / P_0 \times 100\%$$

提高发送设备的效率，可以节省发送设备所消耗的电能，减少散热，减小发送设备的体积。

2. 发送设备的组成

无线电发射机的基本任务是向发射天线提供传送信息的射频信号，而射频信号的频率、功率又必须满足系统的整体要求。因此，必须产生功率足够的射频载波，并按系统的要求对射频信号进行调制。无线电发射机的基本组成包括射频振荡、功率放大、调制器、低频放大及电源等，如图 2.6 所示。

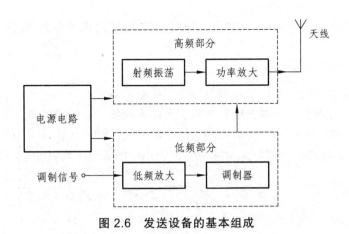

图 2.6　发送设备的基本组成

2.1.3　天线基础知识

天线是任何无线电系统都离不开的重要前端器件。天线的基本功用是辐射和接收电磁波。在发送设备端,天线将发射机输出的高频电流能量转换成电磁波辐射出去;在接收设备端,天线将空间电磁波信号转换成高频电流能量送给接收机。天线在无线电系统中的地位如图 2.7 所示。这里我们主要介绍天线辐射无线电波的基本知识,有关接收无线电波的知识将在后面介绍。

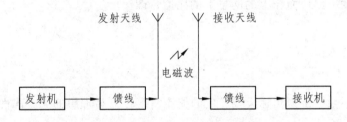

图 2.7　天线在无线电系统中的地位

2.1.3.1　天线辐射无线电波的基本概念

无线电发射设备所产生的射频电磁能量在天线上传输时,会在天线周围的空间产生相应的电磁波,这就是无线电信号的辐射过程。辐射,实际上是设备内部所产生的电磁能量(通常以电压、电流形式存在于设备内部电路中),通过天线转化为空间的电磁波的过程——信号能量以交变的电场和磁场的形式在自由空间传播。

当射频信号沿平行传输线向前传输时,在传输线之间存在交变的电场和磁场。但这种电场和磁场集中在传输导线之间,是不会形成有效的辐射的。当把两根传输线张开 180°时,传输线间的电磁场就可以有效地辐射到周围的空间中去。天线正是根据这一设想实现电磁能量的有效辐射的。

为了使天线能够有效地辐射电磁波,应使天线的长度增大到能与波长相比拟。这是因为,终端开路的传输线上的电流是成驻波分布的,当线长 l 远小于波长 λ 时,线上所分布的电流很小,辐射是很微弱的;而当 l 接近 1/4 波长或 1/2 波长时,线上所分布的驻波电流大大增加,因而就形成了较强的辐射。这样的天线称为对称振子。通常,将臂长为 1/4 波长、全长为半波长的振子，称为半波对称振子。相应地，全长等于波长的振子称为全波振子。

2.1.3.2　天线的主要性能参数

衡量天线性能的参数很多，主要有方向图、增益系数等。

通常一副天线向各个方向辐射电磁波的能力是不同的，有的方向强，有的方向弱，这就是天线的方向性特性。实用中，为形象表示天线的方向性特性，往往采用方向图的形式。图2.8为我们后面要学习的甚高频全向信标系统（VOR）的30 Hz旋转的心型方向图。

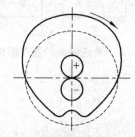

图 2.8　VOR 的 30 Hz 旋转的心型方向图

方向系数是用来表示天线向某一个方向集中辐射电磁波程度（即方向图的尖锐程度）的参数。其定义为：在辐射功率相等的条件下，实际天线与理想的无方向性天线在空间某一点所产生的能流密度（单位面积上的能量）的比值，即

$$D = \frac{S}{S_0}\bigg|_{辐射功率相同}$$

式中，D 为方向系数；S 为实际天线产生的能流密度；S_0 为理想的无方向性天线产生的能流密度。

按照上面的定义，由于天线在各个方向上的辐射强度不等，故天线的方向性系数也随着观察点的不同而不同，在辐射电场最大的方向，方向性系数也最大。通常情况下，如果不特别指出，就以最大辐射方向的方向性系数作为定向天线的方向性系数。

增益系数是指在输入功率相等的条件下，实际天线与理想的无方向性天线在空间某一点所产生的能流密度的比值，即

$$G = \frac{S'}{S_0'}\bigg|_{输入功率相等}$$

式中，G 为方向系数；S' 为实际天线产生的能流密度；S_0' 为理想的无方向性天线产生的能流密度。

天线的增益系数简称天线增益，通常用分贝（dB）表示。分贝数和增益的关系为

$$G(\text{dB}) = 10 \lg G$$

增益系数和方向系数同是表征辐射功率集中程度（天线方向性）的参数，但两者又不尽

相同。增益系数是在同一输出功率条件下加以讨论的，方向系数是在同一辐射功率条件下加以讨论的。由于天线向各方向的辐射强度并不相等，天线的方向性系数和增益随着观察点的不同而变化，但其变化趋势是一致的。由于天线存在一定的损耗，辐射功率总是小于输入功率，因而增益系数总是小于方向系数。天线增益等于天线效率与方向系数的乘积。

2.1.4 调制理论概述

2.1.4.1 调制的概念

直接从信源输出的消息变换的原始信号通常是低通信号，即该信号的频谱特征是从零频率或接近零频率开始，并延伸到某一截止频率 f_m（通常是小于几兆赫）。如语音信号、图像信号及数字基带信号的频谱均如此。低通信号又称为基带信号，其频谱如图 2.9 所示。

基带信号并不能直接被送到信道中去，必须首先将其频谱搬移到一较高的频率范围以适应信道的频率传输特性，这一过程即称为调制。调制过程可以用图 2.10 表示。基带输入信号 $S_i(t)$ 称为调制信号，$S_c(t)$ 称为载波信号，$S_o(t)$ 则称作已调信号。

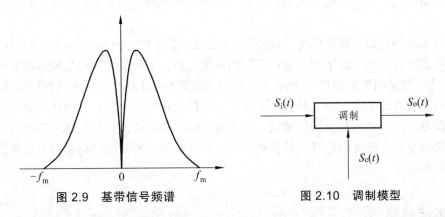

图 2.9　基带信号频谱　　　　　图 2.10　调制模型

因此，调制可以定义为使控制载波的某一个（或几个）参数，按照信号 $f(t)$ 的规律变化的过程。和调制对应的过程是解调，有关解调的内容我们将在以后介绍。调制解调过程从频率角度来看是一个频谱搬移的过程。

2.1.4.2 调制的目的

调制的目的可以总结为以下三点：

① 满足信道传输频率特性的需要。如无线电广播系统中，需将语音信号调制到中、高频频段；卫星通信系统中，则需要将信号调制到卫星通信工作的波段；在光纤中传输，则需将电信号转换为光信号。

② 实现信道复用。一般来说，每个被传输信号占用的带宽小于信道带宽，因此一个信道同时只传输一个信号是很浪费的，但同时传输多个信号将引起信号间的干扰。然而，通过调制，可以将各个信号的频谱搬移到指定的位置，从而实现一个信道同时传输多个信号。

③ 通过调制来改善系统的抗噪声性能，或通过调制来提高系统的频带利用率。系统的可靠性与有效性指标是一对相互矛盾的性能指标，可通过选用不同的调制方式来达到系统设计

者预期的目标。例如，选择宽带调频方式，则可以有效地改善系统的抗噪声性能；而选择单边带调制方式，则可以提高系统的频带利用率。

2.1.4.3 调制的分类

调制的分类方法很多，按调制信号的形式可以分为模拟调制和数字调制，按照载波的性质可以分为正弦波调制和脉冲波调制。

在正弦波调制中，正弦波载波信号的一般式可表示如下：

$$u_c(t) = A\cos(\omega_c t + \varphi)$$

式中，A 为振幅；φ 为相位。

A、f（频率）、φ 称为调制三要素。根据调制信号控制对象的不同，正弦波调制可分为幅度调制（调幅 AM）、频率调制（调频 FM）和相位调制（调相 PM）。幅度调制又可以分为标准调幅（AM）、单边带调幅（SSB）、双边带调幅（DSB）和残留边带调幅（VSB）。

我们把幅度调制称作线性调制，理由是已调信号的频谱只是调制信号频谱的水平搬移及线性变换。而非线性调制（包括调相、调频）中则会产生频谱的非线性变换，将会有新的频谱分量产生。

通用的术语中把数字调制称为"键控"，这是指把数字信息码元的脉冲序列看作"电键"对载波的参数进行控制。数字调制也有不同的分类方法，平时最常用的是根据载波被调参数来划分。比如，二进制振幅键控（2ASK）、二进制移频键控（2FSK）和二进制移相键控（2PSK）分别对应调制载波的幅度、频率和相位。另外，根据已调信号的频谱结构特点的不同，数字调制也可以分为线形调制和非线形调制。前者的已调信号的频谱结构与基带信号的频谱结构相同，不同的是频率位置的搬移；后者则不同，即已调信号的频谱结构相对于基带信号已经有了显著的不同。

2.1.5 幅度调制

2.1.5.1 标准调幅

标准调幅是指用调制信号 $f(t)$ 去控制载波的振幅，使已调波的包络按照 $f(t)$ 的规律线性变化的过程。

设载波为

$$u_c(t) = U_{cm}\cos(\omega_c t + \varphi)$$

在幅度调制中，初始相位 φ 是无关紧要的参数，为了表示和分析时方便，这里假定 $\varphi_0 = 0$，即

$$u_c(t) = U_{cm}\cos\omega_c t$$

同时，为便于讨论，认为调制信号为单频信号，即调制信号为

$$u_\Omega(t) = U_{\Omega m}\cos\Omega t \qquad (\Omega \ll \omega_c)$$

根据标准调幅的定义，标准调幅信号为

$$u_{\mathrm{AM}}(t) = (U_{\mathrm{cm}} + kU_{\Omega\mathrm{m}}\cos\Omega t)\cos\omega_{\mathrm{c}}t$$

$$= U_{\mathrm{cm}}(1 + M_{\mathrm{a}}\cos\Omega t)\cos\omega_{\mathrm{c}}t \tag{2.1}$$

其中 $\qquad M_{\mathrm{a}} = kU_{\Omega\mathrm{m}}/U_{\mathrm{cm}} \qquad 0 < M_{\mathrm{a}} \leqslant 1$

式中，U_{cm} 为直流分量；M_{a} 为调幅系数；k 为比例系数。

图 2.9 给出了 $u_{\Omega}(t)$、$u_{\mathrm{c}}(t)$ 和 $u_{\mathrm{AM}}(t)$ 的波形图。结合公式（2.1），从图中可以看出，标准调幅信号的振幅由直流分量 U_{cm} 和交流分量 $kU_{\Omega\mathrm{m}}\cos\Omega t$ 叠加而成。其中，交流分量与调制信号成正比。因此，标准调幅信号的包络（信号振幅各峰值点的连线）完全反映了调制信号的变化。另外，可得调幅系数 M_{a} 的表达式为

$$M_{\mathrm{a}} = \frac{U_{\max} - U_{\min}}{U_{\max} + U_{\min}} = \frac{U_{\max} - U_{\mathrm{cm}}}{U_{\mathrm{cm}}} = \frac{U_{\mathrm{cm}} - U_{\min}}{U_{\mathrm{cm}}} \tag{2.2}$$

1. 调幅波频谱分析

利用有关三角函数知识，可将式（2.1）写成

$$u_{\mathrm{AM}}(t) = U_{\mathrm{cm}}\cos\omega_{\mathrm{c}}t + \frac{M_{\mathrm{a}}U_{\mathrm{cm}}}{2}\left[\cos(\omega_{\mathrm{c}} + \Omega)t + \cos(\omega_{\mathrm{c}} - \Omega)t\right] \tag{2.3}$$

从公式（2.3）和图 2.11 可见，对于单频调制，调幅波 $u_{\mathrm{AM}}(t)$ 包含了三个频率成分：ω_{c}（载波）、$\omega_{\mathrm{c}} + \Omega$（上边频）、$\omega_{\mathrm{c}} - \Omega$（下边频）。三个成分都是高频成分，可以通过天线辐射出去。原调制信号的频率为 Ω（或 $F = \Omega/2\pi$），而标准调幅信号的频带宽度是 2Ω（或 $2F$）。三个成分中，只有上、下边频有信息成分。

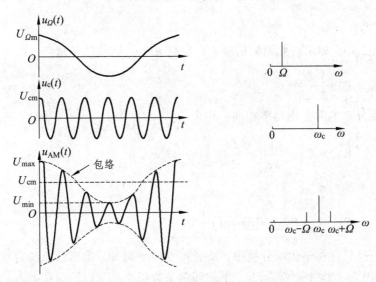

图 2.11　标准调幅波形与频谱

如果调制信号 $u_\Omega(t)$ 的频谱是一连续频谱，其频率范围是 $\Omega_{min} \sim \Omega_{max}$；如果载频是 ω_c，则此时标准调幅信号可以看成是调制信号中所有频率分量分别与载频调制后的信号叠加。各对上、下边频的叠加组成了上、下边带，相应的波形和频谱如图 2.12 所示。这时，标准调幅信号的包络仍然反映了调制信号的变化，上、下边带对称置于载频的两旁，都是调制信号的线性搬移。上、下边带的宽度分别与调制信号频谱宽度相同，总频带宽度为调制信号带宽的 2 倍，即 $2\Omega_{max}$。

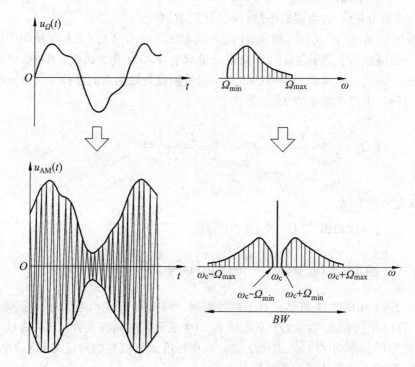

图 2.12　调幅信号的波形与频谱

2. 功率分析

根据公式（2.3），如果将此调幅信号加在负载 R 上，则载频分量产生的平均功率为

$$P_c = \frac{1}{2} \cdot \frac{U_{cm}^2}{R} \tag{2.4}$$

两个边频成分产生的平均功率相同，均为

$$P_{LSB} = P_{USB} = \frac{1}{2R}\left(\frac{M_a U_{cm}}{2}\right)^2 = \frac{1}{4}M_a^2 P_c \tag{2.5}$$

调幅信号总平均功率为

$$P_{am} = P_c + P_{USB} + P_{LSB} = \left(1 + \frac{1}{2}M_a^2\right)P_c \tag{2.6}$$

由于调制信息只存在于边频分量中，从公式（2.6）可知，携带信息的边频功率最多只占总功率的 1/3（因为 $M_a \leqslant 1$）。实际上，平均调幅系数很小，所以边频功率占的比例更小，功率利用率更低。

为了提高功率利用率，可以只发送两个边频分量而不发送载频分量，或者进一步只发送一个边频分量，同样可以将调制信息包含在调幅信号中。这两种调幅方式称为抑制载波的双边带调幅（简称双边带调幅 DSB）和抑制载波的单边带调幅（简称单边带调幅 SSB）。

3. 调幅系数讨论

调幅系数（M_a）表示调幅波振幅随调制信号变化的程度。$M_a = 1$ 称为满调幅，此时调幅波振幅变化的最大增量与载波振幅相等；$M_a > 1$ 称为过调幅（见图 2.13），此时调幅波的包络变化与调制信号不再相同，产生失真；M_a 很小，称为浅调幅，影响传播距离。

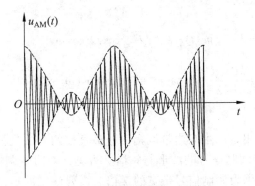

图 2.13 过调幅信号的波形

4. 标准调幅信号的产生

公式（2.1）可以改写成

$$u_{AM}(t) = \left(1 + \frac{k}{U_{cm}} U_{\Omega m} \cos \Omega t\right) \times U_{cm} \cos \omega_c t$$

$$= [1 + k_1 u_\Omega(t)] \times u_c(t)$$

其中 $$k_1 = \frac{k}{U_{cm}}$$ （2.7）

由式（2.7）可以看出，将调制信号与直流电平相加后，再与载波信号相乘，即可实现标准调幅。图 2.14 给出了相应的原理图。

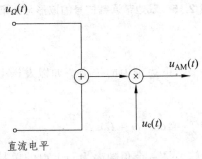

图 2.14 调幅原理图

21

2.1.5.2 双边带调幅（DSB）

设载波为

$$u_c(t) = U_{cm} \cos \omega_c t$$

调制信号为

$$u_\Omega(t) = u_{\Omega m} \cos \Omega t \qquad (\Omega << \omega_c)$$

双边带调幅信号为

$$u_{DSB}(t) = ku_\Omega(t)u_c(t) = kU_{\Omega m}U_{cm} \cos \Omega t \cos \omega_c t$$

$$= \frac{kU_{\Omega m}U_{cm}}{2}[\cos(\omega_c + \Omega) \ t + \cos(\omega_c - \Omega) \ t] \qquad (2.8)$$

式中，k 为比例系数。

由公式（2.8）可以看出，产生双边带调幅信号最直接的方法是将调制信号与载波信号相乘。图 2.15 显示了双边带调制信号的波形与频谱。可见，双边带调幅信号仅包含两个边频，无载频分量，其频带宽度仍为调制信号带宽的 2 倍。需要注意的是，双边带调幅信号的包络不再反映调制信号波形的变化，而且在调制信号过零点处高频相位有 180°的突变。

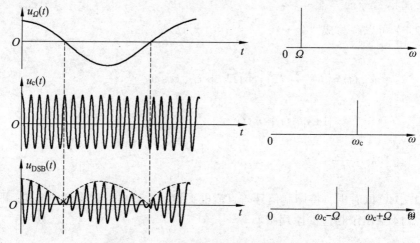

图 2.15 双边带调制信号的波形与频谱

2.1.5.3 单边带调幅

单边带调幅方式指仅发送上、下边带中的一个。如以发送上边带为例，则单频调制单边带调幅信号为

$$u_{SSB}(t) = \frac{kU_{\Omega m}U_{cm}}{2} \cos(\omega_c + \Omega) \ t \qquad (2.9)$$

可见单频调制单边带调幅信号是一个角频率为 $\omega_c + \Omega$ 的单频信号，它的包络已经不能反映调制信号的变化。单边带调幅信号的带宽与调制信号的带宽相同。

产生单边带调幅信号的方法主要有滤波法、相移法和相移滤波法。这里简单介绍滤波法、相移法。

1. 滤波法

这种方法根据单边带调幅信号的频谱特点，先产生双边带调幅信号，再利用带通滤波器取出一个边带信号，如图 2.16 所示。

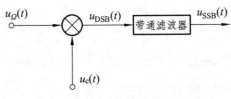

图 2.16　滤波法原理

2. 相移法

公式（2.9）的单频单边带调幅信号可以写成

$$u_{SSB}(t) = \frac{kU_{\Omega m}U_{cm}}{2}(\cos\omega_c t\cos\Omega t - \sin\omega_c t\sin\Omega t) \qquad (2.10)$$

由式（2.10）可知，只要用两个 90° 相移器分别将调制信号和载波信号相移 90°，成为 $\sin\Omega t$ 和 $\sin\omega_c t$，然后进行相乘和相减，就可以实现单边带调幅，如图 2.17 所示。

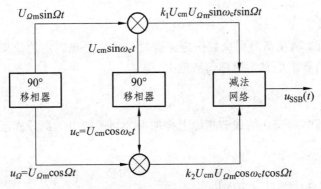

图 2.17　相移法原理

2.1.5.4　残留边带调幅

残留边带调幅是指发送信号中包括一个完整边带、载波以及另一个边带的小部分（即残留一小部分）。这样，既比标准调幅方式节约带宽，又避免了单边带调幅要求的滤波器衰减陡峭的问题。

2.1.6　角度调制

频率调制和相位调制合称角度调制（简称调角）。因为相位是频率的积分，故频率的变化必将引起相位的变化，反之亦然。因此，调频信号与调相信号在时域特性、频谱宽度、调制与解调的原理和实现方法等方面都有密切的联系。

角度调制与解调属于非线性频率变换，比属于线性频率变换的振幅调制与解调在原理和电路实现上都要复杂一些。由于角度调制信号在抗干扰方面要比振幅调制信号好得多，所以虽然要占用更多的带宽，但仍得到了广泛的应用。

2.1.6.1　调频信号

设高频载波为

$$u_c(t) = U_{cm} \cos \omega_c t$$

调制信号为 $u_\Omega(t)$，则调频信号的瞬时角频率为

$$\omega(t) = \omega_c + k_f u_\Omega(t)$$

瞬时相位为

$$\varphi(t) = \int_0^t \omega(t)\,\mathrm{d}t = \omega_c t + k_f \int_0^t u_\Omega(t)\,\mathrm{d}t$$

调频信号为

$$u_{FM} = U_{cm} \cos\left[\omega_c t + k_f \int_0^t u_\Omega(t)\,\mathrm{d}t\right] \tag{2.11}$$

式中，k_f 为比例系数。

式（2.11）表明，调频信号的振幅恒定，瞬时角频率是在固定的载频上叠加一个与调制信号电压成正比的角频率偏移（简称角频偏），即

$$\Delta\omega(t) = k_f u_\Omega(t)$$

瞬时相位是在随时间变化的载波相位上叠加一个与调制电压积分成正比的相位偏移（简称相偏），即

$$\Delta\varphi(t) = k_f \int_0^t u_\Omega(t)\,\mathrm{d}t$$

其最大角频偏 $\Delta\omega_m$ 和调频指数（最大相偏）M_f 分别定义为

$$\Delta\omega_m = k_f \left| u_\Omega(t) \right|_{max}$$

$$M_f = k_f \left| \int_0^t u_\Omega(t)\,\mathrm{d}t \right|_{max}$$

若调制信号是单频信号，即

$$u_\Omega(t) = U_{cm} \cos \Omega t$$

则相应的调频信号为

$$u_{\mathrm{FM}} = U_{\mathrm{cm}} \cos\left(\omega_{\mathrm{c}}t + \frac{k_{\mathrm{f}}U_{\Omega\mathrm{m}}}{\Omega}U_{\Omega\mathrm{m}} \sin\Omega t\right) = U_{\mathrm{cm}} \cos(\omega_{\mathrm{c}}t + M_{\mathrm{f}} \sin\Omega t) \qquad (2.12)$$

2.1.6.2 调相信号

设高频载波为

$$u_{\mathrm{c}}(t) = U_{\mathrm{cm}} \cos\omega_{\mathrm{c}}t$$

调制信号为 $u_{\Omega}(t)$，则调相信号的瞬时相位为

$$\varphi(t) = \omega_{\mathrm{c}}t + k_{\mathrm{p}}u_{\Omega}(t)$$

瞬时角频率为

$$\omega(t) = \frac{\mathrm{d}\varphi(t)}{\mathrm{d}t} = \omega_{\mathrm{c}} + k_{\mathrm{p}}\frac{\mathrm{d}u_{\Omega}(t)}{\mathrm{d}t}$$

调相信号为

$$u_{\mathrm{PM}} = U_{\mathrm{cm}} \cos[\omega_{\mathrm{c}}t + k_{\mathrm{p}}u_{\Omega}(t)] \qquad (2.13)$$

式中，k_{p} 为比例系数。

式（2.13）表明，调相信号的振幅恒定，瞬时相位是在随时间变化的载波相位上叠加了一个与调制电压成正比的相偏，即

$$\Delta\varphi(t) = k_{\mathrm{p}}u_{\Omega}(t)$$

瞬时角频率是在固定载频上叠加了一个与调制电压的导数成正比的角频偏。最大角频偏 $\Delta\omega_{\mathrm{m}}$ 和调相指数（最大相偏）M_{p} 分别定义为

$$\Delta\omega_{\mathrm{m}} = k_{\mathrm{p}}\left|\frac{\mathrm{d}u_{\Omega}(t)}{\mathrm{d}t}\right|_{\max}$$

$$M_{\mathrm{p}} = k_{\mathrm{p}}\,|u_{\Omega}(t)|_{\max}$$

若调制信号是单频信号，即

$$u_{\Omega}(t) = U_{\mathrm{cm}} \cos\Omega t$$

则相应的调相信号为

$$u_{\mathrm{PM}} = U_{\mathrm{cm}} \cos(\omega_{\mathrm{c}}t + k_{\mathrm{p}}U_{\Omega\mathrm{m}} \cos\Omega t) = U_{\mathrm{cm}} \cos(\omega_{\mathrm{c}}t + M_{\mathrm{p}} \cos\Omega t) \qquad (2.14)$$

调频信号与调相信号的波形如图 2.18 所示。

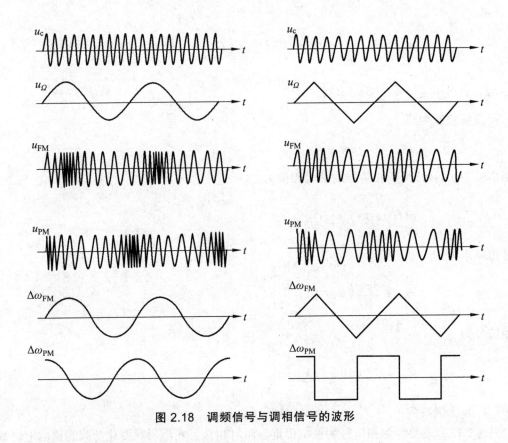

图 2.18　调频信号与调相信号的波形

2.1.6.3　调频信号与调相信号时域特性的比较

调频信号与调相信号的相同之处在于：

① 二者都是等幅信号。

② 二者的频率和相位都随调制信号而变化，均产生频偏与相偏。

调频信号与调相信号的区别在于：

① 二者的频率和相位随调制信号变化的规律不一样，但由于频率与相位是微积分关系，故二者是有密切联系的。

② 调频信号的调频指数 M_f 与调制频率有关，最大频偏与调制频率无关。而调相信号的最大频偏与调制频率有关，调相指数 M_p 与调制频率无关。

③ 从理论上讲，调频信号的最大角频偏 $\Delta\omega_m < \omega_c$，由于载频 ω_c 很高，故 $\Delta\omega_m$ 可以很大，即调制范围很大。由于相位以 2π 为周期，所以调相信号的最大相偏（调相指数）$M_p < \pi$，故调制范围很小。

2.1.7　数字调制

数字调制的过程就是通过数字信号对载波的某一个或者几个特性进行调制，从而把原始数字信号携带在载波中，以适合信道的传输。最基本的数字调制是二进制数字调制，如二进制幅移键控（2ASK）、二进制频移键控（2FSK）、二进制相移键控（2PSK）。2ASK 是用不同

26

的幅度来表示二进制符号 0 和 1。2FSK 是用不同的频率来表示不同的符号，如 2 kHz 表示 0，3 kHz 表示 1。相移键控是利用载波的不同相位来传递数字信息，而振幅和频率保持不变。在 2PSK 中，通常用初始相位 0 和 π 分别表示二进制"0"和"1"。

这里只简单介绍一种调制方式，即二进制差分移相键控（DPSK）。我们在后面介绍的 S 模式二次雷达内就采用了这种调制方式。

DPSK 是用前、后码元的相对变化传送数字信息。与绝对调相不同的是，DPSK 系统只与相对相位有关，而与绝对相位无关。所以，在实际工程应用中大多采用 DPSK 方式。

实现相对调相的最常用的方法是：首先对数字基带信号进行差分编码，即将绝对码变为相对码（差分码），然后再进行绝对调相。二进制差分移相键控常简称为二相相对调相，记作 DPSK 或 2DPSK。DPSK 调制器方框图如图 2.19 所示。DPSK 信号的典型波形如图 2.20 所示。

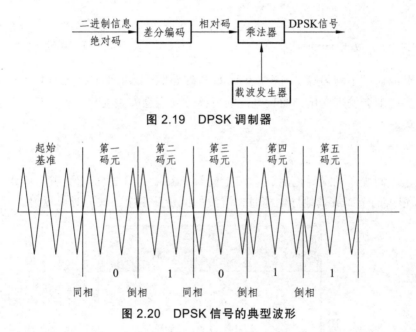

图 2.19　DPSK 调制器

图 2.20　DPSK 信号的典型波形

2.2　无线电信号的传播

2.2.1　无线电波传播的基本规律

2.2.1.1　无线电波传播速度

根据波动方程，无线电波的传播速度由介质的介电常数（ε）和磁导率（μ）决定，其关系为

$$v = \frac{1}{\sqrt{\varepsilon\mu}} \qquad (2.15)$$

式中，ε 为介电常数；μ 为磁导率。

在真空中，介电常数（ε）和磁导率（μ）分别为 $\varepsilon_0 = 8.855 \times 10^{-12}$ F/m，$\mu_0 = 1.257 \times 10^{-6}$ H/m。

$$v = \frac{c}{\sqrt{\varepsilon_r \mu_r}} \tag{2.16}$$

式中，ε_r 为相对介电常数；μ_r 为相对磁导率。

2.2.1.2 在均匀媒质中的传播

无线电波在均匀媒质中是以恒定的速度沿直线传播的。例如，甚高频通信信号、甚高频导航信号、测距信号、二次雷达询问/应答信号等，都可以认为是沿直线在收、发天线之间传播。

2.2.1.3 在不均匀媒质中的传播

当无线电波通过不均匀媒质——介电常数和磁导率不等的两种或两种以上的媒质时，不仅电波的传播速度会发生变化，而且电波的传播方向也会发生变化，产生反射、折射、绕射及散射等现象。

1. 反 射

电波经过不同媒质的交界面时，会产生反射现象（见图 2.21）。尤其是当电波遇到相对介电常数 ε_r 很大的金属或其他导电体时，电波的能量几乎全部被分界面反射。

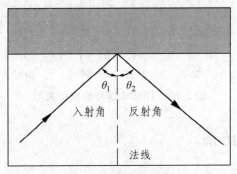

图 2.21 电波的反射

当发射面是平面且远大于电波波长时，电波的反射遵循光的反射规律——反射线与入射线及反射点处的法线处于同一平面内，且反射角等于入射角。

2. 折 射

电波由一种媒质进入另一种媒质时，除了在交界面上发生反射以外，也会产生折射现象（见图 2.22）。产生折射的原因是，在两种介电常数不同的媒质中，电波的速度不同，经过交界面后，波阵面发生偏转，从而改变了传播方向。

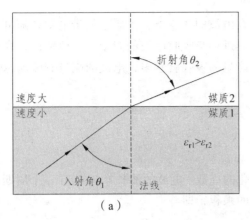 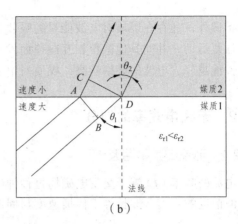

（a） （b）

图 2.22　电波的折射

如图 2.22（b）所示，设电波由介电常数较小的媒质进入介电常数较大的媒质，当波阵面 *AB* 左侧经过交界面进入媒质 2 时，左侧的速度减小而右侧仍在媒质 1 中速度不变，于是整个波阵面向速度较慢的左侧偏转。当整个波阵面进入媒质 2 时，左、右两侧的速度相等，传播方向不再变化。因此，电波通过两种媒质的交界面时，其折射方向总是向着相对介电常数较大的媒质的法线方向。

电波的折射程度决定于电波的工作频率、入射角，以及两种媒质相对介电常数之差。频率越低，入射角越大，两种媒质相对介电常数相差越大；折射程度就越大。

3. 绕　射

电波遇到障碍物时，能绕过障碍物继续向前传播，这种现象称为绕射（见图 2.23）。由于电波具有绕射特性，所以它能够沿着起伏不平的地球表面传播。电波的绕射能力与波长有关，波长越长，绕射能力越强。

4. 散　射

电波在传播过程中，遇到尺寸很小的不均匀物质时，就会向四面八方发散，这种现象称为散射（见图 2.24）。电波发生散射的原因，是大气中的物质微粒（如水滴、尘土或其他物体）即不均匀的气团均可在电波的作用下激起电流，成为新的波源。散射就是这些新波源向各个方向辐射的结果。

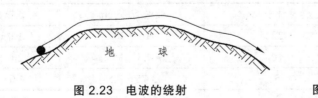 

图 2.23　电波的绕射　　　　**图 2.24　电波的散射**

2.2.1.4　电波传播过程中能量的变化

在电波传播过程中，由于扩散以及媒质吸收两方面的原因，电波的能量会逐渐减小。电波在真空中传播时，波源形成的球面波的能量与距离的平方成反比。在其他媒质中，除了电波的扩散外，还存在媒质对电波能量的吸收：在电波的作用下，媒质中的带电颗粒随电场交变而往复运动，并同其他微粒相互碰撞而发热，进一步吸收电波的能量。一般来说，媒质的导电性能越好，电波的频率越高，媒质对电波能量的吸收就越多，电波的能量衰减就越快。

2.2.2 无线电频率的划分

2.2.2.1 电波的频率与波长

电波的频率（f）等于交变电磁场每秒钟变化的周数。电波的波长（λ）指在一个周期（T）内电波前进的距离。波长等于传播速度与周期的乘积，即

$$\lambda = vT = \frac{v}{f} \tag{2.17}$$

2.2.2.2 无线电频段的划分

无线电的频率范围为 3 kHz ~ 300 GHz。通常将整个无线电频率范围划分为若干频段，各频段的无线电波具有各自的特点，适于不同用途的无线电系统（见表 2.1）。

表 2.1 无线电频段划分表

频段名称	频段范围	波长范围	波段名称	用　途
甚低频（VLF）	≤30 kHz	≥10 000 m	超长波	导　航
低　频（LF）	30 ~ 300 kHz	10 000 ~ 1 000 m	长　波	导　航
中　频（MF）	300 ~ 3 000 kHz	1 000 ~ 100 m	中　波	导航、广播
高　频（HF）	3 ~ 30 MHz	100 ~ 10 m	短　波	通　信
甚高频（VHF）	30 ~ 300 MHz	10 ~ 1 m	米　波	通信、导航
特高频（UHF）	300 ~ 3 000 MHz	100 ~ 10 cm	分米波	导航、卫星通信
超高频（SHF）	3 ~ 30 GHz	10 ~ 1 cm	厘米波	雷达、卫星导航
极高频（EHF）	30 ~ 3 00 GHz	1 cm ~ 1 mm	毫米波	雷　达

对于短波以上的波段，有超短波和微波的叫法。对于微波波段，有时用字母来表示一定的频率范围（见表 2.2）。

表 2.2 微波常用波段代号

波段代号	标称波长/cm	波长范围/cm	频率范围/GHz
L	22	15 ~ 30	1.0 ~ 2.0
S	10	7.5 ~ 15	2.0 ~ 4.0
C	5	3.75 ~ 7.5	4.0 ~ 8.0
X	3	2.4 ~ 3.75	8.0 ~ 12.5
Ku	2	1.67 ~ 2.4	12.5 ~ 18.0
K	1.25	1.13 ~ 1.67	18.0 ~ 26.5
Ka	0.8	0.75 ~ 1.13	26.5 ~ 40.0

2.2.3 地面和大气层对电波传播的影响

2.2.3.1 地面对电波传播的影响

当电波沿地面传播时，地面在电波电磁场的作用下会产生感应电流。由于地面是不良导体，所以感应电流的流动会使电波损耗一部分能量，即地面吸收了电波的部分能量。因此，地面的导电性能越好，电波沿地面传播时的衰减就越小。

电波沿地面传播时，地面对电波能量的吸收与电波的频率有关：电波频率越高，损耗越大。这是因为地面的导电性能随频率不同而异。

2.2.3.2 大气层对电波传播的影响

地球表面被厚厚的大气层包围着，大气层通常分为对流层、同温层、电离层。大气层的底层部分（10～12 km以下）是对流层；60 km以上为电离层；两者之间为同温层。对流层、同温层对电波传播的影响不大，而电离层对电波传播的影响最为明显。

1. 电离层的形成

电离层是大气外层中的气体分子在太阳紫外线的强烈照射下，气体分子中的电子挣脱了原子的束缚，电离成自由电子和正离子，形成电离化的大气层。由于电离层中含有较多的电子和正离子，所以具有一定的导电性，对电波传播会产生较为明显的影响。

由于不同高度的大气成分不同，以及受到紫外线照射强度的不同，所以电离层中电子密度是不均匀的，且随季节、时间而变化。实际测量证明，夏季白天的电离层中有4个电子密度最大的区域，每个分层的电子密度都是中间大两边小，分别称为 D 层、E 层、F1 层、F2 层，如图 2.25所示。

2. 电离层的变化规律

电离层中各层的密度和高度经常有规律和无规律地变化着，而这种变化与紫外线的强弱直接相关。

电离层随季节而变化。夏季的紫外线较强，因此 E 层的电子密度在夏季最大，在冬季最小；但 F2 层的电子密度在夏季中午反而比在冬季中午小。

一天当中，白天的电子密度比晚上大。这是因为白天

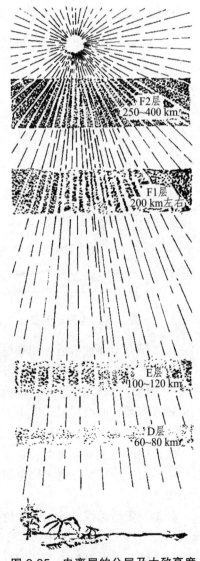

图 2.25 电离层的分层及大致高度

紫外线强，有利于气体电离，而夜间电子与正离子部分复合，所以电子密度下降，如图 2.26 所示。

离地面 60 ~ 80 km 为 D 层。D 层白天存在，晚上消失。D 层的电子密度最小，不易反射电波。当电波穿过 D 层时，频率较低的被吸收得较多。

离地面 100 ~ 120 km 为 E 层。通常情况下 E 层的电子密度也较小，只可以反射中波。在一些特定条件下，E 层有可能反射高频率的无线电波。在盛夏或是隆冬，E 层对电波的反射现象总是有规律地出现。

高空 200 km 左右为 F1 层，高空为 250 ~ 400 km 为 F2 层。夏季以及部分春、秋季的白天，F1 层和 F2 层同时存在，且 F2 层的电子密度最大。到了夜晚，F1 层和 F2 层合并成一个 F2 层，高度上升。F2 层对电波的反射能力最强，它的存在是短波能够进行远距离通信的主要条件。F2 层的电子密度下午最大，在黎明时最小。

电离层的电子密度还与纬度有关，纬度越高的地方，阳光越弱，电子密度越小。

3. 电离层对电波的折射作用

电离层的电子密度是不均匀的，不仅各层的电子密度不同，就是同一层中也是中间大两边小。因此，电波进入电离层后，就会产生折射，连续折射的结果，可能使电波返回地面，也可能使电波穿透电离层进入外层空间，如图 2.27 所示。

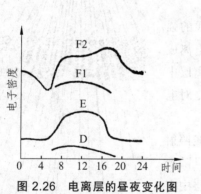

图 2.26　电离层的昼夜变化图

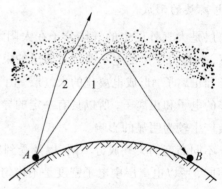

图 2.27　电离层对电波的折射

电离层对电波的折射作用和电波的频率、电离层本身的电子密度以及电波的入射角有关。

电波的频率越低，越容易被反射。长波、中波、短波可以被反射，超短波、微波在一般情况下只能穿透电离层而不返回地面。如图 2.28 所示，电波以同一入射角进入电离层，因其工作频率不同，所以折射程度也不一样：频率越低，越容易因电波连续折射而返回地面；频率越高，电波越不容易折射。

电离层的电子密度越大，对电波的反射作用越强。F2 层的电子密度最大，它对电波的反射作用最大；凌晨时分电离层电子密度最小，只有低频率的电波才有可能被反射，其余都穿透出去了。

频率一定的无线电波，入射角越大，越容易因连续折射而返回地面。如图 2.29 所示，以较大入射角进入电离层的电波，只需经过较少连续折射即可返回地面，进入电离层的深度浅，传播距离远；而入射角小到一定程度的无线电波，电离层就不能使该电波折回地面，而只能穿透电离层。

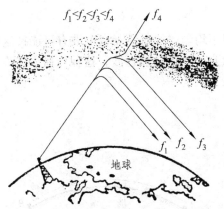 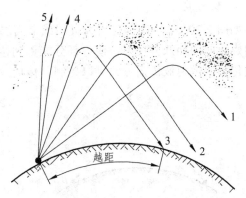

图 2.28　电离层对不同频率电波的折射　　图 2.29　不同入射角电波进入电离层后的折射

4. 电离层对无线电波的吸收作用

当电波进入电离层后，电离层内的自由电子受到电波的作用产生运动，与气体分子发生碰撞并消耗能量。这个能量是电波供给的，即电波通过电离层时要消耗能量，这种现象称为电离层对电波的吸收。

电离层对电波的吸收作用的大小主要取决于电子密度和无线电波的频率：工作频率越低，电离层电子密度越大，吸收作用也就越大。因为频率很高时，电子振动很快，运动的路径很短，与其他粒子碰撞的机会就越少；反之，频率越低，电子在振动时所运动的路径越远，能量损失就越大。电子密度越大，电子碰撞的机会越多，能量损失就越大。所以，从昼夜来说，白天比夜间吸收大；从季节来说，夏季比冬季吸收大。

2.2.4　电波的传播方式与各波段电波的传播特点

2.2.4.1　传播方式

1. 天　波

如图 2.30（a）所示，电波由发射天线向空中辐射，遇到电离层后反射到接收点，这种传播方式称为天波传播。天波传播方式的传播距离很远，但由于电离层不稳定，因此传播效果不稳定。

2. 地　波

如图 2.30（b）所示，电波沿地球表面传播到接收点，这种传播方式称为地波传播。地波传播方式的传播效果稳定、可靠，传播距离较远。

3. 空间波

如图 2.30（c）所示，发射天线和接收天线在视距以内，由发射天线直接到达接收天线的电波，称为直射波。有一部分电波是通过地面或其他障碍物的反射到达接收点的，称为反射波。直射波和反射波合称空间波，这种传播方式称为空间波传播。空间波传播方式属于视距传播，传播距离较近，但传播效果较好。

4. 散射波

如图 2.30（d）所示，当大气层或电离层出现不均匀团块时，无线电波有可能被这些不均匀媒质向四面八方反射，使一部分能量到达接收点，这就是散射波，这种传播方式称为散射波传播。散射波传播方式难以控制，传播效果较差。

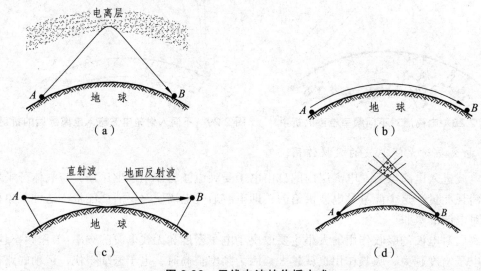

图 2.30　无线电波的传播方式

2.2.4.2　各频段无线电波的传播方式及特点

1. 甚低频（VLF）和低频（LF）频段电波的传播特点

甚低频频段的电波，频率很低，对它来说地表面和电离层都相当于良好的导体。甚低频电波在地表面和电离层之间往复反射，以波导模的方式传播。

甚低频和低频频段无线电波的绕射能力很强，地面对其的吸收很小，所以可以通过地波传播方式传播很远的距离。同时，甚低频和低频频段无线电波可以有效地被电离层反射，电离层的吸收也很小。因此，甚低频和低频频段无线电波传播的信号稳定，损耗小，传播距离远。

2. 中频（MF）频段电波的传播特点

与甚低频、低频频段电波相比，中频频段电波被地表面吸收得多，绕射能力差，所以中频频段电波依靠地波传播的距离更近。

白天，中频频段电波能穿透 D 层，深入 E 层后才被反射，吸收较大，因此白天中频频段电波一般不能依靠天波传播。夜间，D 层消失，E 层电子密度减小，电离层对电波的吸收减小，因此夜间中频频段电波可以依靠天波传播到比地波传播更远的地方。

中频频段电波的传播以地波传播方式为主，以天波传播方式为辅，具有传播稳定、可靠的特点。自动定向仪（ADF）系统工作于该频段。

3. 高频（HF）频段电波的传播特点

高频频段电波的传播以天波传播方式为主。电离层对高频频段电波的吸收比中频、低频频段电波都小，因此高频频段电波可以利用天波传播方式传播很远的距离。而地面对高频频段电波的吸收比中频、低频频段电波大，所以依靠地波传播方式时高频频段电波的传播距离近。

高频频段电波利用电离层反射来传播，受电离层变化的影响特别明显，信号传播不稳定，容易产生衰落和越距（静区）等现象。

所谓衰落现象，是指所接收到的信号强度出现忽大忽小的不规则现象。衰落现象可以通过加装自动增益控制（AGC）电路、分级接收等方法克服。根据产生的原因，衰落可以归纳为以下三种：

① 干涉衰落。由于电离层的电子密度、高度均是随机变化的，所以电波射线轨迹也随之变化，这就使得由多途径传播到达接收端的同一信号，不能保持固定的相位差，使合成信号的振幅随机起伏。这种衰落是由若干个信号干涉造成的，故称为"干涉衰落"（见图2.31）。

② 吸收衰落。产生吸收衰落的原因是 D 层衰减特性的变化，其时间最长可以持续一小时或更长。它有年、月、季节和昼夜的变化。

③ 极化衰落。是指电波被电离层反射后，其极化和发射天线辐射时的不同。

所谓越距（静区）现象，是指高频信号依靠天波传播方式传播的最近距离和依靠地波传播方式传播的最远距离之间的区域接收不到信号，如图2.32所示。静区的大小与天线辐射功率、电波的入射角、电离层电子密度以及电波的工作频率有关。辐射功率增大，以地波传播方式传播的距离增大，静区就会缩小；电波的入射角增大，以天波传播方式传播的距离增大，静区就会增大；电离层电子密度减小时，只能反射入射角较大的电波，静区就会增大；电波频率降低时，电离层能够反射入射角较小的电波，同时地面对其吸收减小，所以静区也会减小。因此，克服越距（静区）现象的方法是增大发射功率，降低频率，改变天线高度（改变入射角）。

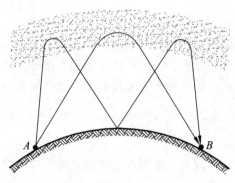

图2.31　衰落的形成

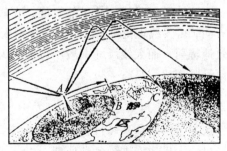

图2.32　静区的形成

高频频段电波虽然具有不够稳定的特点，但其传播距离远，在民航领域仍然有较广泛的应用。

4. 甚高频（VHF）频段电波的传播特点

甚高频频段电波的频率很高，很容易穿透电离层而不能返回地面。同时，高频频段电波沿地面传播时的衰减很快，所以其传播方式以空间波传播为主，如图 2.33 所示。

甚高频频段电波的有效传播距离一般限于视线范围，如图 2.33（b）中的 *AB* 所示；但由于对流层的折射作用，实际传播距离略大于视线距离，如图 2.33（b）中的 *AB′* 所示

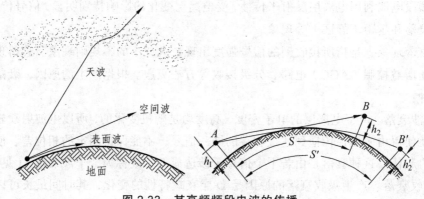

图 2.33　甚高频频段电波的传播

甚高频频段电波的空间波传播距离虽然较近，但由于受干扰小，因此传播效果好。民航领域中的甚高频通信和甚高频导航系统的信号就是以空间波（直达波）的方式在地面设备和机载设备之间传播的。

2.3　无线电信号的接收

2.3.1　无线电接收设备

2.3.1.1　接收设备接收信号的特点

1. 信号频率高

一方面，随着无线电技术的发展，在较低频段内，可用频道资源较少，信号比较拥挤；另一方面，由天线理论可知，只有当辐射天线的尺寸大于信号波长的 1/10 时，信号才能被天线有效地辐射。而天线尺寸一般不可能很大，因此目前一般采用较高频率，这样接收设备接收的信号频率比较高。

2. 信号功率微弱

发送端发出的信号经过长距离传送后，一般衰减较大，使得接收端收到的信号很微弱，必须经过放大后才能进行各种处理。

3. 信号选择性差

多个信号同时出现在接收端，接收机必须选择出所需要的信号，抑制不需要的信号。

2.3.1.2　对接收设备的要求

衡量接收机的主要技术指标包括灵敏度、选择性、失真度、频率稳定度和频率准确度等。

1. 灵敏度要高

灵敏度指在接收机输出端满足一定的信噪比的条件下，接收机输出标准功率所需的天线输入端的最小电动势。显然，放大倍数直接影响接收微弱信号的能力，但是，噪声总是伴随微弱信号同时出现的，接收机中的有源器件和其他器件都会产生一定的噪声功率。因此，在所需信号被放大的同时，噪声也同样得到了放大，所以在保证接收机输出端信噪比的前提下，提高接收机的放大倍数才有实际意义。灵敏度越高，表示接收机接收微弱信号的能力越强，接收距离越远。

2. 选择性要好

选择性表示接收机从许多不同信号和干扰中选择输出所需信号并抑制其他信号和干扰的能力。

3. 失真小（保真度高）

失真度是衡量接收设备恢复输出的信号与发送设备基带信号相似程度的参数。相似程度越高，信号失真越小，即保真度越高。

4. 频率准确度和频率稳定度要高

频率准确度和频率稳定度对于保证系统工作的可靠性，提高系统的抗干扰能力，压缩系统占用频带具有极重要的意义。

5. 其他要求

对接收机的其他要求有输出电平、输出信号形式、使用简便性、自动化程度、电源功率、体积、重量等。

2.3.1.3　接收设备的工作原理

无线电接收设备大致包括三大部分，即接收天线、接收机及终端设备，如图 2.34 所示。接收天线和输入电路配合，从天线接收的各种信号中，选出本系统需要的信号，进行信号处理放大，将高频信号变换为低频信号。终端设备将已处理的低频信号以适当的形式（声音、图像、字符等）提供给用户。

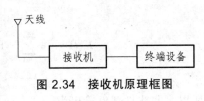

图 2.34　接收机原理框图

2.3.1.4　天线接收电磁波的原理

当接收天线处于由发射信号所形成的电磁场中时，信号电磁场中与接收天线轴线平行的电场分量，将会引起天线导体中自由电子的运动。这种运动的方向与电子流的密度是跟随外来信号电场变化而变化的，因而在天线中产生了与信号电场频率相同的高频感应电势。天线中所产生的交变电流与电势的能量，来源于空间的信号电磁场。这就是说，天线接收了空间信号电磁场的一部分能量。

由上可知，天线上所产生的感应电动势的大小，与平行于天线的信号电场分量成正比，所以当信号电场方向与天线成不同交角时，在天线中所产生的感应电势的大小将不同，这表明天线接收信号时也具有方向性。

理论和实践证明，同一天线既可用于辐射电磁波，又可用于接收电磁波，并且接收和辐射时天线的方向性、输入阻抗等特性均保持不变。天线的这种特性，叫作天线的互易性。

2.3.2 解调理论

调制的逆过程叫作解调。调制过程是一个频谱搬移过程，它将低频信号的频谱搬移到载频位置。在接收端恢复信号就是从已调信号的频谱中将位于载频的信号频谱再搬回来。调制和解调都要完成频率搬移。解调的分类相当清晰，无论是模拟调制还是数字调制，无论是正弦波调制还是脉冲波调制，其解调方法都可以分为相干解调与非相干解调。相干解调与非相干解调的区别在于是否需要一个与发射端载波同频同相（或固定相位差）的信号。这里主要针对各种调制信号的解调进行讨论。对调幅信号而言，其非相干解调称为包络检波，其相干解调称为同步检波。

2.3.2.1 非相干解调（包络检波）

包络检波主要适合于标准调幅波。包络检波的原理是利用标准调幅信号的包络来反映调制信号波形变化这一特点，将包络取出来，以恢复原来的调制信号。图 2.32 给出了包络检波的原理。

输入的标准调幅信号 $u_{AM}(t)$ 如式（2.1）所示。图 2.35 中所示非线性器件工作在开关状态（如为二极管），可以用开关函数 $K(t)$ 表示：

$$K(t) = \begin{cases} 1 & (\cos\omega_c t \geqslant 0) \\ 0 & (\cos\omega_c t < 0) \end{cases} \tag{2.18}$$

它的傅里叶级数展开式为

$$K(t) = \frac{1}{2} + \sum_{n=1}^{\infty} (-1)^{n-1} \frac{2}{(2n-1)\pi} \cos(2n-1)\omega_c t \tag{2.19}$$

所以，非线性器件输出为

$$u(t) = U_{cm}(1 + M_a \cos\Omega t)\cos\omega_c t \left[\frac{1}{2} + \sum_{n=1}^{\infty} (-1)^{n-1} \frac{2}{(2n-1)\pi} \cos(2n-1)\ \omega_c t \right] \tag{2.20}$$

可见，$u(t)$ 中有直流、Ω、ω_c、$\omega_c \pm \Omega$ 和其他频率成分。其中的低频成分为 $\frac{1}{\pi} U_{cm}(1 + M_a \cos\Omega t)$。

通过滤波器除去高频、直流成分，就可以获得与原调制信号成正比的信号（参见图 2.35 ）。

下面，结合具体的二极管峰值包络检波器进行讨论。图 2.36 为二极管峰值包络检波器的具体电路。

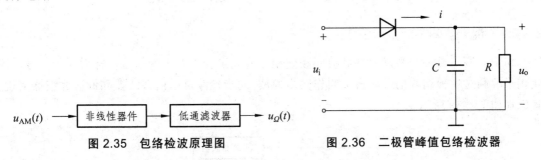

图 2.35　包络检波原理图　　　　图 2.36　二极管峰值包络检波器

设输入电压为 u_i，输出电压为 u_o，二极管导通电阻为 r_d。当输入电压大于输出电压（$u_i > u_o$）时，二极管导通，电容充电，充电时间常数为 $r_d C$；当输入电压小于输出电压（$u_i < u_o$）时，二极管截止，电容放电，放电时间常数为 RC。下面结合图 2.37，说明 u_o 波形的变化。

在 $t_0 \sim t_1$ 时段，$u_i > u_o$，二极管导通，开始给电容充电，u_o 按指数规律上升，即 AB 曲线。

在 $t_1 \sim t_2$ 时段，$u_i < u_o$，二极管截止，电容通过电阻 R 放电，u_o 按指数规律下降，即 BC 曲线。

在 $t_2 \sim t_3$ 时段，$u_i > u_o$，二极管再次导通，给电容充电，u_o 再次上升，即 CD 曲线。

在 $t_3 \sim t_4$ 时段，$u_i < u_o$，二极管再次截止，电容放电，u_o 再次下降，即 DE 曲线。

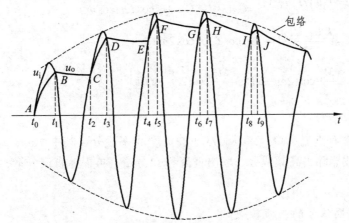

图 2.37　二极管峰值包络检波器的包络检波波形

由于充、放电过程交替进行，电阻 R 上电压 u_o 的波形具有频率为 ω_c 的纹，可以通过低通滤波器滤除。需要注意的是，放电时间常数 RC 的选择应该适当。若 RC 太大，由于放电期间电容 C 上的电压下降太慢，以致跟不上已调信号包络变化的速度，使输出信号失真（惯性失真），因此，从这点出发，要求 $RC \ll 1/\omega_m$。但如果 RC 太小，则由于放电时间太快，造成电容器两端电压下降很快，使得输出信号电平降低，波纹增大。因此，RC 不能选得过小，从这点出发，要求 $RC \gg 1/\omega_c$。综合考虑以上因素，合理的数值应该满足下式

$$\frac{1}{\omega_{\mathrm{c}}} \ll RC \ll \frac{1}{\omega_{\mathrm{m}}} \qquad (2.21)$$

式中，ω_{m} 为调制信号 $f(t)$ 的最高调制角频率，ω_{c} 为载波角频率。

2.3.2.2 相干解调（同步检波）

相干解调需要一个和发射端载波同频同相（或固定相位差）的信号，称为同步信号。因此相干解调对各种调幅信号而言又叫作同步检波。同步检波可以由乘法器和低通滤波器实现。其原理如图 2.38 所示。

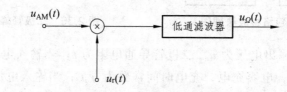

图 2.38 同步检波原理图

1. 标准调幅信号的同步检波

设输入的标准调幅信号 $u_{\mathrm{AM}}(t)$ 如式（2.1）所示，输入的同步信号为

$$u_{\mathrm{r}}(t) = U_{\mathrm{rm}} \cos \omega_{\mathrm{c}} t$$

则乘法器输出为

$$
\begin{aligned}
u_{\mathrm{o}}(t) &= k_2 u_{\mathrm{r}}(t)\ u_{\mathrm{AM}}(t) = k_2 U_{\mathrm{cm}} U_{\mathrm{rm}} (1 + M_{\mathrm{a}} \cos \Omega t) \cos \omega_{\mathrm{c}}^2 t \\
&= \frac{k_2 U_{\mathrm{cm}} U_{\mathrm{rm}}}{2} \Big[1 + M_{\mathrm{a}} \cos \Omega t + \cos 2\omega_{\mathrm{c}} t + \\
&\quad \frac{M_{\mathrm{a}}}{2} \cos(2\omega_{\mathrm{c}} + \Omega) t + \frac{M_{\mathrm{a}}}{2} \cos(2\omega_{\mathrm{c}} - \Omega) t \Big]
\end{aligned} \qquad (2.22)
$$

式中，k_2 为乘法器增益。

输出信号中含有直流、Ω、$2\omega_{\mathrm{c}}$、$2\omega_{\mathrm{c}} \pm \Omega$ 几个频率成分，其中 $2\omega_{\mathrm{c}}$、$2\omega_{\mathrm{c}} \pm \Omega$ 为高频成分。通过低通滤波器除去高频成分，取出直流和 Ω 分量，再去掉直流分量，就可以恢复原调制信号。

2. 双边带调幅信号的同步检波

设输入的标准调幅信号 u_{DSB} 如式（2.8）所示，输入的同步信号为

$$u_{\mathrm{r}}(t) = U_{\mathrm{rm}} \cos \omega_{\mathrm{c}} t$$

则乘法器输出为

$$
\begin{aligned}
u_{\mathrm{o}}(t) &= k_2 u_{\mathrm{r}}(t) u_{\mathrm{DSB}}(t) \\
&= k_2 k U_{\mathrm{cm}} U_{\mathrm{rm}} U_{\Omega \mathrm{m}} \cos^2 \omega_{\mathrm{c}} t \cos \Omega t
\end{aligned}
$$

$$= \frac{k_2 k U_{cm} U_{rm} U_{\Omega m}}{2} \left[\cos \Omega t + \frac{1}{2} \cos(2\omega_c + \Omega)t + \frac{1}{2} \cos(2\omega_c - \Omega)t \right] \quad （2.23）$$

式中，k_2 为乘法器增益，$2\omega_c \pm \Omega$ 为高频成分。用低通滤波器取出低频成分 Ω 即可实现解调。

3. 单边带调幅信号的同步检波

设输入的标准调幅信号 u_{SSB} 如式（2.9）所示，输入的同步信号为

$$u_r(t) = U_{rm} \cos \omega_c t$$

则乘法器输出为

$$u_o(t) = k_2 u_r(t) \; u_{SSB}(t)$$

$$= \frac{k k_2}{2} U_{rm} U_{cm} U_{\Omega m} \cos(\omega_c + \Omega)t \cos \omega_c t$$

$$= \frac{k_2 k U_{cm} U_{rm} U_{\Omega m}}{4} [\cos \Omega t + \cos(2\omega_c + \Omega)t] \quad （2.24）$$

式中，k_2 为乘法器增益，$2\omega_c + \Omega$ 为高频成分。用低通滤波器取出低频成分 Ω 即可实现解调。

复习思考题

1. 电磁波是如何形成的？电波的相位是如何定义的？
2. 无线电传输系统由哪些部分组成？它们各自的作用是什么？
3. 对无线电发送设备的要求有哪些？对无线电接收设备的要求有哪些？
4. 典型无线电发送设备由哪几部分组成？典型无线电接收设备由哪几部分组成？
5. 什么叫天线的方向性系数？什么叫天线的增益系数？二者有何关系？
6. 何谓调制？调制的目的是什么？调制的分类方法有哪些？
7. 调制信号为单频信号的标准调幅波，由哪几部分组成？从其频谱图看，可以说明什么问题？
8. 何谓调幅系数（M_a）？调幅系数的大小对传输信号有何影响？
9. 单边带调幅信号有哪些产生方法？
10. 频率调制和相位调制有何异同？
11. 无线电波在均匀媒质中传播的规律是什么？在不均匀媒质中传播时，会产生哪些现象？
12. 无线电波的传播方式有哪几种？各自的特点是什么？
13. 电离层对电波的折射程度取决于哪些因素？
14. 地面对无线电波传播有何影响？哪种频段的电波适合于地波传播？
15. 何谓越距现象？何谓衰落现象？其产生原因是什么？如何克服？
16. 分析各个频段无线电波的传播方式及特点。
17. 什么叫解调？解调的方法有哪些？其依据是什么？
18. 分析包络检波器的工作过程。

第 3 章　民航通信系统

3.1　通信概述

从古到今，人类都生活在信息的海洋里，人类的社会活动总离不开信息的交流与传递。通信就是克服距离上的障碍，迅速而准确地交换和传递信息。信息常以某种方式依附于物质载体，借以实现存储、交换、处理、变换和传输。要让信息在时域和空域内转移和转换，就需要有装载信息的媒体。所谓媒体，就是一种传送信息的手段，或装载信息的物质，如古代的消息树、烽火台和驿马传令，以及现代社会的书信、电报、电话、广播、电视、计算机网络等，这些都是信息传递的方式和手段。

实现通信的方式很多，随着社会的需求、生产力的发展和科学技术的进步，目前的通信越来越依赖利用"电"来传递消息的电通信方式。由于电通信迅速、准确、可靠且不受时间、地点、距离的限制，因而近百年来得到了迅速的发展和广泛的应用。如今在自然科学领域提到"通信"这一术语时，一般是指"电通信"。从广义来讲，光通信也属于电通信，因为光也是一种电磁波。

3.1.1　通信系统的分类

现代通信系统由于技术上的差异，分成了许多不同的子系统，常见的分类方法及子系统名称如下：

1. 按信号特征分类

按信号特征分类可以将通信分成模拟通信和数字通信。

信号的某一参量（如振幅、频率、相位等）可以取无限多个数值，且直接与消息本身的物理量变化相对应的，称为模拟信号。信号的某一参量只能取有限个数值，且时间上离散的，常常不与消息本身的物理量直接相对应的，称为数字信号。

2. 按传输媒质分类

通信按照使用的传输媒质的形态可以分成有线通信和无线通信两大类。

典型的有线通信如电话、有线电视等，需要依靠如架空明线、同轴电缆、光导纤维或波导管等有形的传输媒质完成通信任务。而典型的无线通信如移动通信、无线广播、卫星通信等均是依靠电磁波在空间的传播来实现的通信。

3. 按传输方式分类

根据信号在传输的过程中是否进行了调制，可将通信分成基带传输和频带传输两种。一般来说，将消息直接转换得到的信号称为基带信号，传输基带信号的通信系统称为基带传输系统。基带信号经过调制后的信号称为已调信号或频带信号。如果通信系统中传输的信号是频带信号，则称为频带传输。

4. 按工作波段分类

按照通信工作中信号的不同频段可以将其分为长波通信、中波通信、短波通信和光通信等。

5. 按通信终端是否移动分类

按通信终端是否具备移动的条件划分，可将通信划分为固定通信和移动通信。移动通信是指通信双方至少有一方处于运动中的通信。

6. 按通信业务分类

通信按其业务类型划分，可分为话务通信和非话务通信。电话作为话务通信的代表一直在通信领域中占据着重要的地位，但随着科技的发展和社会的进步，以及计算机应用技术和因特网的普及，各种数据通信、图像通信、视频通信等非话务业务量正大幅度增长，逐渐成为通信业务的主流。

7. 按信道的复用方式分类

通信的多路信号复用技术主要包括频分复用、时分复用、码分复用和空分复用。如模拟通信主要采用频分复用技术，数字通信则主要采用时分复用和码分复用技术。

3.1.2 通信系统的组成

通信的最终目的是有效和可靠地获取、传递和交换信息。信息可以有多种多样表的现形式，如语音、文字、数据、图像等。传递或交换信息所需的一切技术设备的总和称为通信系统。通信系统的一般模型如图 3.1 所示。

信源是发出信息的源。信源可以是离散的数字信源，也可以是连续的(或离散的)模拟信源。

发送设备的基本功能是将信源与传输媒介匹配起来，即将信源产生的消息信号变换为便于传送的信号形式，送往传输媒介。变换方式是多种多样的，其中在需要频谱搬移的场合，调制是最常见的方式。发送设备还包括为满足某些特殊要求而进行的种种处理，如多路复用、保密处理、纠错编码处理等等。

信道是指传输信号的通道。在发送设备与接收设备之间传递信号的媒介，可以是无线的，也可以是有线的，均有多种传输媒介。信道既给信道以通路，也要对信号产生各种干扰和噪声。传输媒介的固有特性和干扰直接关系到通信的质量。

接收设备的基本功能是完成发送设备的反变换，即进行解调、译码、解码等等。它的任务是从带有干扰的信号中正确恢复出原始消息来。对于多路复用信号，还包括解除多路复用，实现正确分路。

信宿是传输信息的归宿点，其作用是将复原的原始信号转换成相应的消息。

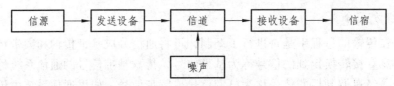

图 3.1　通信系统的组成

　　上面所述是单向的通信系统，在多数场合下，信源兼为信宿，通信的双方需要随时交流信息，因而要求双向通信。如电话、手机、地-空无线通信等，这时，通信双方都要有发送设备和接收设备。如果两个方向有各自的传输媒介，则双方都可独立进行发送和接收；但若共用一个传输媒介，则用频率或时间分割的办法来共享。

3.1.3　模拟与数字通信系统

　　模拟通信系统是主要传输模拟信号的通信系统，而数字通信系统是传输数字信号的通信系统。

3.1.3.1　模拟通信系统的组成

　　模拟通信系统的组成如图 3.2 所示。模拟通信系统是按照模拟信号的特点设计的，主要用来传输模拟信号。其基本特点是强调发送的信号波形在接收端无失真地恢复。数字信号作为模拟信号的一种特殊形式也可以在模拟信道中传输，如电报和中、低速的数字通信。

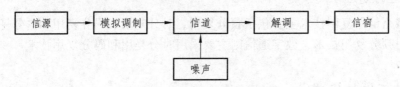

图 3.2　模拟通信系统方框图

3.1.3.2　数字通信系统组成

　　数字通信系统是专门为传送数字信号而设计的。对于数字信道，关注的则是数字状态的正确识别。当信源为数字信源时，通常只需经过信道编码即可进入数字调制信道传输。若信源为模拟信源，则还需经过信源编码转变为数字信号后经数字信道传输。数字通信系统的组成如图 3.3 所示。

　　从结构上看，数字通信系统要比模拟通信系统复杂一些。数字通信系统通常具有信源编码、信道编码及相应的解码部分。信源编码的主要功能是将模拟信号进行模数转换并进行编码，将模拟信号转换为数字编码信号。

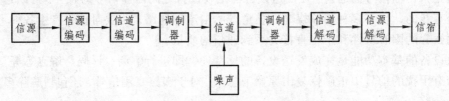

图 3.3　数字通信系统方框图

所谓信道编码，是指为了适应信道的传输特性，实现高效、可靠的传输，而对数字信号进行相应处理的过程。属于信道编码范畴的技术有数字信号的加密处理、差错控制编码及扩频编码等。

实际上，模拟通信系统和数字通信系统目前在通信系统中是共存的，但数字通信是通信技术发展的方向。

3.1.3.3 数字通信系统的主要特点

从结构上看，数字通信系统要比模拟通信系统复杂，但前者具有后者不可比拟的优点。

① 抗噪声性能好。

在模拟通信系统中，通信传输的目的是尽可能不失真地恢复原始信号的波形，但信号与噪声叠加后的波形在接收端是无法将其中的噪声部分滤除掉的，其结果是输出信噪比下降。

在数字通信系统中，这种噪声叠加现象虽然也存在，但从传输角度看，数字通信的目的是状态的恢复，即只要能正确地恢复原先的代码序列，就可以恢复发送信号的波形。因此，数字通信系统可以在噪声还未造成严重损害之前对数字信号进行"再生"，从而保证状态的正确传送，并避免噪声的积累。

② 数字通信系统可以通过信道编码方式更有效地改善通信质量。

③ 数字信号便于运用计算机技术，即有利于信号的处理、存储和交换。

④ 数字信号也便于各种不同种类信号的综合，如语音、数据、图像信号的综合。所以，今后通信网各种业务形式的综合必将是在数字化的前提下才能实现，比如综合业务数字网（ISDN）、异步传输模式（ATM）通信网等等。模拟系统是不可能实现这个目标的。

当然，数字通信系统也有不足之处，主要表现在技术较为复杂，信号占用频带较宽。随着大规模、超大规模集成电路技术的发展，计算机技术的广泛应用，信号占用带宽将迅速下降，使得数字通信实际占用带宽达到甚至低于模拟语音信号带宽，而质量也可得到保证。

3.1.4 通信方式

通信方式指通信双方或各方之间的工作形式和信号传输方式。从不同角度考虑，通信方式有多种分类方法。

按通信终端的数量分类：点到点通信，即在两个通信终端之间进行的通信；点到多点通信，即一个终端与多个终端之间的通信；多点到多点通信，即多个终端与多个终端之间的通信。

按通话状态和频率使用方法分类：单工制、半双工制和双工制。

单工制指在任何时刻，信号都只能向一个方向单向传输的通信方式。这种情况与无线电广播相类似，信号只在一个方向上传播，即电台发送，收音机接收。

在半双工通信方式中，信号可以双向传送，但必须交替进行，一段时间内只能向一个方向传送。可以双向传送信号，但必须交替进行的通信信道，只能用于半双工通信方式中。这种通信方式主要应用于专业移动通信，如民航地-空通信。

双工制指能同时在两个方向上进行信号传输，即有两个信道的通信方式。数据同时在两个方向流动，它相当于把两个相反方向的单工通信组合起来。显然，全双工通信的效率高，但构建系统的造价也高。

3.1.5 移动通信

移动通信是指通信双方至少有一方处于运动中的通信。民航通信中很多重要的通信都属于移动通信，如飞机和地面管制单位、地面运行控制部门的通信，机场内的移动通信等。

3.1.5.1 移动通信系统的特点

① 多普勒效应。从电磁学的基本理论可知，当发射机和接收机的一方或双方均处于运动中时，将使接收信号的频率发生偏移，这就是多普勒效应。其频率偏移为

$$f_D = v / \lambda \qquad (3.1)$$

式（3.1）中，v 为径向相对速度；λ 为波长。在航空移动通信中，径向相对速度一般较大，所以多普勒效应应加以考虑。

② 多径传播效应。由于地物的反射和绕射作用，接收信号是不同路径的反射波和绕射波的合成结果，这种现象称为多径传播。多径传播将产生衰落现象。

③ 阴影效应。由于沿途地形、地貌及建筑物密度、高度不一，所产生的绕射损耗也不一样，因此接收机收到的信号会产生一个缓慢而持续的变化。

④ 远近效应。在同一基地台覆盖范围内，接收机在基地台附近时场强比较大，在服务区边沿时场强比较小，这就要求接收机必须要有较大的动态范围。

⑤ 干扰严重。移动通信主要利用短波、超短波频段，会受到工业噪声、大气噪声、银河噪声、太阳系噪声等多种噪声干扰。

3.1.5.2 移动通信的干扰

移动通信的质量会受到多种干扰的影响，主要有热噪声干扰、人为干扰和电磁干扰等。

热噪声干扰在整个无线电通信频带内都存在，其功率密度为常量。但当频率增加至红外区时，功率密度按指数规律锐减。移动通信的多径传播信道相当于一窄带滤波器，热噪声经过一滤波器后，变成窄带噪声。同时，热噪声经滤波后，其功率变成有限值。

在移动通信环境中，存在多种人为噪声，可以将其分为六类：大气噪声、城市人为噪声、郊区人为噪声、银河系噪声、太阳系噪声以及接收机内部噪声。前五类噪声随频率的升高而降低，而接收机内部噪声是客观存在的。频率在 450 MHz 以上时，需要考虑的只有城市人为噪声、郊区人为噪声和接收机内部噪声。

在同一区域，某一系统发射的信号，对本系统的接收机来说是有用信号，但对另一系统来说就是有害的干扰信号。同样，某一信道的信号对另一信道来说就是干扰信号，必须加以抑制。移动通信中需要考虑的电平干扰有多种，主要有以下几个方面：

1. 同信道干扰

载波频率和调制方式都与有用信号相同的干扰信号称为同信道干扰信号。同信道干扰信号与有用信号同样地被放大、检波，对信噪比恶化的影响极大。如果两者的载波频率不同，则会造成差拍干扰；调频时的调频度不同，则会引起失真干扰；相位不同亦如此。最有效和

最根本的抗干扰办法，就是使两个信道相同的基地台相隔一定的距离，这个距离称为同频复用保护距离。

2. 相邻信道干扰

相邻信道干扰（简称邻道干扰）指本系统与其他系统相邻信道信号间的干扰。它可分为带内干扰和带外干扰。带内干扰指的是干扰信号的中心频率落在有用信号的频带内，这种情形有可能产生严重的干扰。带外干扰是指干扰信号的中心频率落在有用信号频带之外，一般不太严重。邻道干扰主要取决于接收机中滤波器的选择性和发信机在邻道内的边带噪声。为抑制邻道干扰，规定接收机的邻道选择性应在 70 dB 以上，发信机的邻道辐射应低于额定输出 70 dB 以上。

当移动台距离基地台较远时，基地台接收到的信号就弱。当两者相距较近时，接收信号就强，邻道干扰也大，这种现象就是远近效应。克服它的办法被称为自动增益控制（AGC），即使移动台的发射功率减小。当移动台接收到基地台发射的功率调整信号后，将自动进行功率调整，以减小邻道干扰。

3. 互调干扰

移动通信所用的角度调制是一种非线性调制方式，两个或多个干扰信号可能在这种调制的电路中互相调制，产生同有用信号频率相近的干扰信号，这种干扰称为互调干扰。互调的产生要满足两个基本条件：其一，几个干扰信号的频率与接收机的接收频率存在等差关系，也就是说，存在频率间隔相同的干扰信号，如三阶互调时两个干扰信号的频率中值恰为接收频率；其二，干扰信号应有足够的强度才能产生互调。

互调的避免主要依赖于信道的合理选择。在多信道共用系统中，应选择那些非等间隔的信道，尤其需要注意的是三阶互调。

3.2 民航通信概述

3.2.1 中国民航通信业务介绍

根据《中国民用航空通信导航雷达工作规则》（民航总局第 5 号令，1990 年 5 月 26 日发布），中国民航通信业务可以分为地面业务通信、场内移动通信、有线电话通信、地-空通信、航务管理通信、对空广播、机要通信等业务内容。

3.2.1.1 地面业务通信

地面业务通信是各民用航空-地面台之间传递飞行动态、航行情报、气象、运输生产以及其他各种保证安全生产的电报、电话和数据信息的通信。

地面业务通信网络由连接民航局、地区管理局、飞行院校、机场、航务管理中心（站）、航空公司、通信导航台站之间和国际间的通信电路组成。

地面业务通信网络包含：

1. 国际通信电路

即中国民航局与外国民航局通信中心之间建立传递国际间规定种类的航空电报的航空固定业务通信电路。国际航空运输业务电报经由"国际航空电信协会"通信电路传递。

2. 国内通信电路

即民航局、地区管理局、航务管理中心（站）、航空公司、机场、通信导航台站之间，建立传递民用航空各类电报和数据信息的电路。国内通信电路，以有线电工作方式为主，无线电工作方式为辅。

3. 管制移交通信电路

即相邻空中交通管制部门之间（包括中国与相邻的外国管制部门之间）、本地区各管制部门之间建立管制移交和飞行协调的通话电路。管制移交通信电路使用有线电或无线电工作方式，并配备录音设备。

4. 通用航空通信电路

即执行通用航空飞行机场的电台与作业基地流动电台以及小型流动电台之间，建立传递通用航空各类电报的通信电路，必要时可兼作通用航空-地-空通信，使用无线电报或无线电话方式工作。

5. 飞行院校通信电路

即飞行院校与所属分校之间，飞行院校与有关地区管理局之间，建立传递训练飞行电报的通信电路，使用有线电或无线电工作方式。

3.2.1.2　场内移动通信

场内移动通信是机场范围内的单位、人员和民用航空专用流动车辆之间，建立传递保障飞行以及其他信息的无线电话通信。场内移动通信网络，由地区管理局（飞行院校）按照《民用航空无线电管理规则》的有关规定负责组织和设置，并制定使用细则。

3.2.1.3　有线电话通信

有线电话通信是机场内部、机关企事业内部以及与外部有关部门之间建立的电话通信。机场、机关企事业和外部的电话通信，应当采用邮电公用线路。机场、机关企事业内部的通信网络由民用航空各级通信导航雷达部门统一规划，分别建设。

航行、通信、气象、运输服务等单位之间的通信和遥控线路采用自建或租用专用线路，由民航局或地区管理局通信导航雷达部门统一规划。

电话总机话务员应切实掌握电话转接的主次，保障主要电话优先接通，并建立挂发和直拨长途电话的审核、登记制度，控制长途电话的使用，尤其要控制国际、国内长途直拨电话的使用范围。不属于航行调度、空中交通管制和飞行签派的事宜，不得使用调度等级的长途电话。

3.2.1.4　地–空通信

地-空通信是民用航空地空台与航空器电台或航空器与航空器电台之间,建立用于空中交通管制、通报飞行动态、传递飞行情报等的无线电通信。

按照不同的职责,地空台分为:

① 塔台,用于机场区域内的起落航线、仪表进近航线以内第一等待高度层及其以下空间的空中交通管制通信。在没有进近管制台的机场,还用于进近管制区域内的空中交通管制通信。

② 起飞线塔台,用于辅助塔台空中交通管制通信,其通信范围在《空中交通管制工作规则》中规定。

③ 进近管制台,用于机场区域内除塔台管制范围外的空间,包括空中走廊的空中交通管制通信。

④ 地面管制台,用于对机场范围内地面滑行的航空器及引导车实施指挥的地面管制通信。

⑤ 甚高频航线地空台,用于管制区内的空中交通管制通信。

⑥ 甚高频紧急通信地空台,用于航空器和所载人员生命安全受到威胁时,空中交通管制员和机长之间进行紧急通信。

⑦ 高频中低空地空台,用于中低空管制区域内的空中交通管制通信。

⑧ 高频高空地空台,用于国内高空管制区域内的空中交通管制通信。

⑨ 高频国际地空台,用于对外国航空器和中国民航国际航班在中国境内飞行实施空中交通管制通信。

⑩ 高频通用航空地空台,用于对通用航空飞行保证的通信,必要时兼作作业基地与负责管制的空中交通管制部门之间的地面业务通信。

3.2.1.5　航务管理通信

航务管理通信是航空公司与所属航空器之间传递飞行情况和实施飞行签派、航务运营业务的通信。航务管理通信分高频和甚高频通信两类。高频航务管理通信主要用于航空公司与在国外或国内航线上飞行的航空器之间的通信。甚高频航务管理通信主要用于航空公司与在机场区域内飞行的航空器之间的通信。

航务管理通信由航空公司提出使用要求,由地区管理局统一规划、建设和管理,实行有偿服务。如地区管理局建设有困难,可由航空公司在地区管理局的统一规划和管理下,自行建设。

3.2.1.6　对空广播

对空广播分高频和甚高频两类。高频对空广播,用于气象部门向飞行中的航空器广播气象情报。甚高频对空广播,用于气象部门和空中交通管制部门的飞行中的航空器广播有关的飞行情报。

对空广播由气象和空中交通管制部门提出使用要求,由通信导航雷达部门统一规划、建设。

3.2.1.7　机要通信

民航局机要通信，用于保障上级机关与下级机关之间，传递行政机密电报的通信。

3.2.2　民航通信网络划分

根据通信网络覆盖面，民航航空通信可以分为平面通信网和地-空通信网。

平面通信网目前是基于 X.25 公众网、帧中继（FR）、异步传输模式（ATM）等的数据通信网络，它可以实现包括有线电话通信、地面业务通信、航务管理通信、机要通信和自动转报业务等多种业务。地-空通信网主要有高频通信、甚高频通信和卫星通信等。无论是高频通信、甚高频通信还是卫星通信，均属于航空移动无线电通信。

3.2.3　民航地–空移动通信规定

中国民航规定，凡在中国境内飞行的中、外航空器与中国民航交通管制部门进行地-空通信联络，必须执行以下具体规定：

① 机场管制塔台（TWR）：在机场塔台管制范围内，使用指定频率与各种型号中、外航空器联络。

② 进近管制对空台（APP）：在进近管制区内，使用指定频率与各种型号中、外航空器联络。

③ 机场地面滑行管制台（SMC）：在机场滑行区域范围内，使用指定频率与各种型号中、外航空器联络。

④ 航路甚高频对空台（ACC）：在航路管制区域范围内，使用指定频率与各种型号中、外航空器联络。

⑤ 高频国际对空台（MG）：在中国境内的航路管制区域范围内，使用指定频率与外国航空器或执行国际飞行任务的中国航空器联络。

⑥ 高频高空对空台（YL）：在航路管制区域范围内，使用指定频率与在高空飞行执行国内飞行任务的中国航空器联络。

⑦ 高频中、低空对空台（NC）：在航路管制区域范围内，使用指定频率与在中、低空飞行执行国内飞行任务的中国航空器联络。

⑧ 高频专业对空台（NC）：在规定的作业区范围内，使用指定频率与执行专业飞行任务的各类航空器联络。

⑨ 航空管理对空台（OP-CTL）：航空器在国内、外飞行过程中，使用指定频率与本航空公司航务管理部门通信联络。

⑩ 高频气象广播台（VOLMET）：使用指定频率，向航空器提供气象情报广播服务。

⑪ 航站自动情报服务台（ATIS）：使用指定频率，向航空器提供航站情况广播服务。

其中，TWR、APP、PAR、SMC、ACC、ATIS 等部门采用 A3E，即采用双边带调幅电话作为地-空通信电台；NC、MG、YL、OP-CTL、VOLMET 等部门采用 J3E，即采用单边带抑制载波电话作为地-空通信电台。

3.3 高频通信系统

3.3.1 高频通信系统概述

高频通信是指利用波长为 100 ~ 10 m（频率为 3 ~ 30 MHz）的电磁波进行无线电通信。实际上，通常把中波的高频段（1.5 ~ 3 MHz）也归到短波波段，所以现有的许多高频通信设备，其波段范围往往扩展到 1.5 ~ 30 MHz。高频通信也被称为短波通信。

高频通信系统提供远距离的语音通信。它为飞机与飞机之间或地面站与飞机之间提供通信。由于高频通信系统是通过天波来传输无线电波，如图 3.4 所示，其作用距离较远，一般可以达到 2 000 km，所以，在 20 世纪 90 年代没有应用卫星通信系统以前，高频通信是民用航空在边远山区、沙漠和海洋上空唯一能使用的语音通信系统，在其他区域可作为甚高频通信系统很好的补充。

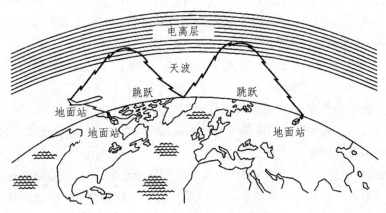

图 3.4 高频通信系统的传播方式

高频地-空通信系统可用于空中交通管制、航务管理及对空广播通信，其通信网络包括中、低空通信网（代号为 NC）、高空通信网（代号为 YL）、国际通信网（代号为 MG）、专业飞行通信网（代号为 NC）、航务管理通信网（代号为 OP-CTL）和气象广播服务通信网（代号为 VOLMET）。如图 3.5 所示是高频通信在成都管制区域使用的频率，其中 08：00 ~ 20：00 的频率是 8 873 kHz，20：00 ~ 08：00 的频率是 6 682 kHz，备用频率是 8 831 kHz。

高频航务管理通信系统（HF AOC）是面向航空公司服务的，为了解决航空公司运行控制及其他相关部门在飞行全过程与机组通信的需求而建立的一套高频话音通信系统。我国的航务管理通信系统于 2006 年完成了一期的建设工作，即对东航、上航及西南空管局已建成的高频电台（西安、武汉、成都、上海）进行联网改造，初步形成各航空公司能够共享的高频航务管理通信系统。2008 年完成了二期扩建改造，新增加了 6 个 HF AOC 电台。

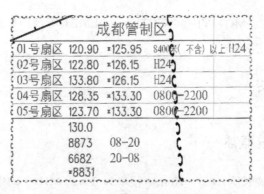

图 3.5 高频通信频率使用情况

3.3.2 高频通信的传播特点

高频无线电波主要靠电离层反射（天波）传播，也可以和长、中波一样靠地波进行短距离传播。每一种传播形式都具有各自的频率范围和传播距离。当采用合适的通信设备时，都可以获得令人满意的信息传输效果。

利用地波传播形式的频率范围是 1.5～5 MHz。为了适应地波传播，通常采用各种形式的辐射垂直极化天线。高频的地波传播损耗随频率的升高而增大，不宜作长距离通信。在距离超过 200 km 时，电波传播主要取决于天波。

天波依靠电离层对电波的反射。电离层分为 D、E 和 F 三层，这些导电层对高频传播具有重要的影响。

D 层是最低层，会给穿透 D 层的高频电磁波以较大的吸收损耗。D 层不足以反射短波，所以又被称为吸收层。随着频率的降低，吸收损耗加大，当工作频率低于其"最低可用频率"时，过大的吸收损耗将使通信中断。

E 层能对高频电磁波产生反射作用，但 E 层在夜间近于消失，失去对高频电磁波的反射作用。

F 层对高频电磁波有良好的反射作用，也称反射层。它对高频电磁波远距离传播起重要作用。F 层分 F1 和 F2 两层，其中 F2 层在日落以后没有完全消失，仍保持剩余的电离，其原因可能是在夜间 F2 层和低电子密度复合的速度减慢，而且粒子辐射仍然存在。虽然夜间 F2 层的电子密度较白天降低了一个数量级，但仍足以反射高频某一频段的电磁波。但是夜间能反射的频率远低于白天。

因此，若要保持昼夜高频通信，其工作频率必须昼夜更换，而且一般情况下夜间的工作频率远低于白天的工作频率。这是因为高的频率能穿过低电子密度的电离层，只有高电子密度的电离层可以反射。所以若昼夜不改变工作频率（例如夜间仍使用白天的工作频率），有可能使电磁波穿出电离层，造成通信中断。

另外，由于太阳辐射是不规则的，所以电离层的电子密度和高度将随季节、一天中的不同时刻，以及太阳黑子活跃性有较大的变化。此外，太阳黑子常出现耀斑暴发，将引起电离层的强烈的短时间骚动。这些都会造成短波通信的不稳定、不可靠。

3.3.3　高频通信系统的调制形式

高频通信中常用的调制方式很多,就主载波的调制而言,一般分为调幅(AM)、调频(FM),而最常用的是调幅单边带调制。单边带通信具有比常规调幅通信所需的发射功率小,占用频带窄,并能进行多路通信等优点,因而被广泛应用。目前使用的短波通信设备中,除了单边带工作方式外仍有些保留了 AM、FM 等工作方式,以供用户选择。

单边带调制(SSB)是从调幅双边带发展而来的。利用单边带信号传递消息,可以用上边带(USB)也可以用下边带(LSB),这种只用一个边带的传输方式被称为"原型单边带制"。这种传输方式,目前已很少采用。在短波单边带通信中最常用的是"独立边带制(ISB)"。所谓独立边带,是指发射机仍然发射两个边带,但和调幅双边带不同,两个边带中含有两种不同的消息。图 3.6 中画出了原型单边带制和独立边带制的频谱。对于采用独立边带制的单边带通信,目前最多可以进行四路电话通信(上、下边带各有两路电话消息)。

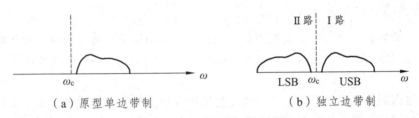

（a）原型单边带制　　　　　　（b）独立边带制

图 3.6　单边带信号的频谱

3.3.4　高频通信系统组成

高频通信系统包括地面高频通信设备和机载高频通信设备。

3.3.4.1　地面高频通信设备

地面高频通信设备包括地面短波天线、收发机、话筒和耳机。当高频通信系统的硬件设备选定以后,其通信质量的好坏除了取决于选频外,还取决于天线的选型和架设。

1. 地面短波天线的基本特性

在无线电通信中,为了节约功率和提高设备的利用率,总希望发射天线能将它的大部分能量向通信方向辐射而不希望向其他方向辐射。在高频通信中,为了适应电离层的变化,天线的方向性不能太强。

为了能在 360°范围内进行通信,一般在水平面上采用全向辐射天线。在垂直方向上,如果天线的仰角太小,发射的电波容易受到地面的反射而使波瓣发生分裂。所以,一般将发射天线架设得比较高,以减小或避免地面效应。常用的短波天线是水平偶极天线、笼形天线和菱形天线。

2. 高频短波天线的架设

在天线辐射方向的仰角之内应没有任何障碍物(如房屋、山丘、树林、电线等)。由于地面作用,天线在地下有一对称虚像,为了不使通信受到影响,发射波束视线上不应有障碍物。

由此就可以算出多高的障碍物应离天线多远。例如，5 m 高的房屋应离天线 21 m，100 m 高的山丘应离天线 75 m。天线的最小仰角越小或天线高度越低，障碍物离天线就应越远。

3. 地面电台的主要性能指标

MT1501A 地面发信设备采用单边带全固态发射机，其电源电压为 380 V（三相），输出功率为 1 500 W。

频率范围：1.6 ~ 30 MHz，100 Hz 步进。

输出功率：1 500 W（峰值功率）。

发射种类：A1A（A1）、R3E（A3A）、J3R（A3J）、H2A（A2 H）。

通信距离：1 000 ~ 2 000 km，为航路地-空通信设备。

3.3.4.2　机载高频通信设备

1. 机载高频通信电台的组成

飞机上一般装有一套或两套高频通信电台，它主要由以下几部分组成：无线电通信面板（RCP）、HF 收发机、HF 天线耦合器和 HF 天线。如图 3.7 所示为 B737 飞机的高频通信系统组成图。

无线电通信面板（RCP）一般装在驾驶舱顶板或中央操纵台及仪表板上，提供所选频率的信息和控制信号，用于调谐 HF 收发机并进行无线电选择。用 RCP 可选择调幅（AM）、上边带（USB）或下边带（LSB）操作。用 RF 灵敏度控制可增强 HF 接收。RCP 可选择和控制任何高频通信无线电的频率。

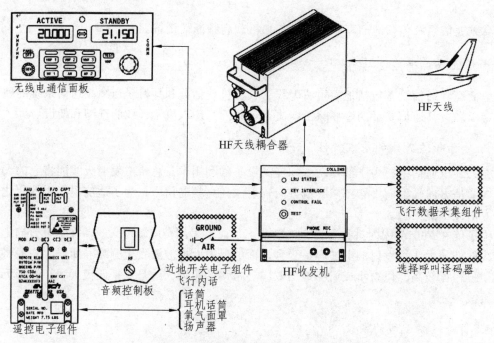

图 3.7　机载高频通信系统组成

HF 收发机用于发射和接收信息。收发机前面板上有三个故障灯、一个测试电门、一个话筒插孔和一个耳机插孔。收发机的发射电路用飞行内话音频信号调制 RF 载波信号，声音信息送给其他飞机或地面台。接收电路解调接收的 RF 载波分离出音频信号，接收的音频被机组或其他飞机系统使用。

高频天线耦合器是由电抗元件组成，通过耦合器的作用，使天线在 2～29.999 9 MHz 工作频率范围内的阻抗与发射系统输出部分达到阻抗匹配，从而使输出功率最大。发射期间，天线耦合器从收发机接收已被调制的 RF 信号并传给天线。接收期间，天线耦合器从天线接收已被调制的 RF 信号并送给收发机。

HF 天线为线状天线，安装在飞机尾部或垂直安定面的前缘，用于发射和接收音频调制的 RF 信号。

2. 高频通信系统的外部接口

高频通信系统的外部接口包括：遥控电子组件（REU）、选择呼叫译码器（SELCAL）、近地开关电子组件和飞行数据采集组件（PDAU）。

在高频通信系统工作时，控制面板向收发机发送所选频率的信息和控制信号。音频控制板向 REU 发送这些信号：HF 无线电选择信号、接收音量控制和按压通话（PTT）。

发射期间，话筒音频和 PTT 信号经遥控电子组件（REU）进入 HF 收发机。收发机用话筒音频信号调制由收发机产生的 RF 载波信号。收发机将调制的 RF 信号经天线耦合器送到天线发射给其他飞机或地面站。

同样在发射期间，飞行数据采集组件从收发机接收 PTT 信号。飞行数据采集组件（DFDAU）用 PTT 作为键控信号记录发射事件。

接收期间，天线接收调制的 RF 信号并经天线耦合器送给收发机。收发机从 RF 载波中解调或分离出音频信号。接收到的音频信号从 HF 收发机经遥控电子组件（REU）送到飞行内话扬声器和耳机。

选择呼叫译码器从 HF 收发机接收音频信号。SELCAL 译码器监视来自地面站的 SELCAL 呼叫音频信号。

3.4 甚高频通信系统

3.4.1 甚高频通信系统概述

甚高频通信系统属于近程地-空通信系统，供飞机与地面通信台站、飞机与飞机之间进行双向通信联络。该系统目前主要采用话音通信，也有部分的低速数据链通信，未来的发展方向是数据链通信，也包括语音通信。当前的语音通信采用的采用调幅（AM）工作方式，通信方式为半双工信道。

国际电信同盟（International Telecommunications Union, ITU）在 1947 年的《国际无线电规则》中分配给民航使用的甚高频通信频率范围为 118.000～136.975 MHz。我国具体频率的使用由中国民航局无线电管理委员会办公室按计划分配，使用单位不得随意挪用。其中，130.000 MHz 为我国民航与军航飞行协调频率，121.500 MHz 定为全世界统一的搜索救援频率。

为了保证信道正常工作，使信道间互不干扰，同时使信道数量最大化，需要设置合理的频率间隔。现在使用的频率间隔为 25 kHz，这是国际民航组织规定的频道间隔。在该频率范围内可提供 760 个通信信道，但实际使用的可供指配的信道，除去紧急、遇险和保留给将要发展的新地-空数据通信的信道外，只有 600 多个，我国目前开放 400 余个甚高频信道。欧洲地区的甚高频信道非常拥挤，其部分地区实行 8.33 kHz 的频率间隔，使可指配的信道数量增加了 3 倍，从而使可供指配的信道数大大增加。

目前，民航地-空通信的保障能力得到了显著的提高，甚高频地-空通信已成为主要的地-空通信手段。在机场终端管制范围内，甚高频地-空通信可提供塔台、进近、航站自动情报服务、航务管理等通信服务。在航路对空通信方面，随着在全国大中型机场及主要航路（航线）上的甚高频共用系统和航路甚高频遥控台的不断建设，我国实现了东部地区 6 000 m 以上空域和其他地区沿国际航路 6 000 m 以上空域的甚高频通信覆盖，在一些繁忙航路上达到了 3 000m 以上的甚高频通信覆盖。这些民航甚高频话音通信的波道分为机场管制塔台波道（代号为 TWR）、进近管制通信波道（代号为 APP）、航站自动情报服务波道（代号为 ATIS）、地面滑行管制波道（代号为 SMC）、航务管理通信波道（代号为 OP-CTL）航路管制通信波道（代号为 ACC）、紧急遇险通信波道（代号为 EMG）。如图 3.8 所示是成都/双流机场的 ATIS、APP 和 TWR 频率。

| 仪表进近图 VAR2°W | 机场标高 495.3/1625′ | 入口标高 492.7/1626′ | ATIS 128.6
APP01 125.6(120.2)
APP02 119.7(120.2)
TWR 123.0(118.85)
130.0 | 成都/双流
VOR/DME RWY02 |

图 3.8　成都/双流机场的 ATIS、APP 和 TWR 频率

由于甚高频频段的电磁波靠直达波（空间波）传播，其视距由飞机飞行高度（h_2）及天线架设高度（h_1）确定，如图 3.9 所示。

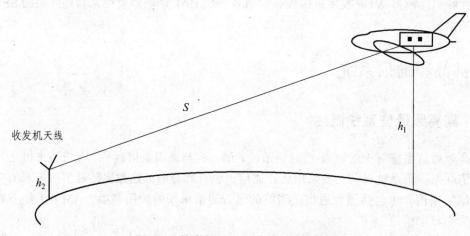

图 3.9　甚高频通信系统的视距示意图

其计算关系式为：

$$S = 4.12 \times (\sqrt{h_1} + \sqrt{h_2}) \tag{3.2}$$

式中，h_1 是飞机飞行高度，单位是 m；h_2 是地面电台天线的高度，单位是 m；S 是电波传播距离，单位是 km。如飞行高度为 3 000 m，则视距可达 200 km。飞机的飞行高度越高，通信距离越远，最远可以达到 400 km（250 n mile）左右。另外，考虑目前电磁环境的实际情况，甚高频地面电台与 8 400 m 高的飞机之间的通信距离在 300 km 时，可以得到较好的地-空通信效果。

3.4.2 地面甚高频通信设备

民航局规定，塔台使用的甚高频电台的发射功率不应超过 10 W，进近的甚高频电台的发射功率在 25 W 左右，航路的甚高频电台对空设备的发射功率应在 50 W 左右。

3.4.2.1 地面甚高频通信设备的分类

地面甚高频通信设备分为：甚高频便携收发信机、甚高频单体收发信机和甚高频共用天线系统。

甚高频便携电台主要用于塔台指挥、校飞、电磁环境测量、应急等。甚高频单体收发信机适用于通信波道少，有足够天线场地的机场使用。随着民航业务的发展，对甚高频的波道数量需求越来越多，对天线场地和电磁环境的要求越来越高，逐步由甚高频单体电台过渡到甚高频共用天线系统。

甚高频遥控台主要用于航路地-空通信，通过设置遥控台来解决航路或区域的全程通信覆盖，解决本场的甚高频作用距离以外不能覆盖的通信。

3.4.2.2 地面甚高频通信系统的组成

地面甚高频通信系统由天线、射频电缆、收发信机和终端设备组成。甚高频地-空通信电磁波使用垂直极化方式，天线分为有增益、无增益天线，全向、定向天线，单一、组合天线等。

甚高频收发信机采用调幅（AM）工作方式。调幅发射机一般由音频放大器、振荡器、混频器（调制器）、前置放大器、高频功率放大器等组成。音频放大器的功能是将音频电信号进行放大，但是要求其失真及噪声要小。

混频器用于将放大后的音频信号加在高频载波信号上面，形成的高频电磁波已调信号，其包络与输入调制信号呈线性关系，目的就是增强信息信号的抗噪声能力。前置放大器和功率放大器的作用是把调制后的高频信号放大，经天线发射到空中。

收信机由高频放大电路、混频放大器、振荡器、中频放大器、检波器、音频放大器和音频输出电路等组成。

高频放大电路用于对天线接收下来的电磁波进行放大、滤波以及自动增益控制等处理。

混频器用于将收到的高频信号和本机振荡器产生的振荡信号混合生成一个中频信号，然后送入中频放大器进行放大。

检波器用于从放大后的中频信号中分离出声音信号。检波也叫解调，是调制的反过程。

音频预放和音频放大的目的是从检波后的音频信号中取出数据信号，送至监控单元，然后由音频放大器和音频输出电路将收到的信号提供给管制员使用。

如图 3.10 所示是 SPMH-1000 VHF 航空通信地面电台。

终端设备包括频率设置面板、话筒、喇叭、耳机等。

图 3.10　SPMH-1 000 VHF 航空通信地面电台

3.4.2.3　VHF 遥控台及实现 VHF 台多重覆盖的方法

随着飞行流量的逐渐增大，为实行对空域的集中管理，改善空中交通管理能力和服务水平，我国调整了空域结构，建立了多个区域管制中心，并实现了雷达管制。由于雷达管制方式对地-空甚高频通信有更高的要求，而甚高频通信所具有的视距传输特性，使得其在超过信号的有效覆盖区域就无法进行通信，因此建设 VHF 遥控通信系统是完成管制中心广大范围内对空通信覆盖的保证。

1. 遥控台站的选择

由于 VHF 遥控台通常用于航路通信，目前台站建设通常考虑高空（6 000 m 以上）的通信覆盖，规划时应当考虑到今后中低空（3 000 ~ 6 000 m）的覆盖，且随着低空空域的开放，还需要考虑低空的覆盖。如中国民航飞行学院的转场飞行训练，由于飞机一般为本场或低高度（2000 m 左右）转场飞行，就需要考虑低空的覆盖问题，在广汉设置的主控台，信号容易被龙泉山遮挡，使得在遂宁和绵阳的飞机时常收不到广汉 VHF 台的信号，所以在三台也设置了一个遥控台，如图 3.11 所示。这样就实现了广汉、遂宁和绵阳转场飞行通信的全面覆盖。

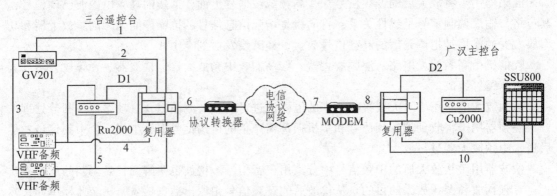

图 3.11　广汉、三台 VHF 电台设置图

在遥控台选址时，需要考虑是否进行双重覆盖或部分区域双重覆盖。考虑双重覆盖，则需要增加台站数量或增加台站信道数量。但是双重覆盖是为了防止单一台站故障时出现通信中断，因此在同一个台站增加信道是没有意义的，应当新建台站或在其他台站上增加备份信道。对于航线飞行，双重覆盖是针对扇区的，即在哪些台站上增加信道与扇区划分有关。

2. VHF 遥控台信号传输

为了增强安全冗余，从管制中心看，每个遥控台有主、备两套传输系统，备用系统在主用系统故障时降级使用，主、备用遥控台分别有收、发信机设备和传输终端设备的接口，可以传输话音和信令，如图 3.12 所示。实现 VHF 遥控通信的核心是通过传输路由对远程台站 VHF 收发信机设备的话音信号和键控信号的实时传输，当前采用的传输路由往往为"二地一空"，地面传输路由为从电信和移动公司租用的 2 M 电路，话音采用未压缩方式，话音质量很高，同时基本上没有延时；天空传输路由为 KU 波段卫星，带宽与信道数量相关，终端设备采用复用器，话音采用压缩方式，每路话占用带宽 11 KB 左右，延时总共在 350 ms 左右，复用器也提供与 VHF 通信的设备接口。

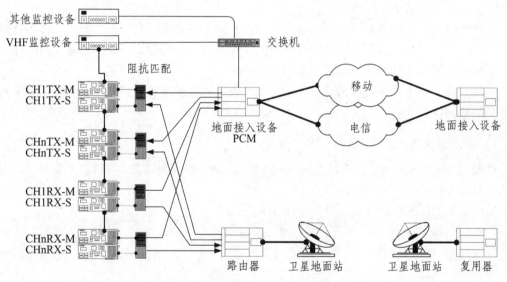

图 3.12 多信道 VHF 遥控台信号传输

3. VHF 遥控的实现

设置遥控台的目的，是使管制员在管制中心可以控制远至 1 000 km 之外的 VHF 台站，与飞行员进行通话，从而实现扩大管制范围、减少管制移交、提高飞行流量的目标。下面以同频率 VHF 电台为例，说明如何实现 VHF 台的多重覆盖。假设广州凤凰山 132.4 MHz、7 000 m 高空覆盖区为 A 区，汕头遥控台 132.4 MHz、7 000 m 高空覆盖区为 B 区，C 区为重叠区，如图 3.13 所示。

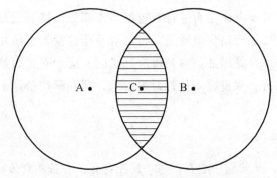

图 3.13　VHF 电台的多重覆盖

（1）进入内话系统

采用两台同时发射和接收的叠加方式。当飞机在 A 区或 B 区时，都能正常接收和发射信号，管制员也能正常指挥飞机飞行。当飞机位于 C 区时，飞机可以同时收到两台的发射信号，由于电波时延不一致，致使两个相同信号叠加后，产生失真。信号质量变差，影响通信质量，严重时，无法通信。若飞行员呼叫地面管制员时，广州凤凰山台和汕头台同时接收信号，由于时延，两个相同信号叠加，同样会使噪声电平明显增加，严重时，还会影响有用信号的接收。

（2）不进入内话系统

采用两台分开发射和分开接收的方式，即广州凤凰山台用一套话筒、喇叭，汕头遥控台用另一套话筒、喇叭。这种方式将根据飞机的位置，由管制员使用不同的话筒和喇叭呼叫飞机，根据飞行员回答的音质，选择不同的遥控台。

可见，该遥控方法不能实现多重覆盖，单独收发才能扩大覆盖区的范围，只适用于飞行流量少的管制区。

4. 采用偏置载波法实现 VHF 的多重覆盖

目前，国际上常采用偏置载波法来实现 VHF 系统的多重覆盖，从而解决了管制区扩大和雷达管制对 VHF 通信的特殊要求。

系统由下列几部分组成：

① 发射台和收信台。

② 传输媒体（租用线、微波或卫星）。

③ 时延补偿。

④ 信号识别和控制。

偏置载波系统对发射机频率稳定度有特殊的要求。对于 2 载波系统，载波间隔为 ± 5 kHz，要求发射机频率稳定度为 ± 2 kHz（载波频率为 130 MHz 时为百万分之 15.3）。对于 3 载波系统，载波间隔为零和 ± 7.3 kHz，频率稳定度为 ± 0.65 kHz（载波频率为 130 MHz 时为百万分之 5）。对于 4 载波系统，载波间隔为 ± 2.5 kHz 和 ± 7.5 kHz，要求频率稳定度为 ± 0.5 kHz（载波频率为 130 MHz 时为百万分之 3.8）。

图 3.14 为 3 载波系统原理图。本系统由分别安装在不同地点（点 1、点 2、点 3）的收信机和发信机组成，但它们的工作信号属同一频率。这种结构，各点可能同时收到飞机发射

的信号。为了保证给管制员以最强（清晰）的信号，必须使用识别控制系统。识别控制系统接收同一频率、不同地点的收信机信号，在 60 ms 内，自动识别最佳信号，送给内话，同时记住送来最好信号的台点。当管制员回答飞机时，PTT 和音频信号自动送到该点上发射。当管制员呼叫飞机时，由于识别控制系统不知道飞机在哪个方位，所以不能选择最好的台点发射，而是采用广播方式，即 PTT 和音频信号同时传到各点同一频道上，飞机回答后，识别控制系统识别出最好的信号，送给管制员，管制员第二次回答，其信息可由最好的台点发射信号。为了保证同一信道上的发射机在工作时互不干扰，必须采用偏置载波系统。在管制中心端的调制解调器，是把 PTT 和发射音频合成为发射信号，接收时，将接收的合成信号还原为音频信号和静噪信号。

当管制中心和发射台之间的信号传输同时采用卫星和非卫星线路时，由于卫星传输存在明显的时延，因此，为了保证收到的信号同时到达识别控制系统，必须在非卫星线路上增加时延控制系统，调整合适的时延，以保证识别系统正常工作。

偏置载波系统可同时在 5 个不同发射台上发射同一信道频率，可实现多重覆盖，且信号质量好，可靠性高，适合于飞行繁忙或使用雷达管制的管制中心使用。

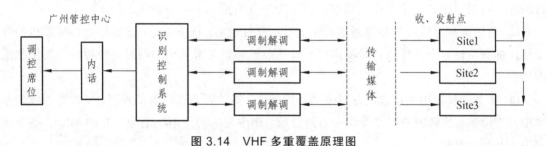

图 3.14　VHF 多重覆盖原理图

3.4.3　机载甚高频通信设备

VHF 地-空话音通信的调制方式为双边带调幅方式，采用单信道半双工，即交替用同一频率发和收。机载电台和地面台都有 PTT 开关，按下时处于发射状态，可以说话，松开时则为接收状态。每个地面台都有一个指配的工作频率，并覆盖一定地区，在此地区内，飞机均用此频率与其通话。因此，当某个地面台管制员正与某架飞机的飞行员通话时，覆盖区内其他飞机的飞行员也能听到他们的通话内容，这便于飞行员了解邻近飞机的飞行动态，有利于保证飞行安全。

甚高频通信系统是机上主要的通信设备。中型及大型运输机一般装有两套或三套甚高频通信系统。每套系统由三部分组成：① VHF 收发机，它的功能是以单工方式发射和接收甚高频调幅信号；② VHF 天线，属于 $\lambda/4$ 的管形天线（又称刀形天线），装在飞机机身的上部和下部；③ VHF 控制盒，它的作用是选择频率，调节接收机音量及对系统进行测试。

机载 VHF 通信控制盒如图 3.15 所示，左边为 VHF1，右边为 VHF2。这两套完全相同的甚高频通信控制盒一般位于飞机中央操纵台后方的电子板上。

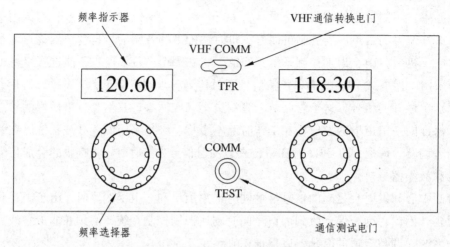

图 3.15　机载 VHF 通信控制盒面板

① 频率指示器指示由相应频率选择器选择的频率，通过转换电门 TFR 来选择。收、发机的左、右窗口中，一个为使用频率，另一个为备用频率（用一横线盖住）。

② 通信测试电门可对相应通信系统进行可靠性检验。按下该电门，能够去掉接收机的自动噪声抑制特性，允许接收背景噪声以验证接收机是否正常工作，同时可使接收机的接收范围增加。

③ 频率选择器用来调选使用频率和备用频率。旋转频率选择器的外圈，可改变相应频率窗中左三位数，旋转内圈可改变窗中右两位数。图中显示的使用频率为 120.60 MHz，备用频率为 118.30 MHz。

3.5　选择呼叫系统

选择呼叫系统（SELCAL）不是一种独立的通信系统，它是配合高频通信系统和甚高频通信系统工作的机载译码设备。每架飞机有不同的选择呼叫代码，当一个地面通信台想要和飞机上的一种通信系统进行联系时，地面通信台发送这一代码与某架飞机联络，当被呼叫飞机的选择呼叫系统收到地面的呼叫后，指示灯亮、铃响，告诉飞行员地面在呼叫飞机。这样，选择呼叫系统可以通知飞行机组，有了提醒后机组再按照所指示的通信系统联络通话，消除飞行机组人员连续的监听，减轻了机组的工作负荷。

3.5.1　选择呼叫系统的组成

飞机上装有两套相同的选择呼叫系统。选择呼叫系统主要由选择呼叫译码器、选择呼叫控制面板、选择呼叫程序开关组件和选择呼叫音响警告继电器等组成，如图 3.16 所示。

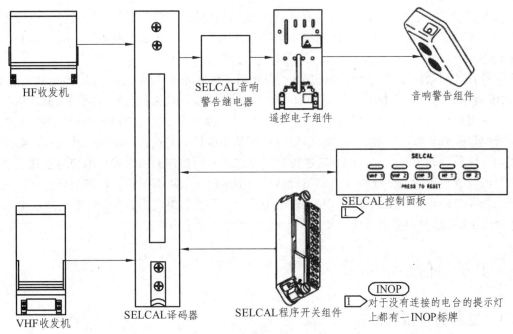

图 3.16 选择呼叫系统的组成

选择呼叫译码器监视来自 VHF 和 HF 通信收发机的音频信号，识别与其代码相同的选择呼叫信号，当有呼叫进来时，给出驾驶舱内的视觉和听觉指示。选择呼叫译码器的前面板上没有灯或开关。

选择呼叫控制面板提供选择呼叫系统的目视指示和复位操作。当译码器收到正确编码的音频呼叫时，控制板上这一有效的收发机所对应的提醒灯点亮。按压控制板上的灯/开关则对译码器通道进行复位。

选择呼叫程序开关组件用于设置飞机的选择呼叫代码。

选择呼叫音响警告继电器收到选择呼叫译码器送来的接地信号后，吸合的继电器送出28 V 直流电经 REU 给音响警告组件，使其产生高/低谐音，用于声响提示。

选择呼叫系统与下列部件相连接：VHF 收发机、HF 收发机、遥控电子组件（REU）和音响警告组件。

VHF 和 HF 收发机接收来自地面台站的选择呼叫音频信号，收发机将收到的音频送往选择呼叫译码器。遥控电子组件（REU）接收音响警告继电器送出的 28 V 直流电，再送往音响警告组件。

音响警告组件可产生多种声音，提醒机组注意飞机的相应状况。其内部装有谐音发生器、喇叭、火警警告铃和超速抖杆声。将谐音发生器产生的提醒音调送到喇叭，驾驶舱内就可听到选择呼叫提醒声音。

3.5.2 选择呼叫系统的工作过程

通过选择呼叫程序开关组件设置飞机的选择呼叫代码，当飞机加电时，程序开关组件向选择呼叫译码器送出选择呼叫代码。每架飞机的四位编码可由译码器程序开关组件上的四个拇指轮开关设定（有的译码器四位编码由译码器的短接插头实现）。每个开关都可以设置从"A"到"S"（I、N 和 O 除外）的任何一个字母，两个字母为一组，把两组字母分别输入两个编码组件。

对选择呼叫系统设置飞机呼叫码后，选择呼叫系统就处于待用工作方式。当地面通过 HF 或 VHF 发射机呼叫该飞机时，飞机上 HF 和 VHF 收发机接收来自地面台站的选择呼叫呼叫信号，并对收到的呼叫信号进行处理，得到音频编码脉冲信号送往选择呼叫译码器。当选择呼叫译码器接收到呼叫音频时，将该信号与程序开关组件上的选择呼叫代码相匹配。如果匹配成功，译码器输出一个离散的呼叫逻辑信号到选择呼叫控制面板，该接地信号使接收到呼叫信号的收发机所对应的提示灯亮。飞行员按压提示灯开关则可复位译码器通道。

选择呼叫译码器送出的接地信号也被送至吸合音响警告继电器，吸合的继电器送出 28 V 直流电经 REU 给音响警告组件，使其产生高/低谐音，用于声响提示。

3.6 卫星通信系统

3.6.1 卫星通信系统概况

3.6.1.1 卫星通信的概念

卫星是指在围绕行星的轨道上运行的天然天体或人造天体，如月球是地球的卫星。通信卫星指用于实现通信目的的人造卫星。卫星通信就是利用人造地球卫星作为中继站转发或反射无线电信号，在两个或多个地球站之间进行的通信，如图 3.17 所示。这里说的地球站是指设在地面、海洋或大气层中的通信站，习惯上统称为地面站。

图 3.17　卫星通信示意图

卫星通信是地面微波中继通信的继承和发展，是微波接力向太空的延伸，即卫星通信属于宇宙无线电通信的一种形式。通常将以空间飞行器或通信转发体为对象的无线电通信称为空间通信或宇宙通信，它包括三种形式：① 地球站与空间站之间的通信；② 各空间站之间的通信；③ 通过空间站的转发或反射进行的各地球站之间的通信。通常把第三种形式的空间通信称为卫星通信。

3.6.1.2　卫星通信系统的发展

卫星通信在发展过程中，经历了很长的发展时间和阶段。

1945 年，英国的 Arther C. Clarke 在 "Extra-Terrestrial Relays" 一文中提出利用 3 颗静止卫星覆盖全球的设想。

1957，苏联发射世界上第一颗人造地球卫星。

1962 年，美国第一次发射了真正实用的通信卫星。

1965 年，第一颗商业通信卫星（INTELSAT-1）被送入大西洋上空同步轨道，开始了利用静止卫星的商业通信。

1984 年 4 月，我国发射了第一颗试验用同步通信卫星 STW-1（即东方红二号）。

1986 年 2 月，我国成功发射"东方红-Ⅱ型"实用通信广播卫星（STW-2），2 月 20 日定点于东经 103°赤道上空，用于部分电视、广播及通信的传输。

20 世纪 90 年代开始，"国际通信卫星-Ⅶ"升空，使用了大量的窄波束，并开发应用了 5 种新技术。该卫星可同时传送 10 万个双向话路加 4 路彩色电视。

1990—2000 年，引入卫星直播音频（DAB）业务。

2000—2005 年，引入宽带个人通信，Ka 频段系统得到迅速发展，多个 LEO 和 MEO 卫星系统投入运行。

3.6.1.3　卫星通信系统的特点

与其他通信系统相比较，卫星通信有如下特点：

① 覆盖区域大，通信距离远。一颗同步通信卫星可以覆盖地球表面的三分之一区域，因而利用三颗同步卫星即可实现全球通信。它是远距离越洋通信和电视转播的主要手段。

② 具有多址连接能力。地面微波中继的通信区域基本上是一条线路，而在通信卫星所覆盖的区域内，四面八方的所有地面站都能利用这一卫星进行相互间的通信。我们称卫星通信的这种能同时实现多方向、多个地面站之间的相互联系的特性为多址连接。

③ 频带宽，通信容量大。卫星通信系统的传输容量取决于卫星转发器的带宽和发射功率，而且一颗卫星可设置多个（如 IS-Ⅶ有 46 个）转发器，故通信容量很大。

④ 通信质量好，可靠性高。卫星通信的电波主要在自由（宇宙）空间传播，十分稳定，而且通常只经过卫星一次转接，受噪声影响较小，通信质量好，通信可靠性可达 99.8%以上。

⑤ 通信机动灵活。卫星通信系统的建立不受地理条件的限制，地面站可以建立在边远山区、海岛、汽车、飞机和舰艇上。

⑦ 电路使用费用与通信距离无关。地面微波中继或光缆通信系统，其建设投资和维护使用费用都随距离而增加。而卫星通信的地面站至空间转发器这一区间并不需要投资，因此线路使用费用与通信距离无关。

3.6.1.4　对卫星通信系统的特殊要求

① 由于通信卫星的一次投资费用较高，在运行中难以进行检修，故要求通信卫星具备高可靠性和较长的使用寿命。

② 由于卫星上的能源有限，其发射功率只能达到几十至几百瓦，因此要求地面站要有大功率发射机、低噪声接收机和高增益天线，这使得地面站比较庞大。③ 由于卫星通信的传输距离很长，使信号传输的时延较大，其单程距离（地面站 A→卫星转发→地面站 B）长达 80 000 km，需要时间约 270 ms，双向通信往返约 160 000 km，延时约 540 ms，所以，在通过卫星打电话时，通信双方会感到很不习惯。

3.6.2 通信卫星的分类

1. 按卫星离地最大高度 H_{max} 分类

① 低轨卫星（LEO）：$H_{max} < 5\ 000$ km，周期 T 小于 4 h。

② 中轨卫星（MEO）：$5\ 000$ km $< H_{max} < 20\ 000$ km，周期 T 为 4 ~ 12 h。

③ 高轨卫星（HEO）：$H_{max} > 20\ 000$ km，周期 T 大于 12 h。

2. 按卫星与地球上任一点的相对位置分类

① 同步卫星：指在赤道上空约 35 800 km 高的圆形轨道上与地球自转同向运行的卫星。由于其运行方向和周期与地球自转方向和周期均相同，因此从地面上任何一点看上去，卫星都是"静止"不动的，所以把这种对地球相对静止的卫星简称为同步（静止）卫星，其运行轨道称为同步轨道。

② 非同步卫星：其运行周期不等于（通常小于）地球自转周期，其轨道倾角、轨道高度、轨道形状（圆形或椭圆形）可因需要而不同。从地球上看，这种卫星以一定的速度在运动，故又称为移动卫星或运动卫星。

不同类型的卫星有不同的特点和用途。在卫星通信中，同步卫星使用得最为广泛，其主要原因是：

① 卫星高度高，对地面的视区面积大。同步卫星距地面高达 35 800 km，一颗卫星的覆盖区（从卫星上能"看到"的地球区域）可达地球总面积的 40%左右，地面最大跨距可达 18 000 km，因此只需将三颗卫星适当配置，就可建立除两极地区（南极和北极）以外的全球性通信。

② 由于同步卫星相对于地球是静止的，因此，地面站天线易于保持对准卫星，不需要复杂的跟踪系统。

③ 通信连续，不像非同步卫星相对于地球以一定的速度运动时那样，需要变更转发当时信号的卫星而出现信号中断。

④ 信号频率稳定，不会因卫星相对于地球运动而产生多普勒频移。

当然，同步卫星也有一些缺点，主要表现在：两极地区为通信盲区；卫星离地球较远，故传输损耗和传输时延都较大；同步轨道只有一条，能容纳卫星的数量有限；同步卫星的发射和在轨测控技术比较复杂。此外，在春分和秋分前后，还存在着星蚀（卫星进入地球的阴影区）和日凌中断（卫星处于太阳和地球之间，受强大的太阳噪声影响而使通信中断）现象。

3. 按倾角（I）的大小分类

① 赤道轨道卫星：$I = 0°$，轨道与赤道面重合。

② 极地轨道卫星：$I = 90°$，轨道面穿过地球的南北两极，与赤道面垂直。

③ 倾斜轨道卫星：$0° < I < 90°$，轨道面倾斜于赤道面。

3.6.3 卫星通信系统的组成

卫星通信系统通常由通信卫星、地球站群、卫星通信控制中心三部分组成，如图 3.18 所示。通信卫星在空中起中继站的作用，即把地球站发上来的电磁波放大后再返送回另一地球站。地球站则是卫星系统与地面公众网的接口，地面用户通过地球站出入卫星系统形成链路。

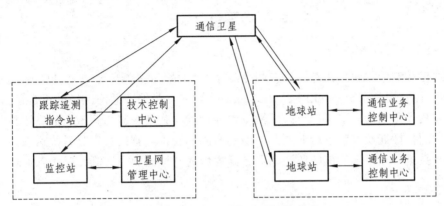

图 3.18 卫星通信系统的基本组成

3.6.3.1 通信卫星

通信卫星是卫星通信系统的空间分系统，主要由天线系统、通信系统、遥测指令系统、控制系统和电源系统五大部分组成。

卫星天线系统有两类：遥测指令天线和通信天线。遥测指令天线通常使用高频或甚高频全向天线，以便可靠地接收指令并向地面发射遥测数据和信标。通信天线用微波天线，根据通信覆盖区的大小，可分为全球波束天线、点波束天线、区域（赋形）波束天线。

卫星上的通信系统称为卫星转发器，是通信卫星的核心。其主要功能是接收上行信号，进行放大、变频，经功率放大后，作为下行信号发回地球。转发器包括透明转发器和处理转发器两类：透明转发器仅对信号进行放大、变频、功放，单纯完成转发任务，不做其他处理；处理转发器在转发时还要进行多种形式的处理。

遥测指令分系统主要包括遥测设备和指令设备，以及用于卫星跟踪的信标发射设备。遥测设备用各种传感器和敏感元件不断测得有关卫星的轨道、姿态及卫星内各部分工作状态等数据，经放大、编码、调制等处理后，通过专用的发射机和天线发给地面的控制站。

地面控制站接收到卫星发来的遥测信号后，转送给地面卫星监控中心进行分析和处理，然后通过地面控制站向卫星发出有关姿态和工作状态等遥控指令信号。

指令设备专门用来接收地面控制站发给卫星的指令，在进行完解调与译码后，将其暂存，同时又经过遥测设备发回地面进行校对，当确认地面控制站核对无误后（即得到"指令执行"信号），才将存储的各种指令送到控制分系统去执行。

控制分系统由一系列可控调整装置组成，在地面控制站的指令控制下完成对卫星的姿态、轨道位置、工作状态等的调整。

电源分系统由太阳能电池和蓄电池组成。

3.6.3.2 地球站群

地球站群一般包括中央站（或中心站）和若干个基本地球站。

中央站除具有普通地球站的通信功能外，还负责通信系统中的业务调度和管理，对普通地球站进行监测控制以及业务转接等。地球站由天线馈线设备、发射设备、接收设备、信道终端设备等组成。

3.6.3.3 卫星通信控制中心

卫星通信控制中心包括跟踪遥测及指令分系统（Tracking, Telemetry and Command Station, TT&C）和监控管理分系统(satellite control center，SCC)。为保证通信卫星的正常运行和工作，跟踪遥测及指令分系统对卫星进行跟踪测量，控制其准确进入静止轨道上的确定位置，并对在轨卫星的通信性能及参数进行业务开通前的监测和校正。监控管理分系统对在轨卫星的通信性能及参数进行业务开通前的监测和业务开通后的例行监测和控制，以确保通信卫星正常运行和工作。

3.6.4 卫星通信体制

所谓通信体制，是指通信系统所采用的信号传输方式和信号交换方式，也就是根据信道条件及通信要求，在系统中采用的是什么信号形式（时间波形与频谱结构）以及怎样进行传输（包括各种处理和变换）、用什么方式进行交换等。

由于卫星通信具有广播和大面积覆盖的特点，因此卫星通信系统的体制可按如下几个方面来划分：

3.6.4.1 基带信号形式

基带信号的表现形式有多种，主要包括模拟/数字制，信源编码类型，信源调制方式，单路传输还是多路传输等方面。

3.6.4.2 中频（或射频）调制制度

调制制度包括模拟的调频（FM）、调幅（AM）、调相（PM），数字的频移键控（FSK）或相移键控（PSK）等。

3.6.4.3 多路复用方式

卫星通信系统有单路制和群路制两种方式。所谓单路制就是一个用户的一路信号调制一个载波，即单路单载波方式。所谓群路制就是多个要传输的信号按某种多路复用方式组合在一起，构成基带信号再去调制载波，即多路复用方式。目前广泛采用的多路复用方式有两种：

频分多路（FDM）和时分多路（TDM）。

频分多路（FDM）方式是将各路用户信号采用单边带（SSB）调制，将其频谱分别搬移到互不重叠的频率上，形成多路复用信号，然后在一个信道中同时传输。接收端用滤波器将各路信号分离。由于是用频率区分，故称频分多路复用。模拟制信号一般采用频分多路（FDM）方式。

时分多路（TDM）方式是将一条通信线路的工作时间周期性地分割成若干个互不重叠的时隙，再分配给若干个用户，每个用户分别使用指定的时隙。因此，在接收端可以在各时隙中选出各路用户的信号，然后再恢复成原来的信号。数字信号通常采用时分多路方式。

3.6.4.4 多址连接方式

如果卫星上的一个转发器通道被来自地球站的一个发送信号全部占用，那么这种方式称为单址接入工作模式。如果多个载波共用一个转发器，并且这些载波可能来自许多地球站，或者一个地球站同时发射一个或多个载波，则这种工作模式称为多址接入。

对于单址接入，一个调制载波占用整个转发器的可用带宽。单址接入工作方式主要用于大业务量路由，需要使用大口径天线。如果业务量不大，采用单址接入，会造成转发器和频率资源的浪费。

多址接入方式主要有频分多址（FDMA）、时分多址（TDMA）、码分多址（CDMA）和空分多址（SDMA）。

1. 频分多址（FDMA）

FDMA 包括预分配和按需分配两种形式。预分配 FDMA 是将频隙预先分配给相应地球站的模拟或数字信号使用。这种方式的优点是多址接入简单，缺点是可能造成频谱的浪费。按需分配 FDMA 是将频隙动态地分配给相应的申请用户使用。在轮询中，一个主站按顺序不断地询问所有的地球站，如果有呼叫请求，那么主站就从信道池中分配相应的频道给呼叫站使用。如果没有空闲的频道，呼叫将加入等待队列中。

2. 时分多址（TDMA）

TDMA 接入方式，在任意时刻只有一个载波使用转发器，因此不存在多载波下由于非线性放大所造成的互调干扰。这是 TDMA 最重要的优点。

TDMA 也有预分配和按需分配两种方式。预分配 TDMA 是将一帧的每个时隙（分帧）预先分配给相应的用户使用。按需分配 TDMA 是将时隙按照每个用户业务量的大小来动态分配时隙，这样可以保证每帧资源的有效利用。

在卫星通信中，往往采用 FDMA/TDMA 的工作模式。这样，既能有效地利用卫星转发器的频率资源，又能使每个分帧得到有效的利用，能更有效地发送信息。

3. 码分多址（CDMA）

CDMA 的基本特征是各站所发的信号在结构上相同并且相互具有准正交性，以区别地址，而在频率、时间、空间上都是可以重叠的。采用这种方式时，各站发射的载波大都要受到两种调制，一种是基带信号（一般是数字的）调制，另一种是地址码调制。接收时，对于某一地址码，只有与之相应的接收机才能检测出信号，而其他接收机检测出的却呈现为类似高斯过程的宽带噪声。

CDMA 的优点：① 具有较强的抗干扰性；② 有一定的保密能力；③ 改变地址比较灵活；④ 具有软容量。其缺点是：① 要占用较宽的频带；② 频带利用率一般较低；③ 要选择数量足够的可用地址码比较困难，接收时，对地址码的捕获与同步需要一定的时间。

4. 空分多址（SDMA）

SDMA 的基本特征是发射站天线（如卫星天线）有多个点波束或赋形波束，它们分别指向不同区域的地球站，利用波束在空间指向的差异来区分不同的地球站。

SDMA 的优点：① 天线增益高；② 发射功率可以得到合理有效的利用，针对不同区域接收站所发射的信号在空间互不重叠，即使在同一时间用相同频率，也不会相互干扰，可以实现频率复用。缺点：① 天线设备复杂；② 在卫星上对卫星姿态的稳定及控制提出了很高的要求。

3.6.5 航空卫星移动通信系统（AMSS）

ICAO 根据民航地-空通信业务的特点，规定对于边远陆地和洋区航路飞行，可采用航空卫星移动通信系统(Aeronautical Mobile-Satellite Service, AMSS)进行通信。

早在 20 世纪 60 年代，民航界已开始研究利用卫星进行飞机与地面通信的可行性，主要集中在利用 VHF 频谱(118～136 MHz)方面。1968 年，ICAO 研究认为，为了满足越洋飞行时的需要，可以先建立低容量卫星系统，以后逐步随着技术的发展过渡到高容量卫星系统。1971—1973 年和 1974—1975 年，人们分别利用 ATS-5 和 ATS-6 卫星完成了几项实验，证明了用 1.5～1.6 GHz 的 L 频段提供飞机用卫星通信是可行的。1987 年，日本航空公司成功利用 INMARSAT 的太平洋卫星进行了卫星电话通信。1991 年，新加坡航空公司为旅客提供卫星电话服务。1996 年，INMARSAT-III 卫星成功发射，具有点波束功能，促进了卫星通信在民航的使用。

3.6.5.1 AMSS 的组成

AMSS 系统的主要组成部分是：空间段、机载地球站（AES）、地面地球站（GES）和网络协调站（NCS），如图 3.19 所示。

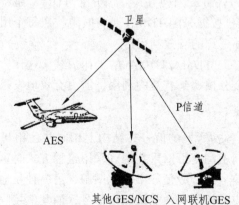

图 3.19 AMSS 的组成

1. 空间段

AMSS 的空间段即通信卫星，其中当前主要使用的是 INMARSAT-3 卫星，并逐渐向 INMARSAT-4 发展。空间段的组成包括平台和通信载荷，平台包括姿态和轨道控制系统，跟踪、遥测和指令系统，机械骨架及通信载荷和电源分系统。通信载荷即通信转发器，包括正向转发器和反向转发器。正向转发器接收 GES 发来的(C 或 KU)频段信号，变为 L 频段信号，转发至 AES。反向转发器接收 AES 发来的 L 频段信号，变为 C(或 KU)频段信号，转发至 GES。

2. 地面地球站（GES）

地面地球站（GES）是在地面用来进行 AMSS 通信的设备，包括天线、C(或 Ku)频段收发信机、L 频段收发信机、信道单元及网络管理设备。每一卫星波束覆盖区内至少有一个 GES，也可能有几个，在多个 GES 中，可指定一个 GES 协调全网工作，称为网络协调站(NCS)。对于 C 频段，GES 天线的直径一般在 9～13 m。从 GES 发往卫星用 6 GHz，从卫星发至 GES 用 4 GHz。对于 Ku 频段(12/14 GHz)，天线直径可以小一些，例如 7 m。

3. 机载地球站（AES）

AES 是飞机上用来进行 AMSS 通信的设备，为通信和机载电子设备提供接口。AES 包括天线分系统和航空电子设备分系统，主要增加了卫星数据处理组件（SDU）等硬件设备和相关服务软件，其工作过程与甚高频 ACARS 类似。国际移动卫星组织航空营运至今已有 20 多年的历史，机载系统经历了 3 代的发展，分别是 Classic service、Swift64 和 Swift Broad band。

AMSS 进行数据通信时采用了面向比特协议，与 ATN 完全兼容，工作方式为全双工。与 VHF 空-地话音通信相比，AMSS 通信延迟时间较长。当一个 AES 在与某 GES 通话时，同一卫星波束范围内其他 AES 听不到他们的对话。

3.6.5.2　AMSS 的信道

AMSS 与国际标准化组织（ISO）的开放系统互连参考模型相一致，其模型最低的物理层有 4 种信道，如图 3.20 所示。

（1）P 信道

P 信道是时分复用分组方式数据信道，仅用于正向，即从地面到飞机，可传送信令和用户数据，从 GES 连续不断地发往 AES。用于系统管理功能的 P 信道记作 P_{smc} 信道，用于其他功能的 P 信道记作 P_d 信道。每一个 GES 至少有一条 P_{smc} 信道，但往往有多条 P_d 信道。

（2）R 信道

R 信道是随机多址存取信道，仅用于反向，即从飞机到地面，可传送信令和少量用户数据，以突发方式工作，多架飞机可以共用一条 R 信道。如果不同 AES 的信号在 R 信道中发生碰撞，则各自随机延迟后重发。用于系统管理功能的 R 信道记作 R_{smc} 信道，用于其他功能的 R 信道记作 R_d 信道。每一个 GES 往往有多条 R_{smc} 信道和更多的 R_d 信道。

（3）T 信道

T 信道是预约时分多址信道，仅用于反向。飞机如有较大报文发向地面，可先用 R 信道为 T 信道申请预约一定数量的时隙。GES 收到申请后，为该 T 信道预留所需数量的时隙，并用 P 信道通知飞机。飞机接到通知后，在预留的时隙内按优先等级发送报文。每一个 GES 往往有多条 T 信道。

（4）C 信道

C 信道是电路交换方式按需分配的单路载波信道，它用于话音通信。要通话时，先通过 P 信道和 R 信道传送信令信息，再根据申请，由 GES 分配一对信道（正、反各一条）给主、被叫用户，通话完毕后释放，将 C 信道交还给 GES。C 信道内通话用的主信道也可用于电路方式的数据业务。

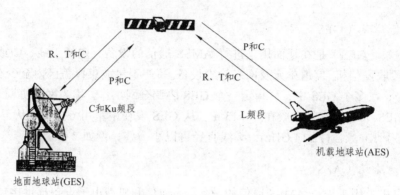

图 3.20　AMSS 的信道

3.6.5.3　AMSS 提供的服务

根据国际电信联盟《国际无线电规则》和国际民航公约附件 10《航空电信》的规定，民用航空-地-空通信分为以下四类，并且 AMSS 均可为这四类通信提供服务。

1. 空中交通服务（ATS）

这是空中交通管制部门与飞机之间的通信，包括放行许可、放行证实、管制移交、管制移交证实、飞行动态、自动相关监视（ADS）、航行通告、天气报告、航路最低安全高度告警、飞行计划申请与修订、地面管制、塔台管制、离场管制、进近管制、航路管制、飞行员位置报告、终端自动情报服务及其他飞行服务业务。

2. 航务管理通信（AOC）

这是飞机运营部门与飞机之间的通信，包括气象情况、飞行计划数据、飞行员/签派员通信、飞行情报、维修情况、公司场面管理与放行、登机门指派、飞机配重、除冰、飞行中紧急情况、机体及电子设备监测数据、医药申请、改航情报、滑行、起飞与着陆情况、发动机监测数据、位置情况、起飞、延误情报等。

3. 航空行政管理通信（AAC）

这是飞机运营部门与飞机之间的通信，例如：设备与货物清单、旅客旅游安排分配、行李包裹查询等。

4. 航空旅客通信（APC）

这是空中旅客与地面之间的通信，包括机组人员的私人通信（话音、数据通信等）。

以上四类通信中，前两类（ATS 和 AOC）与飞行安全、正常及效率有关，称为安全通信，具有高优先等级；后两类（AAC 和 APC）与飞行安全、正常无直接关系，称为非安全通信，具有较低的优先级。

3.6.5.4　AMSS 的应用

1. 高交通密度海洋地区的工作

AMSS 将首先应用于洋区。在采用 AMSS 后，现行人工方式将完全自动化，并能在地-空之间提供包括 ADS 在内的迅速接通的数据和话音通信。

2. 低交通密度海洋、陆地上空的工作

在低交通密度的航路上 AMSS 也能提供迅速接通的数据和语音通信，但在南北极附近，由于静止卫星波束不能覆盖，目前只能使用 HF 通信。

3. 高交通密度陆地上空航路及终端区的工作

在这些区域，AMSS 话音与数据通信将与 VHF、HF 话音和数据通信以及二次雷达 S 模式数据链共存，AMSS 的 ADS 业务将与 A/C/S 模式二次雷达飞行监视共存。

3.6.6　甚小口径终端（VSAT）系统

我国民用航空为保证通信的有效性和可靠性，采用租用通信卫星或转发器等方式进行联络，以确保飞行安全、正常运营和方便管理。为建立和保障卫星通信体系，中国民航在机场或相关民航管理部门附近，都建立有卫星地面站系统。应用最为广泛的是甚小口径终端（Very Small Aperture Terminals, VSAT）系统。

3.6.6.1　VSAT 技术的基本概念

卫星通信地球站有固定站（大、中、小型）、可搬移站、移动站（如机载、船载、车载）、超小型流动站（背负式、便携式）等不同类型。地球站天线口径的大小与地球站的信道配置数目有关。

VSAT 是 Very Small Aperture Terminals 的缩写，它的含义是"甚小口径终端"系统。VSAT 站使用的天线口径大小主要有 1.8 m、2.4 m、3.7 m、4.5 m、5 m 五种。典型的是 1.8 m 和 2.4 m。VSAT 天线采用的是修正型的卡塞格伦环焦天线，这种天线增益高、旁瓣低、噪声小。

VSAT 站可以直接安装在用户附近，它摆脱了用户对地面引接线路的依赖，可以在小范围、短时间内组成自己的专用通信网，而且用户站的增减、地点的改变都很方便。

3.6.6.2　VSAT 网络的组成

1. 中央站设备

中央站设备通常包括 RF（射频）、IF（中频）和基带设备，同时配置网络管理系统，以实现对 VSAT 网络的运行管理和控制，如图 3.21 所示。

为了降低 VSAT 远端站成本，使其设计尽量简单，中央站规模（如天线口径、发射功率等）就要做得较大，功能也较复杂。为了提高可靠性，中央站通常还有备份（站备份或设备备份）。

2. VSAT 站设备

典型的 VSAT 站由终端设备和微波设备两大部分组成。终端设备又称为地面接口设备（TIE），微波设备又称为射频设备（RFE）。TIE 装在室内，又称为室内单元（IDU），为用户终端提供接口；RFE 包括安装在室外的地球站设备，又称为室外单元（ODU）。RFE 和 TIE 之间的接口为中频接口（一般为 70 MHz）。

RFE 接收来自 TIE 的中频信号，经上变频变成射频信号，再经过滤、波放大后，经天线发射到卫星上。在接收端，来自卫星的射频信号被放大、滤波，经下变频变成中频信号，送至 TIE。

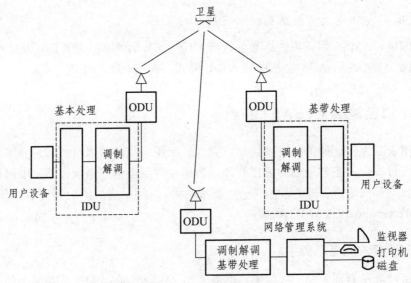

图 3.21　VSAT 网络的构成

TIE 的中频接口允许使用不同的 RFE 以满足不同的使用需要。例如可以使用 C 波段或 Ku 波段的射频单元，为满足实际需要还可以选择不同规格的高功放和天线。

RFE 安装在室外，主要由天线和射频单元两大部分组成。

3. VSAT 系统的网络管理与网络协议

VSAT 网络可以分为"专用网络"和"共用的主站网络"（即几个独立用户共用一个主站，而不需要相互连接）两种类型。

在专用网络中，用户拥有一个由所有 VSAT 站和主站构成的逻辑网络。在共用主站网络的情况下，每一个用户具有一个逻辑网络，这个网络是整个共用网络的子网络。实践中，多数 VSAT 网络都是采用多个远端 VSAT 终端同主站之间的星形连接方式，它的数据处理设备接在主站的网络上。

（1）VSAT系统的网络管理

就管理内容而言，专用网络只需一个管理机构来控制和监视；共用主站网络则需要由主站操作员进行高水平的运行控制，同时还需要对共用系统的每一个用户进行管理。

各种网络管理设备，分布在网络的各个单元上，同时，主站还配有一个大的处理机。这个处理机控制着网络的数据库，具有实施网络管理的功能。网络管理功能的实施，分布在网络的所有处理设备上，包括VSAT终端设备、主站设备和主站的网络计算机。

（2）VSAT系统的网络协议

VSAT系统的网络协议，是要确定VSAT站和主站之间信息交换的程序。信息分为两个部分，监视和控制网络的相关信息，以及用户信息。出于对网络运行的管理、有效资源的管理和用户的性能要求等方面的考虑，需要保证有效的信息交换和正规的信息交换程序。

VSAT网络协议主要包括卫星多址协议（它提供电路业务和数据程序包业务），以及VSAT站和主站之间的网络分层和可靠协议。

对于若干用户共用通信卫星信道的VSAT系统，它具有突发数据包的传递方式，其多址方法可以分为四种：码分多址（CDMA）、分组预约的时分多址（TDMA）、固定分配的时分多址（TDMA）、随机寻址的时分多址（TDMA）。

VSAT系统中的网络分层协议，可提供面向连接业务，带有端到端传递和流量控制。协议的主要内容包括建立连接、中断连接、连接重调、数据传输、流量控制、包选择的认可程序等。

3.6.6.3　VSAT网络的拓扑结构

VSAT网络的拓扑结构有多种，常用的有三种，即广播式（点到多点）、双向交互式（星状）、网状式（点到点）。实际网络常采用广播式、双向交互式、网状式三种形式混合的网络结构。

3.6.7　电话地球站（TES）系统

TES（Telephony Earth Station，电话地球站）系统是美国休斯网络系统公司于20世纪80年代末期开发出的一种以话音为主，兼可进行中、低速数据传输的全数字式卫星通信系统。它是VSAT卫星通信系统中的一种典型类型。TES系统中，工作在70 MHz以下的传输设备称为地球站终端设备。

3.6.7.1　系统功能

TES系统可实现如下功能：

① 可在网内任何站间建立卫星话音电路，实现双向通话，其话音信道为按需分配。

② 可在网内任何站间建立卫星数据电路，实现单向或双向数据传输，其数据信道为预分配或按需分配。

③ 网内任何一个用户可召开电话会议。

④ 可实现一点对多点的数据广播业务。

⑤ 网络可和地面X.25数据网联网，也可和地面公共电话网连接。

3.6.7.2 系统结构与管理方式

TES 系统网络中多个地球站之间在实现业务传输时为网状连接，即只需经单个卫星信道就可以实现业务通信。而对各远端站的监控及信道的按需分配均由网络控制系统（NCS）集中控制与管理。这种系统管理功能强，且为自动化管理方式。在 NCS 与各远端站之间传输监控及按需分配信息时，其连接形式可视为星状，以实现一点与多点之间的控制与管理信息传输。

TES 系统中的每个远端站可配置几个信道，也可支持多个信道，全网可通过网络终端进入公共网（如 X.25 数据网）。NCS 可以放置在全网任何一个远端站，也可单独放置。设置 NCS 的地球站称为网控站。

3.6.7.3 系统组成和各部分的作用

TES 系统由卫星、NCS、多个远端站和卫星信道组成，并且通过卫星信号的传输将前三者连接构成一个网络，如图 3.22 所示。

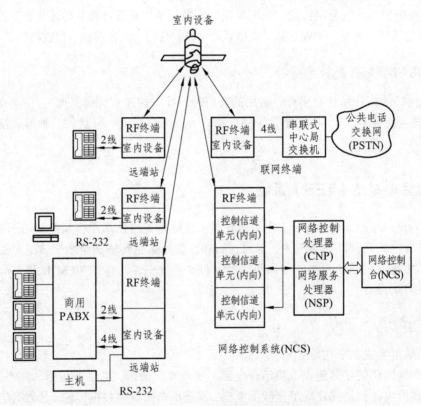

图 3.22 TES 系统基本结构框图

1. 卫 星

TES 系统使用静止同步卫星，工作于 C 或 Ku 波段。卫星上/下行频率如表 3.1 所示。

表 3.1　卫星波段的频率范围

波　段	上行频率/GHz	下行频率/GHz
C	5.850 ~ 6.425	3.625 ~ 4.2
Ku	14.00 ~ 14.25	10.95 ~ 11.2
Ku	14.25 ~ 14.50	11.45 ~ 11.7
Ku	14.00 ~ 14.50	10.45 ~ 11.95
Ku	14.00 ~ 14.50	10.70 ~ 12.2
Ku	14.00 ~ 14.50	12.25 ~ 12.75
Ku	14.25 ~ 14.50	12.50 ~ 12.75

2. 远端站

远端站设备主要用于实现远端站之间用户信息的传输。另外还需要解决远端站与网管站 NCS 之间网络管理与控制信息的传输，以实现全网的几种控制管理。

远端站的组成如图 3.23 所示，它由室外设备和室内设备组成。室外设备（即射频终端 RFE）包括天线、RF 电子设备和室内外互连电缆。室内设备（即地球站终端设备）提供对用户设备的接口，它包括中频分配器（即中频合/分路器）、信道单元（CU）和语音接口单元。4 个 CU 可放置在一个机箱内，几个 TES 机箱装在一个机柜中，机柜中还装有中频分配器和语音接口机箱，语音接口机箱可容纳 4 ~ 8 路语音接口单元。

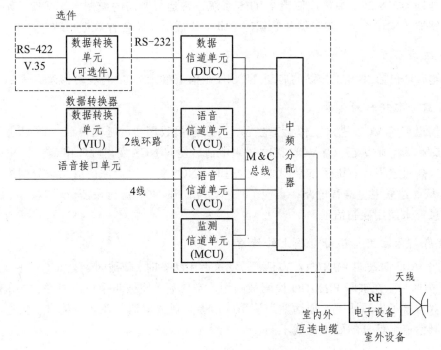

图 3.23　TES 地球站组成框图

3. NCS

NCS 是全网的核心，它起着对全网设备进行控制与监视、软件加载与信道按需分配等功能。其控制与管理信息的传输通过出境控制信道和入境控制信道完成。

NCS 可以单独设置，也可以设置在网内任何一个远端站。当单独设置时，NCS 由射频终端（同远端站射频终端）、信道单元和工作站三部分组成。当设置在某一个远端站时，NCS 和远端站共用同一个射频终端。为了与远端站业务信道单元区分开，NCS 信道单元称为控制信道单元（CCU）。

（4）卫星信道

TES 系统中的卫星信道有两种。一种是用于传递通信业务信息的信道，被称为业务信道。业务信道又可分为语音信道和数据信道两种。另一种是传递控制与管理信息的信道，被称为控制信道。携载 NCS 工作站送到远端站信息的信道称为出境控制信道（OCC），携载远端站送到 NCS 工作站信息的信道称为入境控制信道（ICC）。靠 OCC 与 ICC 实现 NCS 工作站与远端站间的往来信息传递。而 OCCU 与 ICCU 则是完成控制与管理信息传递的地球站中频以下的主要传输设备。VCU 与 DCU 是完成业务信息传递的中频以下主要传输设备。

3.6.7.4 系统实现业务传输的基本过程

1. 系统各部分设备硬件和软件的准备

在实现两用户通过 TES 系统语音电路通话之前，整个系统的硬件设备，包括 NCS 和各远端站的所有设备，都应按要求安装连接，且性能调试好，与用户设备连接好。按要求正确预置有关设备及跳接器，如信道单元（包括 CU 和 CCU）机箱地址开关。另外，在 NCS 的网络管理处理器（NCP）中建成使整个 TES 系统正常运行所需的数据库，并使 CU 板中非遗失随机存储器（NVRAM）的存储和数据库对此 CU 板定义的各种数据一致。

2. 系统启动

系统的启动包括 NCS 工作站的启动、NCS 控制信道单元 CCU 的启动和远端站 CU 的启动。

3. 按需分配呼叫的建立

语音信道单元 VCU 进入工作状态之后，才可以接收用户的呼叫申请。VCU 在没有接收呼叫申请时称为空闲状态。当 VCU 接收呼叫申请后便向 NCS 发出呼叫申请，由 NCS 进行信道分配。当被叫空闲且系统还有空闲业务信道时，NCS 将一对业务信道频率分配给主叫和被叫 VCU，从而建立卫星语音电路，实现了呼叫建立。在 NCS 进行按需分配时，VCU 和 NCS 之间的信息往来使用控制信道。

4. 语音信号在卫星语音电路上的传输

当被叫 VCU 向被叫 PBX/CO（市话局）发送占用状态时，则被叫 PBX/CO 发回占用应答。VCU 发出被叫号，在被叫 PBX/CO 检测被叫用户空闲后，使被叫用户话机振铃。在被叫用户摘机后，双方就可以通话了。通话期间使用的信道是业务信道，在业务信道上信息的处理模式与在控制信道上信息的处理模式不同。

5. 呼叫的拆除

当通话结束，任意一方用户挂机后，挂机信令由挂机方 PBX/CO 传送给连接的 VCU，呼叫拆除过程便开始了，主、被叫 VCU 又回到空闲状态，同时语音电路使用的一对信道也回到空闲状态。

3.7 地-空数据链通信系统

3.7.1 地-空数据链通信系统概况

当前的航空移动业务话音通信主要有甚高频（VHF）话音通信、高频（HF）话音通信和卫星话音通信。

而话音通信在使用过程中，随着飞机数目的激增、飞行流量的增加，存在以下缺陷：

① 速度慢。利用语音传送 200 个字符约需 3 040 s，信息传递时间长，因而限制 VHF 频率资源利用率的提高。

② 易出错。语音通信主要在机组人员和管制员及航务管理人员之间进行，长时间的飞行和讲话都易使人疲劳，加上各国、各地口音不一致，可能引发听不懂、听不清或说错、抄错的情况，从而引起飞机失事。

③ 多信宿的限制。有些通信内容要先由话务员收下来，然后人工转发给多个用户，进一步增加了发错的可能，并且延长了通信时间。

④ 业务种类受限。某些计算机数据不便由人口述，飞机上要利用地面数据库信息亦不便由语音通信来实现。

空-地数据通信可以克服语音通信的缺点，并具有抗干扰能力强，误码率低的特点，从而减轻机组人员和地面空中交通管制部门、运行控制部门的负担，因此已成为空-地通信的发展方向。

地-空数据链是一种在飞机和地面系统间进行数据传输的技术，通过该技术可将飞机位置、飞行状态等各种信息传送给地面设备和人员，实现飞机与航空运行控制部门、飞机和管制中心之间的双向信息交换，从而实现飞机状态数据的实时传送和对飞机的实时跟踪和监视。

3.7.2 地-空数据链通信系统的组成

地-空数据链通信系统分为三大部分，即机载地-空数据通信设备、地-空数据通信地面网络和地-空数据通信系统信息地面处理系统，如图 3.24 所示。

机载地-空数据通信设备主要包括：（通信）管理组件、多功能控制与显示组件或其他显示设备、VHF/HF/卫星收发信机（电台）和打印机。

地-空数据通信地面网络主要包括：VHF 地面站（HF 地球站/卫星地面接收站）、网络运行控制中心。

地-空数据通信系统信息地面处理系统主要包括：① 航空公司数据通信应用系统，包括飞行运行监控系统、飞机维修与远程状态监控与故障终端系统、地面服务与支持系统等；② 空中交通管制与服务应用系统，包括飞机起飞前放行系统（PDC）、数字式自动化终端区信息服务系统（D-ATIS）、飞行员-管制员数据链通信系统（CPDLC）等；③ 公众服务应用系统。

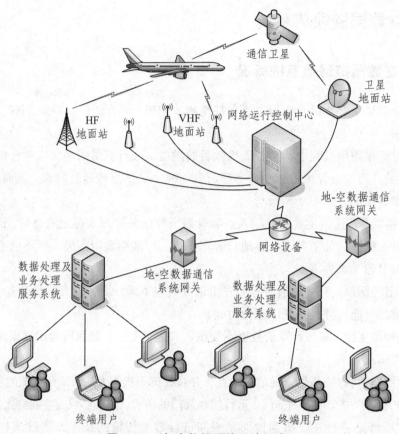

图 3.24　地-空数据通信系统组成

3.7.3　地–空数据链通信系统的应用

地-空数据链通信系统的使用者包括空中交通管制部门、航空公司、机场当局、民航行政管理部门等。利用地-空数据链通信系统，可在管制中心之间，以及管制中心与飞机、雷达、气象、航行情报、航空公司、航空行政等部门间实现信息的传输、交换和处理，从而有利于实现信息处理自动化，改善空管人员和签派人员的工作条件，提高工作效率。

地-空数据链在空中交通管制部门的应用包括管制员与飞行员直接链路通信（CPDLC）、数字化飞行信息服务（D-FIS）、数字式飞行放行许可（PDC）、海洋放行许可（OC）、广播式自动相关监视（ADS-B）、合约式自动相关监视（ADS-C）（也称寻址式自动相关监视 ADS-A）等。

地-空数据链与航空公司的飞行运营系统连接，能够有效地为其提供 ACARS 电报的接收和发送等功能，为航空公司的各个部门的各项业务提供准确、快捷的信息服务。其应用包括飞行运行监控系统、飞机维修与远程状态监控与故障终端系统、地面服务与支持系统等。

3.7.4　地–空数据链

在国际民航新的通信、导航、监视和空中交通管理的技术方案中，运作的基础是建立一个新型的航空电信网（ATN），将地-地、地-空和空-空通信有机地融为一体，而发展地-空数据链通信是其中的关键。

随着数据链技术开发和试验的成功，今后有可能作为与 ATN 完全兼容的子网络而实施的数据链技术有：S 模式二次雷达数据链、甚高频数字数据链（VDL）、高频数据链（HFDL）、航空卫星数据链。当前其他发展应用的数据链还包括 UAT 和导航数据链。

3.7.4.1　S 模式二次雷达数据链

S 模式二次雷达是地基雷达监视系统，除去 SSR A、C 模式的功能外，同时提供独立的监视能力，支持监视增强系统的功能，以及完全的地-空数据链交互通信，并且是完全与 ATN 兼容的子网络。S 模式使用选择询问的技术与飞机进行通信，排除了 A、C 监视模式现存的一系列问题。S 模式数据链现已经广泛用于二次雷达、空中交通警戒与防撞系统、自动相关监视和多点定位系统等，为飞机和空管提供飞机的位置、速度、识别等信息。

3.7.4.2　甚高频数字数据链（VDL）

VDL 当前使用的是飞机通信寻址与报告系统（ACARS），ICAO 的发展方案是发展 VDL 模式 1、VDL 模式 2、VDL 模式 3 和 VDL 模式 4。

1. VDL 模式 1

VDL 模式 1 的信道带宽仍用 25 kHz，调制方式用 AM-MSK，信道速率为 2 400 b/s。采用面向比特协议，透明传输分组数据。空-地之间用可交换的虚电路连接方式，可提供 ATN 子网服务，并能与其他 ATN 子网交互操作。媒体访问用载波侦听多址（CSMA）方式。分组数据错误率要求达到 10^{-6}，可用性应达到 99.9%。

2. VDL 模式 2

这种模式与 VDL 模式 1 类似，但使用了更有效的差分 8 相相移键控（D8PSK）调制方式，支持速率为 31.5 kb/s。

3. VDL 模式 3

信道带宽仍为 25 kHz，调制方式为 D8PSK，速率为 31.5 kb/s。上行链路与下行链路使用同一频率。媒体访问采用时分多址（TDMA）方式。每 120 ms 为 1 帧，每帧分为 4 个 30 ms 的时隙，每个时隙形成独立的双向地-空电路，可以通话，也可传输数据。每个时隙又分成 2 个子信道，一个是管理子信道，另一个是话音/数据通信子信道。数据通信用单信道半双工方式，采用面向比特协议，与 ATN 网完全兼容。分组数据错误率为 10^{-7}，可用性达到 99.999%。

4. VDL 模式 4

VDL 模式 4 是欧洲国家（瑞典）推出的一种 VHF 数据链，作为未来 CNS/ATM 技术的一个整体解决方案的建议。它以标准的 25 kHz 带宽进行数字数据通信。媒体访问方式是自组织的时分多址（STDMA），基于 OSI 参考模式，支持 GFSK 的 8.2 kb/s 的调制速率和 D8PSK 的 31.5 kb/s 的调制速率。信道被划分为固定时间长度的时隙。信道管理的一个重要的定义是

"超帧"。采用 GFSK 时，超帧包含 4 500 个时隙，每秒 75 个时隙，每个时隙 13.33 ms。每个时隙都可由任何在数据链中通信的飞机或地面电台作为接收和发送来占用，根据应用情况还可以同时占用多个时隙。与 VDL 模式 3 不同的是它不需要地面处理和管理设施，但目前不支持话音通信，而支持各种地-空、空-空的数据链通信应用。

3.7.4.3　高频数据链

高频数据链通信支持飞机使用短波（航路）业务频率上的数据通信。它使用面向比特的通信协议，符合开放式系统互连 OSI 模式。其功能设计作为 ATN 的有关子网络，通过试验和应用表明它比 HF 话音通信有较高的稳定性和可用性。它可以提供实用的数据通信，可作为备用或者卫星数据链的补充。

3.7.4.4　航空移动卫星数据链

航空卫星移动通信系统（AMSS）的功能之一是支持地-空数据链通信的实施。系统以以下三种主要方式运行：GEOS——静止轨道卫星、MEOS——中轨道卫星和 LEOS——低轨道卫星。INMARSAT 属于 GEOS 卫星，铱星卫星属于 LEOS。AMS(R)S[航空移动卫星（航路）业务]是 AMSS 中一个特别的部分，可为航空公司提供飞机的飞行动态，并提供独立 ATC 服务。现在使用 INMARSAT 静止轨道卫星系统，提供除极区以外的全球话音和数据链通信，是比现在的模拟话音更可靠、覆盖面更大的服务；铱星卫星通信也提供航空业务，能提供全球话音和数据链通信服务。

3.7.4.5　其他地–空数据链

1. UAT 数据链

UAT（Universal Access Transceiver）是 1995 年美国研制的多种用途的地-空数据链通信系统。UAT 模式支持 CNS/ATM 的各项通信标准要求，包括 ADS-B 的广播通信和 ATN 都能够支持，所要求的硬件设备较为简单，不需要高昂的费用，能够满足绝大部分功能，能够在各种空域和各种地形的机场场面运行。UAT 模式为宽频数据链，频宽为 1 ~ 2 MHz 之间，工作于 L 频段，通信频率范围为 960 ~ 1215 MHz，使用数字信号技术，使得其具备更强的高速通信能力。

2. 导航数据链

通过导航数据链构建的卫星导航增强系统，可改善卫星导航系统的精度、完整性、连续性和可用性，能够提供比 GPS 更为精确的导航引导，包括星基增强系统(SBAS)或者地基增强系统(GBAS)，可向用户提供改进了的导航性能信息。GNSS 数据链包括：SBAS-L 波段静止轨道卫星下行数据链，GBAS-TDMA C 波段或者 VHF 频段数据链。

3.7.5　飞机通信、寻址与报告系统（ACARS）

早在 20 世纪 70 年代初，美国 ARINC 公司就开发了一种 VHF 空-地数据链，称为飞机通信、寻址与报告系统（ACARS），于 1978 年投入使用。到 2005 年，美国已经建立了 754 个地面站，覆盖了美国本土所有航线。加拿大航空公司于 1982 年开始在一架 B767-200 上安装了具有数据通信功能的航空电子设备，随后自主开发了其本国交通繁忙地区的 VHF 空-地数据通信系统。国际航空电信协会（SITA）于 1984 年开始运营一个与 ACARS 类似的系统，称为 AIRCOM。SITA 在欧洲、亚洲、美洲和澳洲等地建立了 732 个地面站，构成了全球覆盖范围最大的甚高频地-空数据通信网络——SITA 网络，西欧已基本全部覆盖，澳洲和东南亚也建立了许多远端地面站（RGS）。日本在 1989 年建立了 AVICOM JAPAN 公司，可在其海岸线 200 n mile 以内提供 AIRCOM／ACARS 方式的航务管理和航空行政管理数据通信。我国民航已经建立了 802 个地面站，覆盖了我国除西藏外的大部分航线。泰国无线电公司（Aerothai）在泰国、新加坡、中国（澳门和台湾）、菲律宾、韩国等地建立了 65 个地面站。这些系统的功能和采用的技术大同小异，且都发源于 ACARS。

3.7.5.1 ACARS 的组成

ACARS 主要由机载设备、地面设备和中央交换系统（网络控制中心）组成，如图 3.25 所示。

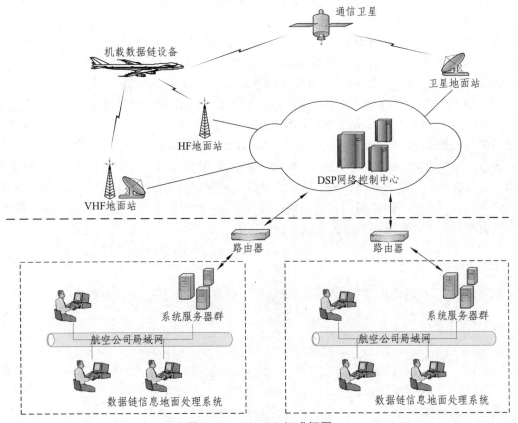

图 3.25　ACARS 组成框图

1. 机载设备

机载设备主要是增加一个 ACARS 管理单元(MU)。MU 一方面与标准机载 VHF 收、发信机相连，另一方面通过 ARINC 429 总线与其他机载数字数据终端设备相连，完成数据采集、报文形成、调制解调、模式转换、话音／数据信道切换和 VHF 频率管理等功能。

2. 地面设备

在地面设备中，首先要有与机载 ACARS 设备相应的 VHF 远端地面站（RGS）。RGS 包括 VHF 天线、收发信机和一个微机化的数据控制与接口单元（DCIU）。DCIU 内包括空-地链路的调制解调器（Modem）、收发信机控制器、管理处理器和通信控制器。收发信机的射频信号调制方式是调幅(AM)，而 DCIU 内 Modem 的调制方式是最窄移频（MSK）。RGS 必须安装在所有需要 VHF 空-地数据链的地方，一般是安装在装有数据链的飞机要着陆的机场内。若两个这样的机场相距很远，则沿途还要安装若干个 RGS 以实现航路覆盖。

3. 中央交换系统

在数据链系统中，多个用户要利用同一个 RGS 以共享资源。为此，所有 RGS 要与一个中央交换系统相连，亦即所有用户与其飞机的数据通信都要通过一个数据处理器，实现多个飞机和多个 RGS 机站的多用户通信，实现航空公司和 ATS 用户间的资源的共享，实现空-地终端间的自动数据通信。例如，我国民航的 VHF 空-地数据通信处理系统的核心是网络管理数据处理系统（NMDPS），它是一个专用的、具有开放结构的计算机网络系统，可完成上行、下行等各种数据的采集、处理和转发，以及进行系统的监控和服务。

为了在 RGS 与 NMDPS 之间以及 NMDPS 与用户终端之间传送数据，我国民航由 CAAC X.25 网组成分组交换网，并与美国的 ARINC 及 SITA 的 AIRCOM 网络互联。

目前，ACARS 系统使用国际民航专用的甚高频通信频段，其通信电台采用 DSB-AM 技术。ACARS 的频率间隔为 25 kHz，数据传输速率为 2.4 kb/s，采用单信道半双工的工作方式，即与地-空无线电话通信工作方式相同。甚高频通信是视距通信，覆盖范围与飞行高度有关，如果飞机与地面 RGS 站不能及时建立联系，ACARS 将保存信息，直到再次建立通信时发送。

当前，能提供 ACARS 服务的地-空数据链包括 VHF 数据链、卫星数据链和 HF 数据链。其中卫星数据链以卫星为基础，利用卫星收发信机进行数据通信，通信距离远，不受地理环境的影响，广泛应用于海洋通信和边远地区通信。HF 数据链利用高频收发信机进行数据通信，通信距离远，主要应用于边远地区和极地区域。

3.7.5.2 ACARS 的应用

ACARS 从最早的应用发展到现在，在航空公司发展了很多应用，主要包括：

1. OOOI 事件

ACARS 的第一个应用是自动检测和报告飞机在主要飞行阶段（推出登机门——Out of the gate，离地——Off the ground，着陆——On the ground，停靠登机门——Into the Gate，合称 OOOI）的变化。这些 OOOI 事件是由 ACARS 管理单元通过飞机上各种传感器（例如舱门、停留刹车和起落架上的开关传感器）的输出信号来确认的。在每一飞行阶段的开始时刻，ACARS 将一个数字报文发送到地面，其中包括飞行阶段名称、发生时刻，以及燃油量或始发地和目的地。

2. 飞行管理系统接口

ACARS 系统还增加了支持其他机载航电设备的新接口。在 20 世纪 80 年代末 90 年代初，在 ACARS 和飞行管理系统(FMS)之间的数据链接口出现了。这个接口可以将地面发送到机载 ACARS 管理单元上的飞行计划和气象信息转发到 FMS。这样，在飞行过程中航空公司就可以更新 FMS 中的数据，使得机组人员可以评估新的气象条件，或者变更飞行计划。

3. 下载维护数据

20 世纪 90 年代早期，ACARS 同飞行数据采集与管理(FDAMS)或飞机状态监控系统 (ACMS)之间的接口出现，使得数据链系统在更多的航空公司得到应用。通过使用 ACAS 网络，航空公司可以在地面上实时得到 FDAMS/ACMS（用以分析航空器、引擎和操作性能）上的性能数据。这样，维护人员就不用非得等到飞机回到地面后才上到飞机上去获取这些数据。这些系统能够识别出不正常的飞行，并自动向航空公司发送实时报文。详细的引擎状态报告也能经 ACARS 发送到地面。航空公司据此来监控发动机性能并规划维修活动。

除了与 FMS 和 FDAMS 的接口，从 20 世纪 90 年代开始，又开始升级机载维护计算机，使它可以通过 ACARS 实时传送飞机的维护信息。航空公司维修人员通过这些信息和 FDAMS 数据，甚至在飞行过程中就可以规划有关航空器的维修活动。

4. 人机交互

随着 ACARS 的发展，ACARS 控制单元现在同驾驶舱内的控制显示单元(CDU)之间有了直接连接。CDU 通常被也称为 MCDU（多功能 CDU）或 MIDU，让机组可以像今天收发电子邮件一样收发消息。这项功能使飞行人员能够处理更多类型的信息，包括从地面获取各种类型信息以及向地面发送各种类型报告。例如，飞行员想获得某一地点的气象信息，只需在 MCDU 屏幕上输入地点及气象信息类型，便通过 ACARS 系统将此请求发送到地面站，之后地面计算机处理该请求，并将应答信息发回飞机上的 ACARS 管理单元显示或打印出来。为了支持更多的应用，如气象、风、放行、中转航班等，ACARS 的消息类型越来越多。航空公司为了某些特定的应用和特定的地面计算机开始定制 ACARS 系统，这导致每家航空公司都在自己的班机上安装了自己的 ACARS 应用。有些航空公司为机组安装了多达 75 个 MCDU，而少的则只有十来个。除此之外，每家航空公司的地面站以及机载 ACARS 管理单元发送和接受的消息内容及格式也各不相同。

3.8　平面数据通信网

通信网络的基本功能是信息传递，但它又是一个同时为众多用户服务的复杂的大系统。因此，通信网有着点对点通信系统中没有的网络层面的技术及工作方式。

一般来说，通信网的硬件设备可分为网络设备和用户终端设备。网络设备主要包括传输媒体、传输设备和交换路由设备等。终端设备指的是各种各样的通信终端。为了使这些设备能够协调工作，还必须有信令、协议和网络管理控制系统等方面的支持。

通信网按其覆盖区域一般可分为本地网、国内长途干线网和国际网。通常把仅覆盖一个单位或一个局部区域的网称为局域网（LAN），远程的则称为广域网（WAN）。

从网络使用的性质来看，通信网可分为公用网和专用网。公用网是指为公众服务的通信网，专用网是指为某一个部门或单位内部服务的通信网。专用网可以自己单独建网，也可以租用公共的线路建网。

通信网的服务业务包括电话交换网、以互联网为代表的数据通信网、有线电视网等。

通信网是一个复杂的网络。如果以点代表网络中的信息转接交换中心或用户终端，以线代表传输通路，则其基本的几何拓扑结构有星状网、网状网、总线网、环状网、树状网等形式。

3.8.1　数据通信网的特点

数据通信传送的是数据，一般指的是计算机与计算机之间或计算机与其他数据终端之间的通信。它包括数据的处理、存储、传输和交换。数据通信是非话音通信业务，它有着与实时的话音通信不同的特点。

① 需要有完整的、严格的通信协议支持。数据通信是机器与机器之间的通信，必须按照事先的约定（协议）实现链路的连接、识别、确认、对话、响应、流量控制以及拆线等一系列工作，才能顺利地完成一次正常的通信过程。通常这些协议是用硬件或软件来实现的。

② 数据通信的可靠性要求远比电话通信要高。数据通信通常要求误码率达到 $10^{-6} \sim 10^{-8}$，甚至更低。

③ 数据通信可以是非实时性通信。数据传输的延迟（不包括传播延迟）主要来自存储转发的交换方式。不同的数据通信，其延迟的时间相差是很大的。

数据通信中的 DTE 称为数据终端设备，是系统的信源或信宿，如计算机、数据采集或驱动设备等。其功能是实现数据的输入输出，数据处理、存储及通信控制等。DCE 称为数据电路接口设备，用于数据终端与网络数据传输系统间的信号变换，是数据通信网的网络边缘设备。

3.8.2　数据通信网的交换方式

数据通信网的交换方式主要有电路交换、报文交换、分组交换（包交换）三种。

① 电路交换。与电话通信中的电路交换方式相同，即首先完成通信双方的固定电路连接，然后传送数据。

② 报文交换。把一则报文数据文件作为一个整体完整地送入电路，在交换节点处以报文为单位进行存储、排队、再转发的方式。这种技术称为存储/转发技术。链路中的数据包通常由报文数据和报头组成，报头中包含了地址信息和控制信息等。

报文交换与电路交换不同，不需要提供预先连接好的通路，因而用户发出即完成，这是一种面向无连接的通信方式。其信道可以作为公用，同时为其他用户服务，从而大大提高了信道的利用率。这种方式的缺点是由于存储转发的原因，节点处会存在较大的时延。

③ 分组交换。任何报文都按固定长度进行分割，并按一定格式组织起来的"分组"称为包。将包送入信道中传输交换，它可以看作是报文交换的改进。各分组不一定选择同一路由。到达收端之后，再把它们按顺序组装起来，如 X.25 分组交换网。

与报文交换相同，分组交换具有信道利用率高、无呼损等优点。同时相对于报文交换来说，其传输时延较小，也适用于不同信源的数据接入及信道进行统计复用。另外网络的抗破坏能力将增强。当某节点被破坏时，数据包仍可选择其他路由而不至于使整个通信陷入瘫痪。其缺点在于分组控制信息的存在将造成比特消耗增加，从而降低通信的效率，而且其通信协议、网络设备都较复杂。

④ 改进的分组交换技术。分组交换技术的改进，一是和电路交换技术的融合，即虚电路交换技术。其基础仍是分组传送，线路上则采用统计时分复用（STDM）方式。统计时分复用是指将传输信道的时隙动态地分配给各用户的分组，而对暂时无信息传送的则不分配。但通信用户双方的数据均采用固定路径传送，这样就保证了各分组按顺序到达。对于用户来说感觉好像是有一条固定电路的连接，而实际上电路是统计复用的，因而被称作虚电路连接。

另一种改进被称为快速分组交换（FPS），这是在 X.25 分组交换网的基础上进行的改进。其思路是采用短分组长度，取消链路层差错校验及重发等，以适应高速的数据通信及实时数据业务通信的需求。实际的应用实例有帧中继网、异步传输模式（ATM）。

分组交换技术显然是在数据通信基础上发展起来的，但是这些年来，数字化的实时信号（如话音、图像信号）也常采用分组方式送到公用数据网中传输，成为多媒体通信中的基本技术，这表明分组交换技术在现代通信技术中占有重要的地位。

3.8.3 主要数据通信网简介

3.8.3.1 X.25 分组交换网

以 X.25 协议为标准的数据通信网被称为分组交换网，它是第一个采用分组交换技术的典型数据网。

X.25 网为用户提供三种基本的通信连接服务，即永久性虚电路（PVC）、交换性虚电路和数据报业务。

永久性虚电路为用户提供固定的逻辑信道连接，犹如专线一样，适合于用户远程的指定连接。交换性虚电路则是为每次呼叫分配一条逻辑通道，呼叫结束即予以拆除。它们均可保证用户数据按顺序在一条逻辑信道上传送。数据报业务则不需要建立虚电路，每个分组在节点处进行路由选择，在接收端需要重新排序。

X.25 网提供的是一种可靠的数据传输，在每个节点上都有应答确认及差错检验，因此限制了节点分组的吞吐能力和中继线传输速率，适合于较低速率（速率在 2 Mb/s 以下）且对可靠性要求较高的应用。

3.8.3.2 帧中继（FR）网

随着数据通信对网络传输高速率的要求，在基于 X.25 分组交换的技术基础上提出了改进的分组交换方式，即帧中继和帧交换方式。其中，帧中继方式成为目前主要的数据通信方式之一。

从技术上看，帧中继具有以下的特点：

① 帧中继将控制信息放在专用信道中传输，保证了数据信道的利用率。

② 当检测到错误帧时就予以丢弃，不再重发。这样把检错与纠错功能分开，将纠错工作留给终端，使网络主要用于传输，从而提高了传输效率，极大地减少了网络时延。

③ 对电路采用按需分配的统计时分多路复用，多个用户共享一条线路，组合了电路交换与分组交换的优点，时延小，容量大，能适应"突发"的数据通信要求。

④ 用户接入方式简便，组网方式灵活。

由于帧中继具有较大的传输容量和小的传输时延，因此它也可以用于实时性的话音和图像通信业务，它既支持窄带业务也支持宽带业务。

3.8.3.3 数字数据网（DDN）

数字数据网（DDN）是一个全程的数字传输网络，可为用户提供半永久性连接电路，并用以传输数据、图像、语音信号等。所谓半永久性连接是指当用户提出申请时，即可按其要求提供一条固定连接的数字电路。如果用户不再使用时，则可以拆除并将信道资源提供给其他用户使用。其主要功能包括：① 为用户提供端到端的高速率、低时延、高质量的数据传输通道；② 数据信道带宽管理及自动切换功能。

数字数据网（DDN）具有以下特点：

① 传输速率高、质量好。DDN 大量采用光纤信道，具有较低的误码率。

② DDN 提供的基本上是"直通"的数据通道，因而网络时延小，传输过程的平均时延小于 450 ms，所提供的 TDM 远程连接电路，在不计卫星电路传输时延的情况下，最大时延小于 100 ms。

③ DDN 采用同步传输技术，网络内使用数字时分复用技术，各转接点只需做时隙的交叉连接即可。监控、管理操作都很简便，因而提高了网络的运行效率和信道的利用率。

④ DDN 是一个高度透明的数据传输网，适用于不同速率的网络终端设备的接入，它不受任何规程的约束，因此它支持不同信息（如数据、语音、传真、图像信息等）的通信。

3.8.3.4 异步传输模式 ATM

在通信中，ATM 是异步传输模式（Asynchronous Transfer Mode）的英文缩写，它被认为是目前已知的一种最适合于宽带综合业务数字网（BISDN）的交换方式。

ATM 的特点主要有：① 实时性，处理速度快，传输时延小；② 宽带化，支持带宽的动态统计复用，提供 2 M 以上的多种带宽；③ 开放性，支持多种业务的传送平台；④ 高质量，具有先进的差错控制、流量控制机制和优质的服务质量保证；⑤ 高速率，按需占据带宽，并综合了电路交换高速率和分组交换高效率的优点，交换速率高，容量大；⑥ 安全性高，使用永久虚电路组建企业的虚拟专网将更加安全。

3.8.4　中国民航数据通信网

中国民航数据通信网是以异步传输模式（ATM）信元交换技术为核心，能够实现对异步传输模式 ATM、帧中继 FR、X.25、IP 及语音业务等的支持，并能提供专线连接、虚拟专用网、局域网互联、程控交换机互联等业务。它能够满足下列高质量网络服务的要求：覆盖全民航所有的机场，提供良好的数据和专线服务；支持若干个覆盖全民航机场的程控电话交换机联网、语音拨号和专线业务网络；支持若干个覆盖全国并能满足各种规模和各种服务质量要求的 IP 业务网络以及虚拟专用网络。

3.8.4.1　民航数据网的网络结构

民航数据通信网在整体上采用层次化的网络结构，全网划分为核心层、汇接层和接入层三层，共有 135 个网络节点,如图 3.26 所示。核心层包括 2 个核心节点和 8 个一级节点，汇接层包括 35 个二级节点，接入层包括 89 个三级节点。

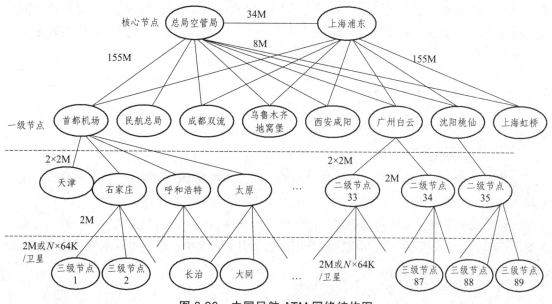

图 3.26　中国民航 ATM 网络结构图

民航数据网网络管理系统包括：1 个位于总局空管局的网管主中心，1 个位于上海浦东的网管备用主中心，以及位于民航总局空管局和首都机场、上海虹桥、广州白云、成都双流、西安咸阳、沈阳桃仙、乌鲁木齐地窝堡的 8 个网管监控中心。

1. 核心层网络结构

核心层构成的 ATM 骨干网主要负责各地区空管局至总局空管局以及地区空管局之间数据包的高速转发。

核心层采用双星形结构，两个核心节点互为备份，其间通过一条高速线路互连。一级节点分别上连到总局空管局和上海浦东核心节点。总局空管局和首都机场/民航总局之间、上海浦东和上海虹桥节点间均采用本地高速线路互连。

2. 汇接层网络结构

汇接层是用于连接接入层网络到核心层网络设备，并为本地节点的中高速业务提供接入服务，它主要负责二级节点之间和各三级节点到核心层的数据转发。

汇接层是以各管理局所在地的一级节点为核心的星形结构,各个二级节点利用数据电路,采用捆绑或者线路互备的方式,上连到本二级节点所在地区的一级节点,部分节点构成多方向横向连接。

3. 接入层网络结构

接入层主要是为本地区中、低速业务提供接入服务。接入层是以二级节点为核心的星形结构,各个三级节点利用数据电路、DDN 或卫星电路上连到二级节点。在接入层可以构成多方向中继的结构。

在该网络中,网络中继主要采用数字电路、DDN 和卫星中继等多种方式。在大业务量的节点间(比如核心节点及一级节点间)采用光纤线路。与地面链路相比,卫星信道的资源比较紧张,速率低,有比较大的延迟,所以卫星链路常作为备份链路,或作为较小业务量时使用。

3.8.4.2 民航数据网的主要业务

民航数据通信网提供的业务内容很多,主要包括以下接入内容:

1. 空管内话业务

空管内话系统联网是指根据民航各管制单位间语音管制通信的需要,将各机场或管制中心相对独立的内话系统通过网络互联,构成一个语音管制移交专用网。

内话系统间为点到点的物理连接,内话网络的交换功能由内话交换机实现。其中北京、上海、广州三点之间形成三点互联,再分别以这三个节点为中心通过点到点方式连接本区域内的各机场,如图 3.27 所示。

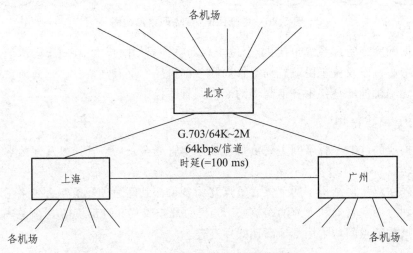

图 3.27　空管内话点到点连接示意图

用户之间建立 ATM 链路,每条链路使用 72 kb/s 的传输速率,以保证用户能实现 64 kb/s 的传输要求。

2. 民航自动转报业务

自动转报业务是指将电报从来报自动转到去报。该系统能自动判断来报的等级、收发报地址，并按预定的路由安排，自动将电报转到接收该报的终端地址上。自动转报业务覆盖民用所有机场，其基本设备是自动转报机和电报终端，这些设备要通过数据通信网提供的链路实现互联。自动转报网传输的内容为民航电报。

位于核心层各节点（不包括民航总局和上海浦东两节点）的自动转报系统通过路由器接入 ATM 网交换机，并通过 ATM 网提供的传输链路实现 8 个自动转报系统之间的全网连接。每个节点提供两个接入端口，利用这两个端口分别配置两条至其他各个节点两个端口的传输链路。转报系统通信时只占用其中一条链路，另一条链路只有在已用所有链路的物理设备出现问题时才启用。传输链路带宽为 9.6 ~ 19.2 kb/s 信道。

位于汇接层和接入层节点的转报系统（或终端）通过 RS-232 接口直接与 ATM 网设备连接，通过 ATM 网提供的异步传输链路建立与对端转报系统或电报终端的点对点连接。异步电路带宽有 2.4 k、4.8 k、9.6 k 三种。自动转报业务还可以基于 IP 方式实现，需要的带宽为9.6 ~ 19.2 kb/s。

自动转报通信网络由两大部分组成，第一部分是自动转报系统，第二部分是用户终端。自动转报系统设置在自动转报中心，它由四部分组成，即自动转报主机、控制席、监录席和记录席，如图 3.28 所示。各部分的功能如下：

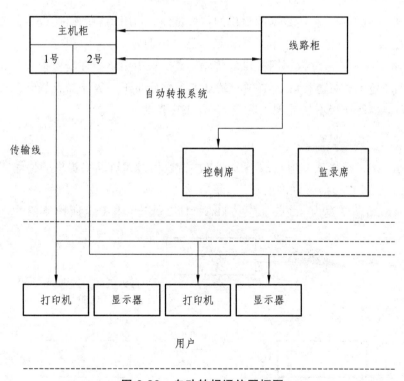

图 3.28　自动转报通信网框图

① 自动转报主机：它是一个双机系统，双机装在一个主机柜上，它是自动转报系统的核心部件，同时还包括一个线柜。该系统有一主一备，构成双机在线运转，主机既收又发，备

机只收不发。当主机或备机发生故障时可以自动倒机，降为单机运行，以便于故障机离线检修，修复后仍可以方便地并成双机系统。

② 控制席：监视本系统和各终端运行情况。用监控指令可以检查系统内各电路的工作状态，比如断线、关闭、离线和某路的输出排队份数等。终端发报的各种错情报告以及某部分指令响应情况均在该席位上给出。

③ 监录席：监录某个终端的来报或者去报，可直观地检查某个终端收、发报的情况，也可以做初步的故障隔离。

④ 记录席：记录所有终端的来报和去报，并进行电报留底，以便于电报的查询。其内容包括来去管理、收报时间、电报等级和字符总数。对重发电报、绕转电报、流水号不顺电报给以不同的标记。

用户终端由一套显示器和打印机组成。用户终端通过电话线接入自动转报系统，并且在终端可实现多用户。

3. 甚高频业务

甚高频在数据网上传输的主要业务包括三个方面：

① VHF 遥控业务：是指将某一地点的 VHF 收发信主控台通过网络与另一地点遥控台连接，传输方式为点到点或一点对多点。

② 设备及环境监控：通过数据网提供的传输链路，利用用户的监控设备，实施对遥控台所在地的 VHF 设备及其他设备的监控（包括空调、电源等）。

③ 机房环境视频：通过数据网提供的传输链路，利用用户的环境监控设备，实施对遥控台所在地的机房环境进行监控。VHF 中心站点大多数分布于一级、二级节点，并且以区域管制中心为中心，辐射连接本场周围山区或远端 VHF 节点。

4. 雷达信号引接业务

雷达信号引接是指将某一地点的一次、二次雷达信号通过网络提供的传输链路传输到其他地点，实现某区域雷达信号联网监视。传输方式为点到点连接或一点到多点广播两种方式，如图 3.29 所示。传输带宽为 4.8 kb/s、9.6 kb/s、19.2 kb/s、64 kb/s 四种类型。

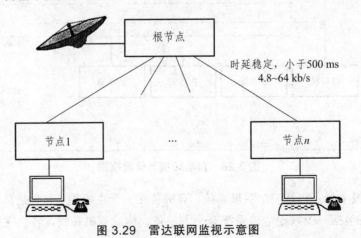

图 3.29　雷达联网监视示意图

5. 程控交换机联网业务

由于目前民航使用的交换机型号很多，主要供应商有爱立信、西门子、华为、北电、中兴等，设备之间可能出现软、硬件不兼容的问题。采用 ATM 后，可以将分布在民航总局机关以及各机场的用户交换机联网使用。

为防止时延和语音抖动，主用和备用链路都采用地面链路，应避免采用卫星链路。

6. 民航气象业务

民航气象业务分为气象数据传输业务和气象广播业务。民航气象数据传输业务主要是民航气象业务主中心与分中心之间数据库系统的信息交换。其数据库系统的主中心设在首都机场，6 个业务分中心分别设在 6 个地区空管局。民航气象广播业务是指以广播形式将气象中心的气象信息传送至国内各机场。

传输速率：从总局到各管理局为 256 kb/s，远期需求估计为 2 Mb/s；从管理局到省局为 128 kb/s，远期估计为 2 Mb/s。

在传输实现上，采用帧中继和以太网来实现。由于气象数据系统设备都能够支持 IP 协议，所以气象广播时采用主播形式，在地址组中的设备都能够收到信息。

7. 航行情报业务

航行情报系统的拓扑结构为民航总局、7 个一级节点、40 个远程节点构成的二级星形结构。该业务包括信息上报和信息的静态、动态发布。目前存在的形式有拨号上网、AFTN 电报、每月静态更新光盘等。该业务对网络的要求为：

① 网络端口及协议：帧中继协议、V35 端口或 TCP/IP 协议、RJ45 端口。

② 带宽要求：在二级节点（管理局）与下属的远程节点之间通信带宽在 256 kb/s 以上，将来可扩展到 2 Mb/s；总局到管理局之间为 128 kb/s 左右。

③ 数据量：每月定期、定时更新大量数据（近百兆），平时数据量不大，带有较明显的突发性，突发时带宽要求较大。

航行情报业务在通信时，首选地面链路，卫星链路作为备份。

8. 数据链业务

数据链业务包括与空管系统连接的数据链系统，与航空公司连接的 ACARS 数据链系统，与卫星导航相关的 GNSS 数据链系统，以及与空管甚高频 VHF 业务接入方式类似的 AOC 控制话音系统。

9. 民航信息化业务

民航数据通信网为民航信息化业务提供网络通信平台。当前，信息化业务的节点主要分布在民航总局空管局、首都机场、上海虹桥、广州、成都、西安西关、沈阳东塔、乌鲁木齐。未来，信息化业务的节点将分布到各二级节点。

信息化系统设备通过路由器接入 ATM 网络，通过 ATM 网提供的传输链路将 8 个路由器互连，形成一个路由器互连的网状网结构。民航信息化业务在通信时，首选链路为地面链路，卫星链路作为备份。

10. 数字集群联网业务

该业务主要是为了实现空管各集群通信系统联网。它以北京为中心，以星形结构向下连接上海和广州两个主要节点，上海和北京同样以星形方式向下连接各节点。

11. 基于 X.25 的业务

民航 X.25 网从 20 世纪 80 年代末开始建设，一期工程于 1990 年建成投入运行，后经 1992 年和 1996 年两次扩容，至 1996 年底，民航 X.25 网已发展成为拥有 1 个主中心、7 个分中心、40 余个省区域节点的、覆盖民航近 50 个机场的民航专用数据通信网。目前，基于 X.25 的主要业务是自动转报业务。

复 习 思 考 题

1. 通信系统可以分为哪些类型？通信方式有哪些类型？
2. 通信系统的组成包括哪些部分？每部分的功用是什么？
3. 模拟通信系统和数字通信系统的区别是什么？
4. 数字通信有什么特点？
5. 民航地-空移动通信有哪些种类？
6. HF 短波通信有哪些基本特征？HF 通信为什么要进行频率选择？
7. 民航 HF 通信网有哪些种类？主要性能指标有哪些？
8. 民航 VHF 通信系统主要由哪几部分组成？主要性能指标有哪些？
9. 民航 VHF 话音通信波道是如何规定的？
10. 设置 VHF 遥控台的主要目的是什么？如何实现遥控通信？
11. 卫星通信系统主要由哪几部分组成？卫星通信的主要特点是什么？
12. 通信卫星主要由哪几部分组成？其功能是什么？
13. 详细描述卫星通信体制。
14. VSAT 网络主要由哪几部分组成？建立 VSAT 的意义是什么？
15. TES 系统主要由哪几部分组成？各部分的功能是什么？
16. AMSS 主要由哪几部分组成？各部分的主要功能是什么？
17. AMSS 主要提供哪些服务？AMSS 的主要应用区域有哪些？
18. 数据通信与话音通信相比较，有什么特点？
19. 地-空数据通信系统主要由哪几部分组成？VDL 有哪几种模式？
20. ACARS 主要由哪几部分组成？ACARS 的功用有哪些？
21. 民用航空对未来地-空数据链通信是如何规划的？
22. 数据交换有哪几种方式？
23. 民航数据通信网容纳了哪些主要业务？
24. 自动转报系统主要由哪几部分组成？各部分的主要功能是什么？

第4章 民航导航系统

4.1 导航系统概况

4.1.1 导航的概念和发展

导航，即引导航行，也就是沿预定的航线，以要求的精度，在指定的时间内将航行体引导至目的地的过程。

航空导航的发展过程中，出现了天文导航、地形辅助导航、罗盘导航、无线电导航、惯性导航和卫星导航等方式。

天文导航是利用对星体的观测，根据星体在天空的固有运动规律提供的信息来确定航空器的运动参数。

地形辅助导航是古老且常用的导航方式，是利用地图对照地面，按辨认出来的地面地形地物来确定航空器的位置、航向，从而引领航行的导航方法。

罗盘导航是利用自由磁针恒指地磁南北的特性，结合其他机载仪表测定航空器的航向元素，利用航行规律来确定航空器的位置、航向和距离，以引领航行的导航方法。

惯性导航是一种自主式的导航方法，它完全依靠自主的机载设备完成导航任务，其中主要的技术手段是用加速计测量载体的运动加速度，用陀螺装置提供一个基准坐标系，再从中推算出所需要的导航参数。

无线电导航是利用机载无线电导航设备接收和处理导航台发射的无线电波，从而获得导航参量，确定飞机位置、航向等信息，引领飞机航行的导航方法。

卫星导航是以卫星为时空基准点，用户利用接收设备测定至卫星的距离或多普勒频移等观测量来确定其位置和速度等参数的导航方法。

4.1.2 导航系统的概念和分类

4.1.2.1 导航系统的概念

在导航过程中，确定航行体的位置、方向，并引导其按预定航线航行的整套设备称为导航系统。当前民航使用的导航系统主要包括无线电导航系统、惯性导航系统和卫星导航系统等。

无线电导航系统是发射无线电波的地面导航台和接收无线电波并进行处理得到导航参量的机载接收设备的总和。在无线电导航的发展过程中，出现了无方向信标系统（NDB-ADF）、甚高频全向信标系统(VOR)、测距仪系统(DME)、仪表着陆系统(ILS)、微波着陆系统(MLS)、罗兰-C、奥米伽导航系统、塔康(TACAN)等。

当前的卫星导航系统主要包括美国的全球定位系统(GPS)、俄罗斯的全球导航卫星系统(GLONASS)、中国的北斗卫星导航系统(BDS)和欧洲的伽利略卫星导航系统(Galileo)。

4.1.2.2　导航系统的分类

导航系统的分类方法有很多，主要包括：

1. 按有效作用距离划分

① 近程导航系统。其有效作用距离在 500 km 之内，包括 NDB-ADF、VOR、DME、ILS 和 MLS。

② 远程导航系统。其有效作用距离大于 500 km，包括惯性导航系统和卫星导航系统。

2. 按系统中机载设备独立情况划分

① 自主式导航系统，主要是惯性导航系统。

② 他备式（非自主式）导航系统，包括 NDB-ADF、VOR、DME、ILS 和 MLS 和卫星导航系统等。

3. 按导航台的安装地点划分

① 陆基无线电导航系统，包括 NDB-ADF、VOR、DME、ILS 和 MLS 等。

② 星基导航系统，包括 GPS、GLONASS、BDS 和 Galileo。

4. 根据飞机的飞行区域划分

① 航路导航系统，包括 NDB-ADF、VOR、DME、惯性导航系统和卫星导航系统。

② 终端区导航系统，包括 NDB-ADF、VOR、DME、ILS、MLS 和卫星导航系统。

5. 按所测量的电信号的不同参量划分

① 振幅式无线电导航系统，如 NDB-ADF、ILS。

② 相位式无线电导航系统，如 VOR。

③ 脉冲式无线电导航系统，如 DME。

④ 频率式无线电导航系统，如无线电高度表。

⑤ 复合无线电导航系统，如 TACAN。

6. 按所测量的导航参数划分

① 测角无线电导航系统，NDB-ADF，VOR。

② 测距无线电导航系统，如 DME、卫星导航系统。

③ 测距差无线电导航系统，如奥米伽导航系统、罗兰系统等。

对于无线电导航系统和卫星导航系统，按照所利用的位置线的形状，可以把导航定位分为 ρ-θ 定位、ρ-ρ 定位或 ρ-ρ-ρ 定位、θ-θ 定位和测距差定位。这里的 ρ 表示距离，θ 代表角度或方位。

4.1.3　无线电方位角的概念

对于无线电导航，地面导航台站和机载导航设备之间的连线，即无线电波的传播路线叫作无线电方位线。随着飞机位置的变化，飞机与电台的连线（方位线）将发生相应的变化。为了准确说明飞机与电台的位置，对无线电方位线引入了无线电方位角。无线电方位角包括电台方位角、飞机方位角和相对方位角，如图 4.1 所示。

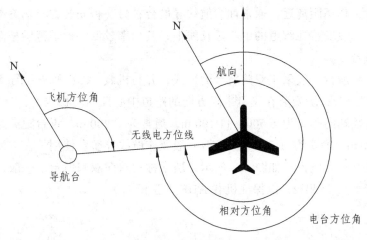

图 4.1　无线电方位

从飞机所在位置的经线北端顺时针量到无线电方位线的角度，叫作电台方位角。
从电台所在位置的经线北端顺时针量到无线电方位线的角度，叫作飞机方位角。
从飞机的航向线顺时针量到无线电方位线的角度叫作相对方位角。
这几个角度的关系是：

$$航向 + 相对方位 = 电台方位角，飞机方位角 \pm 180° = 电台方位角$$

4.2　无方向性信标系统

无方向性信标（Non Directional Beacon, NDB），又称归航台，是最早投入使用的无线电导航系统，是一种近程无线电测角导航系统。由于其具有设备简单、使用维护方便、价格低廉、地面导航台配置丰富等优点，自 20 世纪 20 年代投入使用以来，至今仍然广泛地应用于飞机导航中。《国际民航公约》附件 10 对 NDB 的性能参数进行了规范。

4.2.1　无方向性信标系统的组成

无方向性信标系统由地面 NDB 导航台和机载自动定向机（Automatic Direction Finder, ADF）两部分组成。
地面 NDB 导航台会向 360°空间连续发射中频无线电波。机载 ADF 接收机通过接收无线电波，可测量出导航台相对飞机航向线的相对方位角，确定出飞机的位置，并引导飞机在航路和终端区飞行。

4.2.1.1　NDB 地面导航台

1. NDB 导航台的布局及作用

地面 NDB 导航台可分为两种：一种是安装在航路区域供飞机在航线上飞行时定向使用，要求发射功率大，作用距离远，通常称为航线导航台；另一种安装在机场终端区供飞机在进近着陆时使用，一般安装在跑道的中心延长线上，其功率较低，覆盖范围相对小一些，通常称为终端区导航台。

机场终端区导航台一般采用双归航台的形式，并与机载 ADF 配合引导飞机进场或实施 NDB 进近。双归航台一般安装在飞机主降方向的跑道中心反向延长线上，分为远台和近台。远台距离跑道着陆端的距离为 6 500 ~ 11 100 m，通常为 7 200 m。近台距离跑道着陆端的距离为 900 ~ 1 200 m，通常为 1 050 m。远台一般兼作航线导航台使用。在大型国际机场，跑道的两端都安装有双归航台，如图 4.2 所示，通常称为双向双归航台。一般远台频率和近台频率的间隔不能小于 15 kHz，以保证机载 ADF 不互相干扰。

图 4.2　双向双归航台 NDB 在跑道上的配置

2. NDB 导航台开放规范

航线导航台的开放和关闭由航站指挥调度部门控制，导航台值班人员根据指挥调度部门的通知开放和关闭导航台，也有的通过遥控装置由调度人员在塔台上直接控制。终端区导航台的开放和关闭由航站指挥调度部门控制，由于远台兼作航线导航台使用，因此要求在飞机到达前至少 30 min 开放，以引导飞机进场，近台可以在飞机到达前 15 min 开放。若为双向双归航台，在使用时，可根据飞机的着陆方向开放进近端的导航台，不能两端同时开放，以免影响飞行安全。

3. NDB 导航台的组成

NDB 导航台主要由地线、发射机和天线三部分组成，如图 4.3 所示。NDB 工作在中频段，工作波长 λ 为 100 ~ 1 000 m，天线的长度短于 $\lambda/2$。天线的电流大，若没有良好的地线，则天线电流在地中的损耗很大，会大大降低天线的辐射效率。因此，为了提高天线的辐射效率，在天线的底部地中深埋有面积较大的辐射地网。发射机主要由无方向 A 机、无方向 B 机和遥控单元等组成。为了使天线尺度接近 λ，以提高天线的辐射效率，必须采用较长的天线。一般采用水平长为 70 m、架在两个高约 30 m 的铁塔上的 T 形天线。

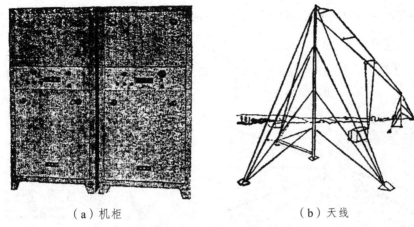

（a）机柜　　　　　　　　（b）天线

图 4.3　NDB 导航台结构构成

T 形天线属于无方向性天线，在水平方向上辐射电磁波。随着辐射方向的抬升，信号会逐渐减弱，因此 T 形天线在垂直方向上存在一个圆锥顶角为 80° 的顶空盲区，形成所谓的"无声锥"。当飞机进入顶空盲区时，机载 ADF 指示器的指针无法指向一个固定的值而会在小范围内摆动，可用于飞行员判断飞机过台的时机，如图 4.4 所示。

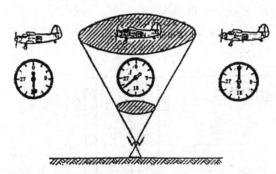

图 4.4　飞机飞越 NDB 顶空盲区时 ADF 指示器无法指定一个固定值

4. NDB 导航台的性能指标

① 无方向信标工作频率：NDB 导航台工作在中频段，其工作频率在 ICAO 附件 10 中规定为 190 ~ 1 750 kHz。

② 发射功率及作用范围：航线台发射功率一般为 500 W，有效作用距离不小于 150 km。终端台分为远台和近台，远台一般可兼作航线导航台使用，发射功率为 500 W，有效作用距离不小于 150 km；近台发射功率为 100 W，有效作用距离为 50 km。

③ 识别代码及航图符号：不同的导航台具有不同的识别代码，在我国，NDB 航线导航台的识别码为两个英文字母，终端远台的识别代码为两个英文字母，近台的识别代码为远台识别代码的第一个字母，识别代码都采用国际莫尔斯电码发射。

在航图上，NDB 的表示符号为一个点圆，与此同时还会发布该 NDB 导航台的莫尔斯识别码、频率和地理坐标。如图 4.5 所示为航线精河 NDB 导航台的图标，其工作频率为 310 kHz，识别码是 KH，地理位置是（N44°36.0′，E82°54.0′）。如图 4.6 所示为成都双流机场 02 跑道配置的远台和近台,远台工作频率为 260 kHz,识别码是 ZW,近台频率为 396 kHz,识别码是 Z。

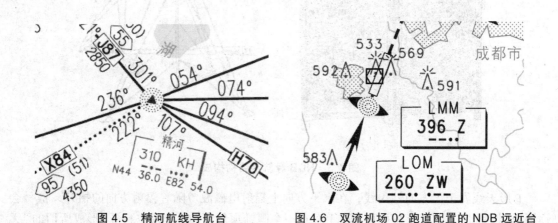

图 4.5　精河航线导航台　　　　图 4.6　双流机场 02 跑道配置的 NDB 远近台

4.2.1.2　机载 ADF 接收机

机载自动定向机 ADF 一般包括自动定向接收机、控制盒、环形天线和垂直天线（或组合式环形/垂直天线）、方位指示器四大部分。如图 4.7 所示为 B737NG 飞机机载自动定向机组成框图。

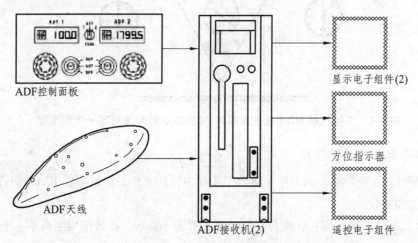

图 4.7　B737 飞机机载自动定相机组成框图

1. 自动定向接收机

自动定向接收机是机载自动定向机系统的主要组成部分,主要用于接收、处理环形天线和垂直天线接收到的地面导航台的信号,并将处理后的方位信息送至自动定向机的方位指示器,指示出飞机与地面导航台的方位关系,将分离出的地面导航台音频识别信号送至飞机音频系统供飞行员监听。自动定向接收机还可以接收中波电台的广播信号,并利用其进行定向。

2. 控制盒

控制盒和接收机配套使用。ADF 控制面板向 ADF 接收机提供调谐频率和系统模式选择。如图 4.8 所示为 B737NG 的控制盒组成图。

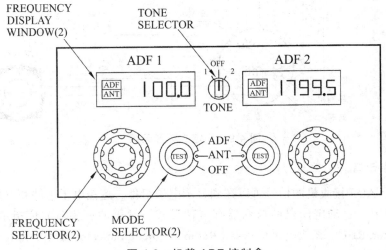

图 4.8　机载 ADF 控制盒

控制面板上有两个频率显示窗，显示由频率选择器设定的频率。在显示窗上有显示系统是处于 ADF 模式还是天线（ANT）模式的指示器。

话音选择器用于打开 ADF 接收机内的差拍振荡器（RFO）。话音选择器电门有三个位置，分别用于接收机 1、接收机 2 和关断。

控制面板有两个频率选择器，每个选择器为它正上方的显示窗设定频率。每个选择器有三个控制钮，分别是外、中和内控制钮。内控制钮设定十分位和个位数字，中间控制钮设定十位数字，外控制钮设定百位数字。

模式选择器的工作方式一般有断开（OFF）、天线（ANT）、定向（ADF）和测试（TEST）四种。在 ADF 位，接收机发送方位数据和台站音频；在 ANT 模式，接收机只发送台站音频；快速按压 TEST 按钮可启动系统自检。

3. 自动定向机天线

自动定向机进行定向时需要两种天线：一种是无方向性天线，即垂直天线，其接收的信号用来调谐接收机，并与环形天线的接收信号进行叠加，为自动定向机提供单值定向；另一种是方向性天线，即环形天线，用以提供方位信息。两种天线的工作频率范围是 190 ~ 1 750 kHz。现代飞机使用的环形天线一般都制成与飞机的蒙皮平齐的扁平型两个正交的固定式环形天线，如图 4.9 所示。它不仅可以减小飞行中的空气阻力，而且由于采用测角器旋转代替环形天线的转动，可以减少大量的机械传动，从而可以提高定向机工作的可靠性，维护也更为简便。

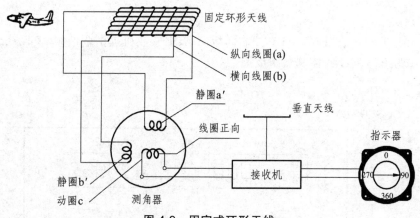

图 4.9　固定式环形天线

4. 方位指示器

图 4.7 中，ADF 接收机的信号可以送到显示电子组件、遥控电子组件和方位指示器。但在不同的机型中，自动定向机的指示器有多种形式，常用的有相对方位指示器（Relative Bearing Indicator, RBI）、无线电磁指示器（Radio Magnetic Indicator, RMI）和电子飞行仪表系统（Electronic Flight Instrument System, EFIS），具体内容在后面介绍。

4.2.2　无方向性信标系统的工作原理及误差分析

4.2.2.1　无方向性信标的测角原理

无方向性信标发射的电磁波为中波，其传播方式以地波为主。地球表面空气介质的不均匀性以及上层空气电离的影响，使得电波的传播轨迹在垂直平面内发生弯曲，因此不能利用 NDB 测量飞机的仰角，只能测量将飞机投影到水平面以后的方位。

ADF 环形天线最基本的结构是用导线制成的矩形或圆形的线环，由于其辐射电阻、效率都很低，因此只能作为接收天线使用。如图 4.10 所示，NDB 台发射的电波为垂直极化波，当电波到达环形天线平面时，只在环形天线的两个垂直边产生感应电动势。若环形线圈平面的法线和电波来向的夹角为 θ，则环形线圈产生的总合成感应电动势为

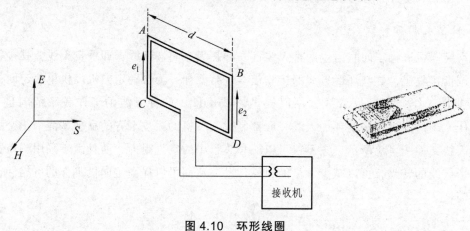

图 4.10　环形线圈

102

$$e_{\text{合}} = 2\pi NhdE_0 \sin\theta / \lambda = K\sin\theta \qquad (4.1)$$

式中，N 为线圈的匝数；h 为环形线圈的高度；d 为环形线圈的宽度；E_0 为天线外部场强。

由式（4.1）可见，环形线圈的总合成感应电动势与 θ 有一一对应的关系，在极坐标下绘制出其方向性图，如图 4.11 所示。由图可见，当 θ 等于 $0°$ 或 $180°$（电波来向和线圈平面垂直）时，天线的感应电动势为零；当 θ 等于 $90°$ 或 $270°$（电波来向和线圈平面平行）时，天线的感应电动势最大，在极坐标下表现为"8"字形方向性图。当环形线圈的感应电动势为零，即接收机输出最小时，正对环形线圈的方向即电台的方向。

环形天线旋转一周，感应电动势有两个最小值，测出的电台方位具有双值性。为了消除双值性，采用环形天线与垂直天线（无方向性天线）联合接收信号，组成复合天线。垂直天线的感应电动势只和台的远近有关，和方向无关。令其感应电动势等于 1，和环形天线的电动势叠加以后，复合天线的合成电动势为

$$e_{\text{T}} = 1 + K\sin\theta \qquad (4.2)$$

当 K 等于 1 时，环形天线和垂直天线的合成感应电动势在极坐标下方向性图为心脏形，称为"心"形方向性图，如图 4.12 所示。环形线圈旋转一周，合成电动势只有一个最小值，从而消除了环形天线的双值性，可以实现单值定向。

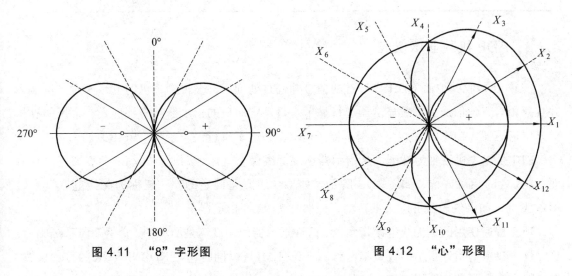

图 4.11　"8"字形图　　　　　图 4.12　"心"形图

ADF 并不是以心脏形方向性图的零点作为定向零点，而是以环形天线"8"字形方向性图的零点作为定向零点。因此，需要随时转动"8"字形图，使其最小值对准被测的地面导航台。为使方向性图转动，一种方法是用电机直接拖动环形天线转动；另一种方法是环形天线不动，利用测角器中的转子线圈转动代替环形天线的转动，以实现方向性图转动的目的。现代客机大多采用测角器的形式。

4.2.2.2　NDB 的误差分析

NDB 作为最古老的无线电导航设备，具有价格低廉、易于架设、作用距离较远等优点，但同时由于信号易受到天气、地形（如山地、海岸）等因素的影响，故 NDB 存在较大的测角误差，包括随机误差和系统误差。其中随机误差包括静电干扰、夜间效应、山区效应和海岸效应，系统误差包括设备误差和象限误差。这些误差的产生原因、误差大小和消除方法如表 4.1 所示。

表 4.1　NDB 误差分析

误差分析		产生原因	误差大小	消除方法
随机误差	静电干扰	大气放电等辐射电波	20°～30°	避开雷暴云
	夜间效应	夜间天波增强，环形天线水平部分会产生额外电动势	10°～15°	避开夜间效应强的时段定向
	山区效应	电波绕射	−10°～+10°	山区增大飞行高度
	海岸效应	电波折射	受海岸线和电波路径夹角影响	增大飞行高度，选择合适的导航台和航线
系统误差	设备误差	机械和电气性能	−1°～+1°	无法完全消除
	象限误差	飞机机身二次辐射	受机身角度和电波来向影响	电感补偿，不能完全消除

4.2.3　ADF 机载显示仪表

ADF 在接收到地面 NDB 导航台的信号并经过处理后，会得到飞机的电台相对方位角，并且把相对方位值送到机载显示器进行显示。自动定向机的指示器有多种形式，常用的有相对方位指示器（RBI）、无线电磁指示器（RMI）和电子飞行仪表系统（EFIS）。

RBI 是以飞机纵轴为基准，从指示器顶部标线为 0 开始，顺时针转动的角度即飞机到地面 NDB 台的相对方位，如图 4.13 所示。如果仪表盘是固定的，一般称为无线电罗盘，如运-5 飞机；如果仪表盘可以人工转动，一般称为 ADF 指示器。

现在普遍使用的是无线电磁指示器，这种指示器的刻度盘是活动的，它由航向系统驱动，这时仪表盘上的指针指示的读数是电台磁方位。RMI 可以同时作为 NDB 和 VOR 的显示仪表，通过仪表左右下角的按钮来切换接收 NDB 或 VOR 的导航信息。RMI 表面上有一宽一窄两根指针，可以接收两个 NDB 或 VOR 导航台的信息并输出方位。图 4.14 所示为典型的 RMI 表面。表面上的方位刻度范围为 0°～360°，方位刻度盘的正上方有一个固定航向指标（图中为三角形标线），用来指示飞机的磁航向，指针针尖指示电台磁方位，固定航向指标和指针针尖的顺时针夹角为相对方位角，指针尾部指示飞机磁方位。

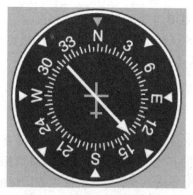

图 4.13　相对方位指示器　　　　　　　图 4.14　无线电磁指示器

现代大型飞机上，一般会把 RMI 的显示集成到 EFIS 上面进行显示，如图 4.15 为 B737 NG 的 EFIS 上有关 ADF 的显示。飞行员通过拨动位于 EFIS 控制面板上的选择钮，可以选择表盘上的指针对应的导航台是 NDB 或者 VOR，图中显示为 ADF 方位。飞行员把选择钮拨到 ADF 的位置，表明当前的指针指示结果来源于 NDB 导航台，其指示内容和机械式的 RMI 表盘一致。

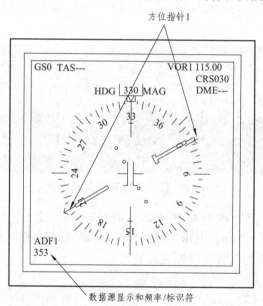

图 4.15　EFIS 指示器的 ADF 方位显示

4.2.4　无方向性信标系统的功用

NDB 系统是一种近程无线电测角导航系统。在民航中，NDB 系统可以引导飞机沿航路飞行，以及在终端区域引导飞机进场和实施非精密进近。其主要功用有：

① 测量电台的相对方位角，并显示在方位指示器上。

② 对飞机进行定位，引导飞机向台或背台飞行。

③ 利用自动定向仪来判断飞机飞越导航台的时机。

④ 利用机场安装的 NDB 台，可以引导飞机离场和归航进场》

⑤ 利用机场 NDB 台，可以引导飞机实施 NDB 非精密进近。

⑥ 由于自动定向机的工作频率为 190～1 750 kHz，因此可接收民用广播电台的信号，并用于定向；同时可接收 500 kHz 的遇险信号，并可确定遇险方向。

4.3　甚高频全向信标

甚高频全向信标（VHF Omni Directional Range, VOR）系统是一种工作于甚高频（VHF）频段的无线电导航系统。该系统于 1937 年在美国开发，1946 年成为美国航空标准导航设备，1949 年被国际民航组织批准为国际标准的无线电导航系统，是目前使用最广泛的陆基近程测角系统。其相关的技术性能参数由《国际民航公约》附件 10 予以规范。

4.3.1　甚高频全向信标系统的组成

VOR 系统由地面 VOR 台和机载 VOR 接收机组成。VOR 台主要由 VOR 发射机和水平极化天线组成。如图 4.16 所示为首都机场官庄 DVOR 台。机载 VOR 设备主要由天线、接收机、控制盒和指示器组成。

图 4.16　首都机场官庄 DVOR 台

机载 VOR 接收机接收 VOR 台发射的基准相位信号和可变相位信号，并通过比较两种信号的相位差，得出飞机相对地面 VOR 台的径向方位即飞机磁方位，通过指示器指示出方位信息，供飞行员确定飞机的位置并引导飞机航行。

4.3.1.1　VOR 地面导航台

VOR 系统工作于甚高频频段，工作频率为 108.00～118.00 MHz。其地面台发射的无线电波主要靠空间波传播，极化方式是水平极化。VOR 信标台提供的信号在 40°仰角以下，所以机载 VOR 接收机必须在仰角 40°以下才能接收到 VOR 信号。

1. VOR 台的分类

根据地面 VOR 台发射机的形式，可将其分为普通 VOR（Conventional VOR, CVOR）和多普勒 VOR（Doppler VOR, DVOR）。机载 VOR 接收机对两种 VOR 都是兼容的。根据不同的用途，VOR 地面导航台可分为两类：第一类为 A 类 VOR 台，安装在航路区域，供飞机在航路上导航使用；第二类为用于引导飞机进离场及进近着陆的终端 VOR 台（Terminal VOR, TVOR），也称 B 类 VOR 台。

VOR 在航路和机场终端的配置位置及要求如下：航路 VOR 台设置在航路中心线上，通常配置在航路的转弯点或走廊口；机场终端 VOR 台一般配置在跑道一侧或者跑道中线的延长线上，以不破坏机场净空为准。

由于 VOR 工作在甚高频频段，无线电波长较短，越障能力弱，在安装 VOR 导航台时应该充分保障其周围的净空条件。一般情况下，导航台周围不应该有高大的建筑、树木、流量大的铁路或者公路，或者金属线缆、栅栏等。

2. VOR 台的组成

我国从 1993 年至今已从澳大利亚 AWA 公司引进了多套 VRB-51D 型 DVOR 台，该 DVOR 台主要由 VOR 发射机天线、发射机和遥控监控装置组成，如图 4.17 所示。VOR 发射天线包括中央天线和边带天线，如图 4.18 所示，共有 49 个改进型的阿尔福特天线。其中 48 个作为边带天线均匀地安装在地网上面直径为 13.5 m 的圆周上，相邻的两个边带天线相距 7.5°，并分别与两个天线分配开关相连；另一个作为中央天线。中央天线辐射的信号是全向辐射的基准相位信号及识别音频等，边带天线辐射可变相位信号。发射机主要产生基准相位信号和可变相位信号等。遥控监控装置主要由遥控部分、监测天线和监控信号处理器构成，它能监测发射机发射出来的信号，确保信号正确无误。监控天线应安装在距离中央天线 60 ~ 100 m 的位置。

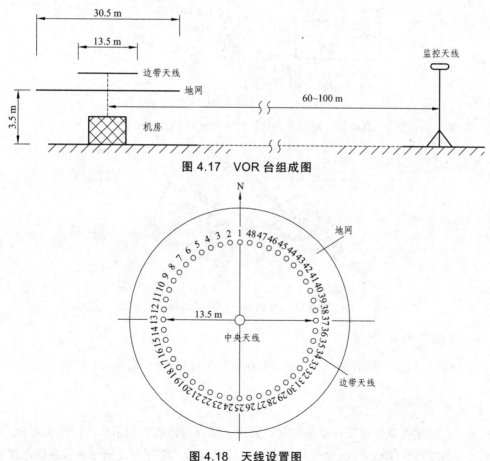

图 4.17 VOR 台组成图

图 4.18 天线设置图

3. VOR 系统性能指标

① 导航台工作频率：VOR 导航台工作在甚高频频率段，频率范围 108.00 ~ 118.00 MHz。其中 A 类 VOR 台的频率范围为 112.00 ~ 118.00 MHz，频道间隔为 0.05 MHz，共计有 120 个频道；B 类 VOR 台的频率范围为 108.00 ~ 112.00 MHz，频道间隔为 0.05 MHz，且只取小数点后第一位为偶数的频率，因此共计有 40 个频道。

② 发射功率及作用范围：A 类 VOR 台，用于航路导航，发射功率为 200 W，有效作用距离一般为 200 n mile；B 类 VOR 台，用于终端区引导飞机进场进近，发射功率一般为 50 W，有效作用距离一般为 25 n mile。

③ 航图符号及识别代码：在航图上，VOR 的表示符号为一个带方位圈的六边形，与此同时还会发布该 VOR 导航台的使用频率、识别码、莫尔斯电码、频率和地理坐标。在我国，VOR 台的识别代码为三个英文字符母。如图 4.19 所示为成都双流机场 02 跑道上配置的双流 VOR/DME 台，VOR 频率为 115.7 MHz，识别代码为 CTU。图 4.20 所示为航路且末（QIEMO）VOR/DME 的符号，VOR 频率为 114.3 MHz，识别代码为 QIM，地理坐标是（N38°09.1′，E085°32.2′）。

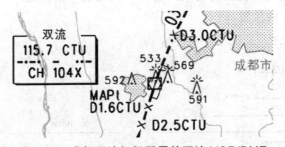

图 4.19　成都双流机场配置的双流 VOR/DME

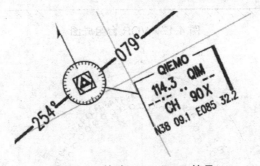

图 4.20　航路 VOR/DME 符号

4. VOR 系统的精度

普通 VOR 的精度一般为 ±2° ~ ±4°，多普勒 VOR 的精度一般在 ±1°以内。

4.3.1.2　机载 VOR 接收机

机载 VOR 接收设备主要包括控制盒、天线、甚高频接收机和指示部分四大部分。如图 4.21 所示为 B737NG 飞机 VOR 系统组成图。机载设备的功能主要是通过天线接收地面 VOR

台的电波，并送入接收机进行处理，将处理后的方位信息（飞机磁方位）送至无线电磁指示器（RMI）显示或与飞行员预调的航道进行对比，将得到的航道偏差信号转变为偏离电压，驱动航道偏离杆，直观显示出飞机的偏航情况。同时，还可将分离出的地面 VOR 台的音频识别信号送至飞机的音频系统供飞行员监听。

大多数飞机的 VOR 接收天线与仪表着陆系统的 LOC 天线共用，安装在垂直安定面上或机身的上部。VOR 接收天线有蝙蝠翼形天线、环形天线以及改进的"V"形偶极子天线等，都可以接收 108.00 ~ 118.00 MHz 的信号。

VOR 接收机用于接收和处理天线送来的方位信息。输出的信号有：音频识别信号，用于识别导航台；方位信息，用于 RMI 指示电台方位和飞机方位；航道偏离信号，用于驱动水平状态指示器（HSI）或航道偏离指示器（CDI）的偏离杆；向背台信号，用于驱动向背指示器；警告信号，用于驱动指示仪表的警告器。

现代飞机的 VOR 控制盒一般都是 VOR 系统、仪表着陆系统和测距仪共用，用于调谐地面台的频率并控制识别音量。

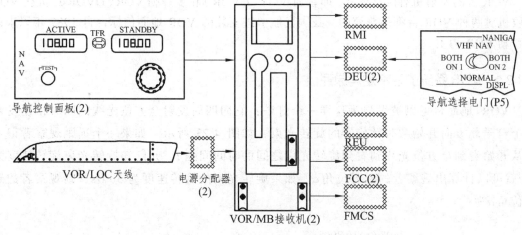

图 4.21　B737NG 机载 VOR 系统组成

如图 4.22 所示是 VOR 导航控制面板示意图。导航控制面板上有一个活动频率指示器（ACTIVE）和备用频率指示器（STANDBY），分别显示当前正使用的导航台工作频率和下一个要使用的频率。频率转换电门（TFR）是一个瞬时作用电门，它将备用频率显示窗中的频率转换到活动频率显示窗。当按压该电门时，活动频率显示窗中的频率转换到备用频率显示窗。

频率选择器是一个可连续旋转的旋钮，有一个内旋钮和一个外旋钮。外旋钮用于设置十位和个位数字，内旋钮用于设置十分位和百分位数字。

"TEST"是检测电门，当按压该电门时，检测指令将送到 VOR／MB 接收机、ILS 接收机和 DME 询问器。

图 4.21 中 VOR 接收机接收的信息将送到指示器、飞行管理计算机（FMCS）、飞行操纵计算机（FCC）、显示电子组件等。其中 VOR 系统的指示器主要有 RMI、HSI 和 CDI，大型

客机采用电子式的 HSI，即 EHSI。

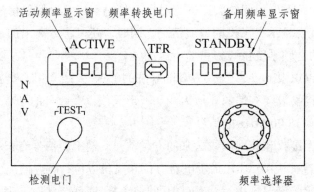

图 4.22　VOR 导航控制板

4.3.2　甚高频全向信标系统的工作原理及误差分析

VOR 台的发射机有两种形式，即普通 VOR（CVOR）和多普勒 VOR（DVOR）。机载 VOR 接收机对两种 VOR 台都是兼容的。我国民航引进安装的 VOR 地面信标台自 1987 年以来以多普勒 VOR 为主。

4.3.2.1　VOR 系统的基本测角原理

VOR 地面台可以被设想为这样一个灯塔：它向四周发射全方位光线的同时，还发射一个自磁北方向开始顺时针旋转的旋转光束，如图 4.23 所示。如果一个远距观察者记录了从开始看到全方位光线到看到旋转光束之间的时间间隔 t，并已知旋转光束旋转速度为 v，就可以计算出观察者的磁方位角 α。如果旋转光束的旋转速度为 30 r/s，则观察者的磁方位角 α 为：

$$\alpha = 360°vt = 10\ 800°t \tag{4.3}$$

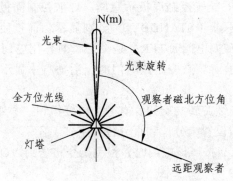

图 4.23　VOR 工作原理说明

实际上，VOR 台发射被两个低频信号调制的射频信号，一个叫基准相位信号，另一个叫

110

可变相位信号。基准相位信号相当于全方位光线，其相位在 VOR 台周围的各个方位上相同；可变相位信号相当于旋转光束，其相位随 VOR 台的径向方位而变。飞机磁方位（相当于观察者磁方位）取决于基准和可变相位信号之间的相位差（相当于看到全方位光线和光束之间的时间差）。机载设备接收 VOR 台发射的基准相位和可变相位信号，并测量出这两个信号的相位差，就可得到飞机磁方位角。

4.3.2.2　CVOR 信号的产生

CVOR 台发射机方框图如图 4.24 所示。CVOR 台发射可变相位和基准相位两种信号，两种信号采用两种不同的调制方式。

基准相位信号的产生：30 Hz 产生器产生 30 Hz 信号，30 Hz 信号对 9 960 Hz 副载波调频，调频副载波再对载波调幅，然后由全向天线发射。

基准相位信号由 VOR 天线系统中的全向天线发射，在空间形成全向水平极化辐射场。由于调制是在发射机内完成的，所以在 VOR 台周围的 360°方位上，30 Hz 调制信号的相位相同。

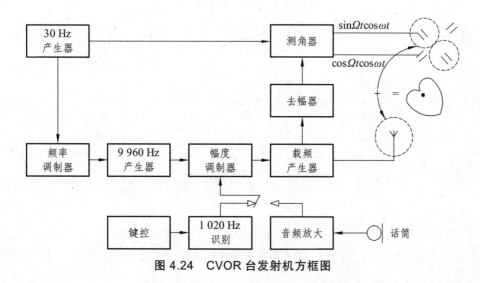

图 4.24　CVOR 台发射机方框图

可变相位信号的产生：可变相位信号在空间形成一个"8"字旋转辐射场。有两种方法可以产生旋转的"8"字方向图：其一是旋转具有"8"字方向图的天线；其二是天线不动，用电气的方法使"8"字方向图旋转。由于旋转天线比较困难，大多采用后一种方法。

从高频发射机取出一部分功率加到调制抑制器（去幅器），去掉调幅部分并进行功率放大，输出没有调制的纯载波。它与基准相位信号的载波是同频同相的，然后加到测角器。测角器把载波分解成 30 Hz 正弦和余弦调制的调幅边带波，即

$\sin\Omega t\cos\omega t$ ——正弦调制的边带波；

$\cos\Omega t\cos\omega t$ ——余弦调制的边带波。

正弦和余弦调制的边带波分别由 VOR 台的可变相位天线发射。可变天线发射的正弦和余弦调制的信号在空间的合成辐射场是一个"8"字形辐射场，并按照 30 r/s 的角速度顺时针旋转。

可变相位信号如图 4.25 所示，天线辐射场在各个方位上的正向最大值出现的时刻不同，随方位角的变化而变化。在正北方向，可变相位信号的正向最大值与基准相位信号的正向最大值同时出现；在正东方向，可变相位信号的正向最大值出现的时刻比基准相位信号的正向最大值出现的时刻延迟 1/4 周期；其他方位以此类推。

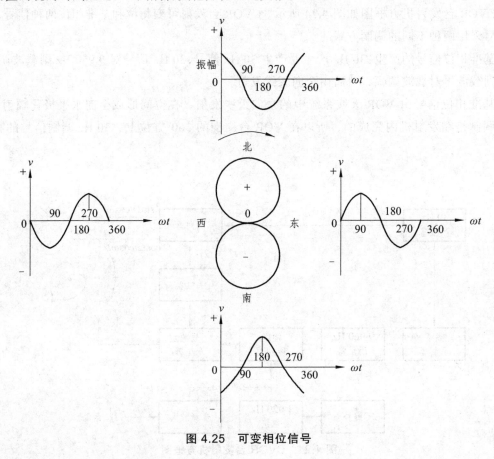

图 4.25　可变相位信号

4.3.2.3　DVOR 信号的产生

1. 多普勒效应

1842 年，奥地利物理学家多普勒发现：当火车向人接近时，汽笛的声调由低到高，当逐渐远离人群时，则由高到低。这个现象说明：如果发声体和接收体之间存在相对的径向运动，则对于接收体来说，接收的频率和发射频率不相等，两者之间的差值即为多普勒频移。1938 年，多普勒频移现象在电磁振荡中得到了证实，如图 4.26 所示。当辐射源 A 向接收点 B 运动时，接收点的频率将和发射点的频率产生一定的差值。若辐射源的频率为 f_T，接收点的频率为 f_R，辐射源的运动速度为 v，电波传播速度为 c，则

$$f_R = f_T c / (c - v) \tag{4.4}$$

相反，若辐射源远离接收点，则接收频率为

$$f_R = f_T c / (c + v) \tag{4.5}$$

由式（4.4）和（4.5）可见：当辐射源和接收点接近时，多普勒频移为正，接收频率大于发射频率；当辐射源和接收点逐渐远离时，多普勒频移为负，接收频率小于发射频率。利用多普勒频移效应设计的 VOR 称为多普勒 VOR，即 DVOR。

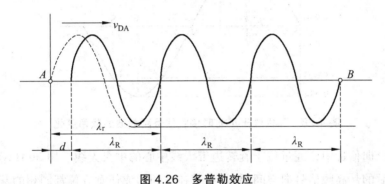

图 4.26　多普勒效应

2. DVOR 工作原理

假设某甚高频信号辐射源 A 以 O 点为圆心，$D/2$ 为半径，并以恒定角速度 ω 做反时针方向的匀速旋转，如图 4.27 所示。当不考虑飞机的运动而只考虑辐射源的逆时针旋转时，只有径向的线速度分量引起接收点飞机处的接收频率产生偏移，辐射源在从 S 转向 N 的过程中，相当于辐射源逐渐接近接收点，因此，接收频率为

$$f_R = f_T c / (c - \pi D F \sin \theta) \tag{4.6}$$

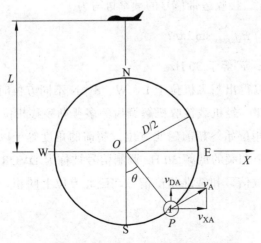

图 4.27　辐射源位于 A 点时的速度分量

式中，F 为辐射源旋转的频率，即 30 r/s（转/秒）。

发射频率和接收频率之差即多普勒频移为

$$\Delta f = f_T - f_R = -f_T \pi DF \sin\theta / (c - \pi DF \sin\theta) \tag{4.7}$$

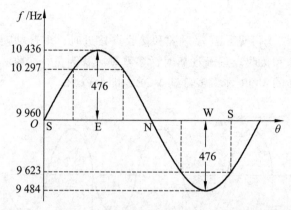

图 4.28　飞机位于正北时接收信号副载波的频率变化

在多普勒全向信标中，通过位于旋转边带天线中心的中央天线、用 30 Hz 对载波 108 ~ 118 MHz 调幅后的甚高频信号向空间辐射，使其在空间形成任意方位都同相的基准相位信号。位于圆周上对称的两个边带天线（副载波的频率为 9960 Hz）以 30r/s 的速率反时针旋转，旋转直径 D 为 13.5 m，其发射的纯边带信号频率为 108 MHz ± 9 960 Hz ~ 118 MHz ± 9 960 Hz。当载波频率为 113 MHz 时，只考虑上边带 113.009 960 MHz。根据以上公式可以计算得出，在正北方向上的飞机接收到的信号最大频移为 476 Hz（边带天线旋转至 E、W 两个方位时）。当边带天线从正南位置开始沿逆时针方向以 30 r/s 的速度旋转时，在正北方向上的飞机 VOR 接收机可检测出对 9 960 Hz 副载波调频的 30 Hz 可变相位信号。如图 4.28 所示，旋转的边带信号被远处飞机接收到的信号实际上是一个以 30 Hz 调制的调频波，其频偏为多普勒频移，按 30 Hz 的正弦规律变化，接收边带信号的频率可写为

$$f_R = f_T \pm f_{Dmax} \sin 2\pi Ft \tag{4.8}$$

式中，f_{Dmax} 为最大频移；F 等于 30 Hz。

根据以上分析，可以得出当飞机位于 E、W、S、N 不同方位时接收到的边带信号频率或副载波频率的变化规律，经机载接收机解调后的多普勒频移相位关系如图 4.29 所示。在顺时针方向上解调出的相位始终超前磁北方位，超前的角度等于以磁北为基准各个接收点所处的径向方位角，这个调频的低频 30 Hz 调制信号被称为 DVOR 可变相位信号。通过设计安装，只要使可变相位信号和基准相位信号在磁北方位上同相，即可比较其相位差并测得飞机磁方位。

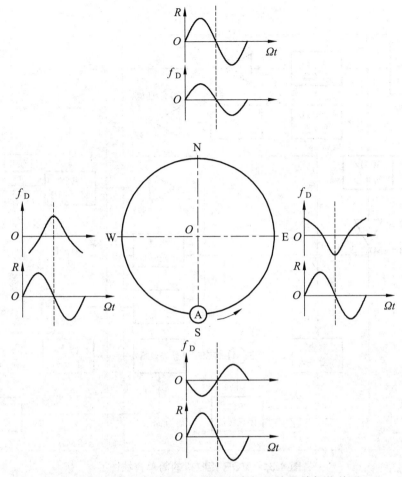

图 4.29　DVOR 基准相位信号和可变相位信号的相位关系

4.3.2.4　机载 VOR 接收机工作原理

　　机载 VOR 接收机对 CVOR 和 DVOR 的信号是兼容的，能接收两种 VOR 的可变相位信号和基准相位信号，并经处理得到飞机方位角。机载 VOR 接收机主要由超外差接收机、滤波器、鉴频器、相位比较器和移相解算器组成，如图 4.30 所示。9960 Hz 副载波经滤波后鉴频，得到 30 Hz 基准相位信号，分别送至移相解算器 A 和移相解算器 B；30 Hz 可变相位信号经 30 Hz 滤波器直接得到，送至相位比较器 C、D、E。在相位比较器 C 中比较基准相位信号和可变相位信号的相位差，将相位差转变成误差信号，使方位电机和差同步器的转子转动，直至两个 30 Hz 信号的相位相同。由差同步器转子带动的 RMI 指针针尾即可指示出飞机所处的径向方位。当飞行员转动 HSI 上的预选航道旋钮设定某一预定航道时，移相解算器 B 将基准相位信号的相位改变相同的角度，然后分别送入相位比较器 D 和相位比较器 E。当移相后的基准信号相位落后于可变信号相位 0°～180° 时，比较器输出正电压驱动 HSI 偏离杆向右移动；如果基准信号相位落后于可变信号相位 180°～360°，则偏离杆向左移动。如果两种信号的相位差绝对值小于 90°，相位比较器 E 输出负电压，驱动 HSI 的 TO/FROM 指示器指示 FROM；若相位差的绝对值大于 90°，则指示 TO。

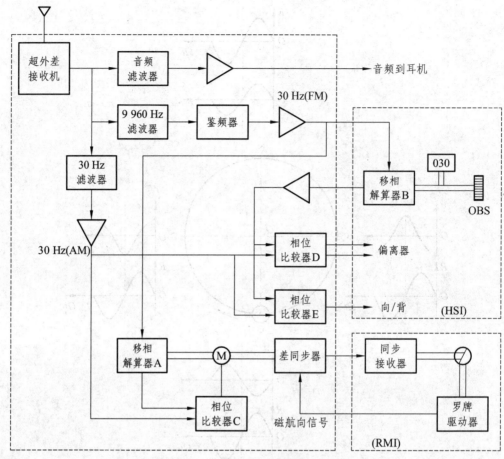

图 4.31　VOR 接收机的简单方块图

4.3.2.5　VOR 的误差分析

整个 VOR 系统的误差，由两大类误差组成：传播误差和设备误差。

1. 传播误差

引起传播误差的主要因素有垂直方向性图效应、场地影响和地形影响。

垂直方向性图效应：由于地面反射波和直达波的相互干涉，垂直面的方向性图会分裂成多瓣状，也就是说，在某些仰角范围内，VOR 信号强度很弱；另外，为了使得 VOR 有足够的作用距离，希望 VOR 天线架高一些，而天线架得越高，波瓣分裂现象也越严重，即造成垂直方向性图效应，为了减小这种效应所造成的误差，一般在天线下面一点附加一个圆的金属反射网。

场地误差是指受那些靠近 VOR 台的地形、地物的影响所产生的误差。地形误差是指那些远离 VOR 台的地形特点（如山丘、森林等）引起的误差。这些误差导致在测定方位时，如果 VOR 台址发生了位移，影响最小的也会使得 VOR 台的方位射线产生不均匀的间隔。所以，对 VOR 台的架设场地和周围的地形提出了严格要求：首先要尽可能使 VOR 台对远处山峰高出地面的角度不超过 3°；在 VOR 台周围 100 m 范围内，地面上的灌木丛和树木应清除干净，地面的凹凸不平不应超过 ±15 m；在 100 m 处，不应有高于 1.5 m 的铁桩、围栏，更不允许有金属网；在 200 m 处不应有高于 10 m 的铁塔；在 500 m 范围内不应有较高的障碍物等。

2. 设备误差

设备误差是设备本身引起的误差，包括地面台的天线间隔误差、接收指示设备误差和极化误差。

地面台的天线间隔误差：主要是由于 VOR 天线系统中形成"8"字形的一对天线之间的间隔与其波长相比不是小很多而造成"8"字形失真引起的，它会使天线系统方向性图的旋转不稳定。

接收指示设备误差：主要来源于接收机和全方位选择器 OBS 的影响。

极化误差：主要是接收垂直极化波引起的，当飞机姿态或 VOR 天线倾斜时，就会产生这种极化误差。飞机相对于 VOR 的仰角越大，即飞行高度越高，极化误差也越大。

由于上述误差的存在，特别是传播误差的影响，CVOR 的精度一般在 ±2°～±4°范围内，DVOR 的精度一般在 ±1°以内。

4.3.3　VOR 机载显示仪表

VOR 机载接收机在接收到地面 VOR 导航台的信号并经过处理后，会获得飞机的磁方位 QDR，并且把 QDR 值送到机载显示器进行显示。

常用的 VOR 机载显示器有水平状态指示器（Horizontal Situation Indicator, HSI），姿态仪（Attitude Director Indicator, ADI）和无线电磁指示器（Radio Magnetic Indicator, RMI）。下面介绍最常用的 HSI 的显示情况。

HSI 可以同时作为 VOR 和 ILS 的显示仪表。HSI 表盘可以提供的信息很丰富，主要包括飞机的磁航向、预选航道、航道偏离指示，在显示 ILS 结果时还可以指示下滑偏离信息，如图 4.31 所示。

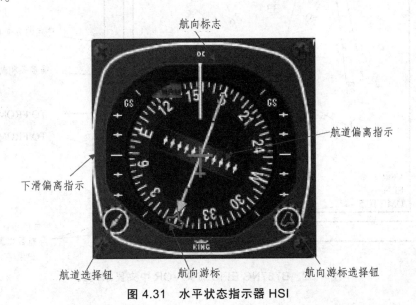

图 4.31　水平状态指示器 HSI

表面上的方位刻度范围为 0 ~ 360°。仪表表面正上方有一个固定航向指标，用来读取飞机的磁航向。表盘上方的警告旗，在系统工作正常时隐而不见；系统故障时，警告旗遮盖在方位刻度盘上。

仪表表面的左下角有一个预选航道旋钮，转动时，刻度盘不动，预选航道指针转动，直至指示预选航道度数为止。表面右下角的预选航向旋钮与方位刻度盘上的航向游标连动，可以预先选择下一边航线的航向，当飞机到达航路点后将自动转向下一边飞行。

下滑指标在表盘左、右两侧的下滑偏离刻度上，指示飞机与正常下滑线的关系。

HSI 上的航道偏离杆可以显示出飞机偏离预选航道的情况：如果航道偏离杆偏在刻度盘中心右侧，表示飞机偏在预选航道的左边；如航道偏离杆偏左，表示飞机偏在预选航道的右边；如航道偏离杆在中央，表示飞机不偏。偏离角度大小由偏离杆偏离中心的点数读出。

HSI 表面设有一个三角形符号，表示飞机和预选航道之间的向、背关系：三角形符号与预选航道指针的指向一致，表明飞机在向台区域飞行；三角形符号与预选航道指针的指向相反，表明飞机在背台区域飞行。

现代大型飞机上，一般会把 HSI 的显示集成到 EFIS 上面进行显示，如图 4.32 所示为 B737NG 的 EFIS 上的 VOR 中央显示模式，图 4.33 所示为 VOR 扩展显示模式。VOR 数据显示在机长和副驾驶 EFIS 显示器上。要显示 VOR 数据，飞行员必须在 EFIS 控制面板上选择 VOR 模式并在导航控制面板上输入有效的 VOR 频率。

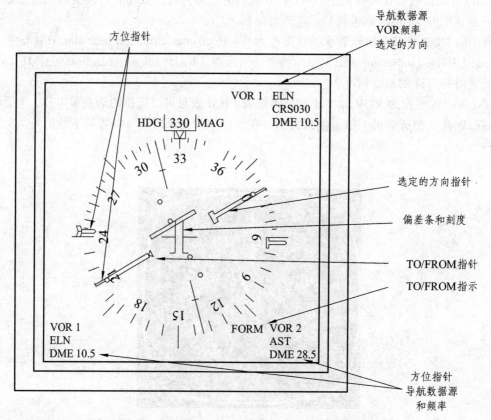

图 4.32　B737NG EFIS 有关 VOR 中央显示模式

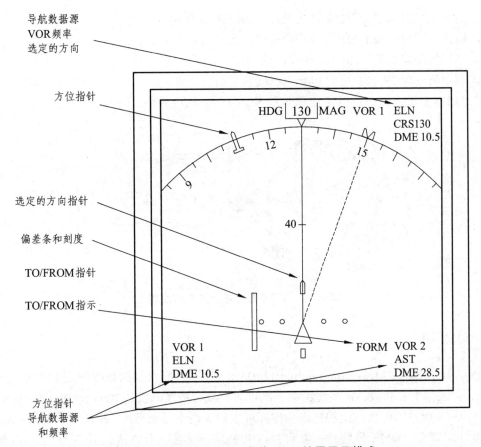

导航数据源
VOR 频率
选定的方向

方位指针

选定的方向指针

偏差条和刻度

TO/FROM 指针

TO/FROM 指示

方位指针
导航数据源
和频率

图 4.33 B737NG EFIS 有关 VOR 扩展显示模式

当在 EFIS 控制面板上将 VOR/ADF 电门设定在 VOR 位时，方位指针 1 和 2 以绿色显示在罗盘刻度边沿的周围，每个方位指针有一个指针头和尾。用于方位指针 1 和 2 的导航数据源以绿色显示在显示器的左下角和右下角，该显示器同时显示活动台站的频率或标识符。

显示器右上角显示的是导航数据源 VOR1、莫尔斯代码 ELN、选定的航道 30°。选定的方向指针指示预选航道 30°。VOR 偏差条表明飞机偏离航道的情况，其中刻度是标准的四点刻度，一点等于 5 度偏差。TO/FROM 指针是一个白色小三角，作为选定的方向指针的一部分。该 TO/FROM 指针只显示在中央 VOR 显示器上。TO/FROM 指示显示在中央和扩展 VOR 显示器的右下角。

4.3.4 VOR 系统的功用

VOR 系统作为使用最广泛的陆基近程测角系统，在民航中，可以引导飞机沿航路飞行，以及在终端区域引导飞机进场和实施非精密进近。其主要功用有：

① 测量电台和飞机之间的方位角，并显示在方位指示器上。

② 利用两个已知位置的 VOR 台，可以对飞机进行 θ-θ 定位；利用 VOR/DME 台，可以实现 ρ-θ 定位。

③ 引导飞机沿选定的 VOR 航线飞行，如图 4.34 所示。

④ 航路 VOR 可以用来作为航路检查点，实行空中交通管制。

⑤ 利用机场安装的 VOR 台，可以引导飞机离场和归航进场。

⑥ 利用机场 VOR 台，可以引导飞机实施非精密进近。

⑦ 与 DME 配合可以进行定位和实现 VOR/DME 区域导航。

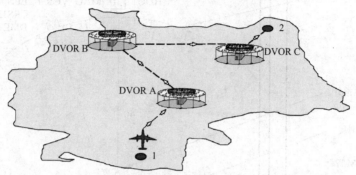

图 4.34　VOR 在航路上的导航原理

4.4　测距机

测距机（Distance Measuring Equipment, DME）是一种高精度的近程脉冲（时间）测距导航系统，它工作于 L 频段。该系统由第二次世界大战时英国研发的 Rebecca-Eureka 系统演变而来，于 1959 年被国际民航组织批准为国际标准的无线电导航系统，并且由《国际民航公约》附件 10 予以规范。DME 导航台一般和 DVOR 同地址合装，有些情况下 DME 也可以和 ILS 下滑台同址合装。

4.4.1　测距机系统的组成

DME 系统是一种询问—应答式脉冲测距系统，可以看成是一种二次雷达系统。它是由机载 DME 询问机和地面测距信标台构成，如图 4.35 所示。

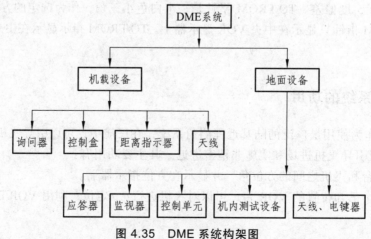

图 4.35　DME 系统构架图

120

1. DME 地面测距信标台

DME 地面测距信标台主要由应答机、监视器、控制单元、测试设备、天线等构成。应答器是 DME 系统地面设备的主要组成部分，它由接收机、视频信号处理电路和发射机组成。接收机的作用是接收、放大和译码所接收的询问信号；视频信号处理电路的主要作用是对询问脉冲译码，并经过一定时间的延迟后，产生编码回答脉冲对；发射机的作用是产生、放大和发送回答脉冲对。

2. DME 机载询问机

机载 DME 系统由天线、询问机、导航控制面板和距离显示应用部分组成。如图 4.36 所示为 B737 飞机的 DME 系统组成图。

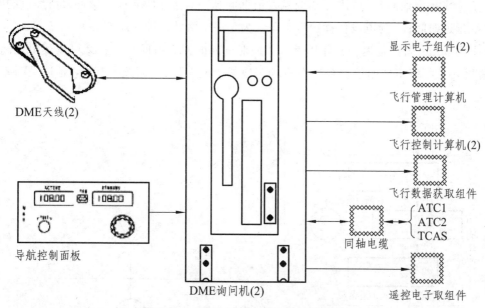

图 4.36　B737 飞机 DME 系统的组成

DME 工作于 L 波段，其天线是短刀型宽频带天线。由于其工作频段和二次雷达的工作频段相同，因此天线的形状和大小也相同，可以互换。

机载 DME 询问器由发射机、接收机和距离测量电路等组成，完成信号的发射、接收和距离的测量。

DME 距离指示器包括无线电磁指示器（RMI）和水平状态指示器（HSI），可以显示飞机到地面 DME 台的斜距、飞机的地速以及飞机到台时间等信息，也可以把距离信息发送到飞行管理计算机（FMCS）、飞行控制计算机系统（FCC）等。

导航控制板向 DME 提供人工调谐频率输入，与 VOR、LOC 共用，机上甚高频导航系统的频率采用统一调谐。DME 频率的选择以及自测试都是在 VHF NAV 控制板上进行的，当机组选择了一个 VOR 或 ILS 的频率，相配对的 DME 地面台的频率也就自动被选定。甚高频导航和 DME 台的频率也可以由飞行管理计算机来自动地选择。

4.4.2　DME 系统的工作原理

4.4.2.1　DME 测距原理

DME 系统测距是从机载询问机向地面信标台发射询问脉冲对开始的，地面信标台接收这些询问脉冲对后，经过系统延时，发射应答脉冲对，再由机载询问机接收这些应答脉冲对，如图 4.38 所示。询问机的距离计算电路根据从发射询问脉冲对至接收到应答脉冲对所经过的时间，计算出飞机到地面信标台的斜距。飞机到地面信标台的斜距可用下式表示：

$$L = (T - \tau)c/2 \tag{4.9}$$

式中，L 为飞机到地面台的斜距；T 为从发射询问脉冲对至接收到应答脉冲对所经过的时间；τ 为系统延迟时间；c 为电波传播速度，可认为是一个常数，即 3×10^8 m/s。

τ 采用 50 μs 固定延迟，其作用是：①使对询问的回答时间统一；②可以读出距离指示器零海里处（相应于地面信标台所在机场跑道的接地点处），因此，50 μs 延迟又叫零海里延迟。

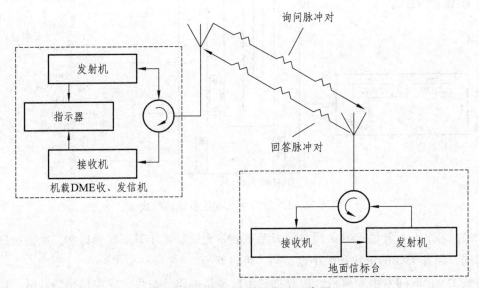

图 4.38　DME 的测距原理示意图

DME 系统测量的是飞机到地面测距台的斜距 L，在飞行的绝大部分时间内，可认为该距离就是飞机到地面测距台的实际水平距离。通常，大型运输机的飞行高度在 30 000 ft（1ft = 0.3048 m）左右，飞机与测距台的距离在 35 n mile 以上时，所测得的斜距与实际的水平距离的误差小于 1%；当飞机在着陆过程中离测距台的距离小于 30 n mile 时，其飞行高度也已较低，所测的斜距与水平距离的误差仍然为 1% 左右。只有飞机保持较高的高度平飞接近测距台时，斜距与实际水平距离之间才会出现较明显的误差。

4.4.2.2 DME 的工作过程

1. 机载询问机的询问

接通测距机的电源，把频率调到所需测距的信标台工作频道上，测距机即可正常工作。但是，只有当飞机进入了系统的有效作用范围，在测距机接收到一定数量的信标台所发射的脉冲对的情况下，测距机才会产生脉冲对询问信号发射，以使信标台产生相应的应答信号。

测距机所产生的询问脉冲信号的重复频率是变化的。当测距机处于跟踪状态时，询问脉冲信号的平均重复频率较低，通常在 10 ~ 30 对/秒；当测距机处于搜索状态时，询问脉冲信号的平均重复频率较高，通常在 40 ~ 150 对/秒；典型测距机在跟踪状态时的平均询问率为22.5 对/s，在搜索状态时为 90 对/秒。现代机载测距机的询问率较低，搜索时可以为 40 对/s，跟踪时则可以低至 10 对/s。不论测距机是在搜索状态还是在跟踪状态，其询问重复频率都是围绕一个平均值随机抖动的。

2. 测距信标台的应答

（1）询问应答与断续发射

测距信标台在接收到询问信号后，经过 50 μs 的延迟，便发射相应的应答信号，以供机载测距机计算斜距，这就是询问应答信号。应答信号和询问信号一样，也是射频脉冲对信号。

地面信标台应能为进入有效作用范围的所有飞机的测距机提供询问应答信号。这样就产生了一个问题，即有时信标台会接收到许多架飞机测距机的询问信号，因而要产生很密集的应答脉冲对；有时又可能只有很少的飞机测距机询问，因而只需产生很少的应答脉冲对；甚至有时还会出现没有飞机测距机询问的情况。为了使测距信标台保持在它的最佳工作状态，且不致因应答重复频率太高而使发射机过载，应使测距台的应答重复频率基本保持不变。一般规定测距信标台应能同时为 100 架飞机提供应答信号，假定这 100 架飞机中 95%的飞机测距机处于跟踪状态，其询问率为 22.5 对/秒，5%的测距机处于搜索状态，其询问率为 90 对/秒，则测距台的应答重复频率为 22.5 × 95 + 90 × 5 = 2587.5 对/秒。考虑到机载测距机的询问率是在一定范围内变动的，地面信标台在满负荷时的应答脉冲重复频率一般规定在 1 000 ~ 2 700 对/秒的范围内。

前面已介绍过，机载测距机是在接收到一定数量的地面台所发射的脉冲信号后，才开始发射询问信号的。如果地面测距台只能在接收到询问信号后才发射应答信号，那么当只有一架飞机进入信标台作用范围时，就会出现信标台因为没有询问信号而不发射应答信号，而测距机又因接收不到一定数量的脉冲信号而不可能发射询问信号的情况。为了避免出现这种情况，在测距信标台中采取用接收机噪声来触发发射机产生脉冲对信号发射的方法，使信标台发射机在询问飞机很少的情况下也维持规定的发射重复频率，以使测距机系统正常发挥其功能。由于噪声所触发的脉冲信号是断续的，可以把测距信标台的这种发射脉冲称为断续发射脉冲，或者称为噪声填充脉冲，以区别于前面所说的在询问信号触发下的应答发射脉冲。

（2）应答抑制

所谓抑制，是指测距信标台在接收到一次询问脉冲对后，使信标台接收机抑制一段时间。抑制的时间一般为 60 μs，特殊情况下可达 150 μs。

在抑制的寂静期内，信标台不能接收询问脉冲。采取这一措施的目的是防止多径反射信号触发应答。机载测距机发射的询问信号，除了沿视线直接到达信标台外，还可能经地面上其他目标或飞机本身反射后沿折线到达信标台。如不加抑制，则这种多径反射信号也可能触发测距信标台产生应答脉冲信号，从而干扰系统的正常工作。由于沿折线到达信标台的反射信号总是在直达询问信号之后到达的，所以使信标台接收机在接收到一次询问信号后抑制一段时间，便可以防止这类多径反射信号触发应答。

（3）信标台的识别信号

为了便于机组判别正在测距的测距信标台是否是所选定的测距信标台，信标台以莫尔斯电码发射三个字母的识别信号。识别信号由点、划组成，点持续 0.1 ~ 0.125 s，划持续 0.3 ~ 0.37 s。在点、划持续期内，信标发射机所发射的是 1 350 对/秒的等间隔脉冲对，而不是随机脉冲对。在点、划之间的空隙内，仍发射随机间隔的脉冲对。

识别信号每隔 30 s 发射一次，每次所占用的时间不超过 4 s。

所以，测距信标台所发射的射频脉冲信号可以分为三类：一类是由询问信号触发产生的应答脉冲对，这类应答脉冲对的数量取决于发出询问的机载测距机的多少；另一类是由测距信标台接收机噪声所触发的断续发射脉冲对；第三类是固定的识别信号脉冲对。第一、二类信号都是随机间隔的脉冲对，识别信号则是等间隔的脉冲对。

（4）机载测距机的接收

机载测距机在每发射一对询问脉冲后即转入接收状态。所接收的信号中，既可能有测距信标台对自己询问的应答信号，也包括信标台对众多的其他飞机测距机的应答脉冲，此外还包括信标台的断续发射脉冲信号及识别信号。

需要说明的是，即使飞机处于系统的覆盖范围之内，也并不是所有的询问都能得到应答。这是因为，在众多飞机询问的情况下，测距信标台每接收到一次询问信号，均会使接收机进入 60 μs 的抑制期，从而使在后续的 60 μs 内到达的询问信号得不到应答。除此之外，本架飞机上的二次雷达应答机在回答地面二次雷达询问的发射期间，以及在另一套测距机的询问期间均会对本套测距机抑制约 30 μs。测距信标台发射识别信号的点、划期间，也会使询问信号得不到应答。

考虑各种导致询问得不到应答的因素后，计算表明机载测距机所能得到的应答百分数约为 82%。通常，测距机均设计成能够在 50% 甚至更低的应答率的情况下正常工作，所以即使有一部分询问得不到应答，测距机也是完全能够正常工作的。

（5）测距

测量机载测距机从发出询问信号到接收测距信标台应答信号所经历的时间 T，即可计算飞机和信标台之间的斜距。若时间以 μs 计算，距离以海里（n mile）计算，则距离可由下式给出：

$$L = \frac{T-50}{12.359} \tag{4.10}$$

式中的 12.359 是射频信号往返 1 n mile 所经历的时间(μs)。

（6）频闪搜索技术

机载询问机要测定从发射询问脉冲对到接收应答脉冲对的时间，关键在于识别出地面应答器对机载询问器本身的应答信号。接收信号可能包括地面台对自己询问信号的应答信号、对其他飞机测距机询问的应答信号以及地面信标台断续发射的脉冲和识别信号。为了识别地面应答机的应答信号，机载询问机是采用频闪搜索技术来实现的。频闪搜索技术，就是从众多的应答信号中识别出对自己的应答信号。其基本原理是：使询问器在开始询问的一段时间内，产生一串重复频率随机变化的询问脉冲对，于是地面台对飞机的应答脉冲对重复频率也按同一规律随机变化。由于它们的变化规律是随机的，具有独特的变化形式，因而可以和其他飞机询问和地面台应答脉冲对重复频率的随机变化加以区别，这样就可以使询问器辨认出对自己询问的应答。

4.4.3　DME 系统的信号特征及功用

4.4.3.1　DME 系统的信号特征

1. 工作频率及 X/Y 波道

DME 系统工作于 L 波段，其工作频率为 962 ~ 1 213 MHz，频道间隔为 1 MHz，共有 252 个波道。机载询问机的频率为 1 025 ~ 1 150 MHz。为了避免询问信号和应答信号的相互干扰，信标台的发射频率比询问频率高或低 63 MHz。

在 252 个波道中，所采用的脉冲对的时间间隔有两种，分别称为 X 波道和 Y 波道。X 波道的询问脉冲对间隔为 12 μs，应答脉冲对间隔与询问脉冲对间隔一致，也是 12 μs，如图 4.38（a）所示；Y 波道的询问脉冲对间隔为 36 μs，但应答脉冲对间隔则为 30 μs，与询问脉冲间隔是不同的，如图 4.38（b）所示。所有询问及应答脉冲的宽度均为 3.5 μs。

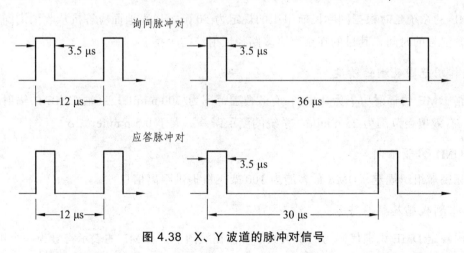

图 4.38　X、Y 波道的脉冲对信号

X、Y 波道的询问频率与应答频率的关系如图 4.39 所示。询问频率范围是 1 025 ~ 1 150 MHz，波道间隔为 1 MHz，共 126 个询问频率。应答采用 X、Y 的波道安排，则共有 252 个应答波道，分别为 1X ~ 126X 和 1Y ~ 126Y 波道。

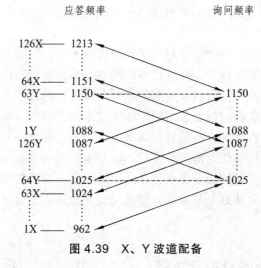

图 4.39　X、Y 波道配备

对于 DME 系统，这 252 个波道中的 52 个是不用的，不采用的波道是 1～16X/Y 和 60～69X/Y。由于测距机通常是和 VOR 和 ILS 联用的，而 VOR 和 ILS 一共只有 200 个波道，所以测距机也只需要 200 个波道与之配对使用。另外，测距机和二次雷达工作在同一频段，二次雷达所使用的频率是 1 030 MHz 和 1 090 MHz，尽管两者采用了不同的脉冲编码，为避免可能产生的相互干扰，测距机不使用该频率。

2. 脉冲对重复频率

为保证机载询问器的正常工作以及地面应答器的容量限制，地面信标台在满负荷时的应答脉冲重复频率一般规定在 1 000～2 700 对/秒的范围内。

3. 系统延时

DME 的系统延时根据国际民航组织的规定为 50 μs，代表地面应答机从收到询问信号到发射应答信号的时间，其目的在于克服多路径反射波的干扰。

4. 作用范围及测距精度

航路 DME 的辐射功率为 1 kW，有效覆盖范围为 200 n mile；终端 DME 的辐射功率为 100 W，有效覆盖范围为 25 n mile。系统的测距误差不大于 0.5 n mile（2σ）。

5. DME 容量限制

国际民航组织规定，DME 最多能为 100 架飞机提供距离信息。

6. 识别代码及航图符号

我国规定 DME 识别代码为三个英文字母。在航图上，DME 的表示符号为一个正方形。由于 DME 一般和 VOR 或 ILS 下滑台合装在一起，因此，在航图上一般以数据框的形式给出导航设施的频率、识别码、DME 波道号以及导航台安装位置的地理坐标。如图 4.40 所示为嘉峪关 VOR/DME 台的符号，其 VOR 频率为 114.5 MHz，识别代码为 CHW，DME 波道

92X，地理位置为（N39 51.0，E098 21.0）。图 4.41 所示为首都机场与 ILS 下滑台合装的 DME 的符号。

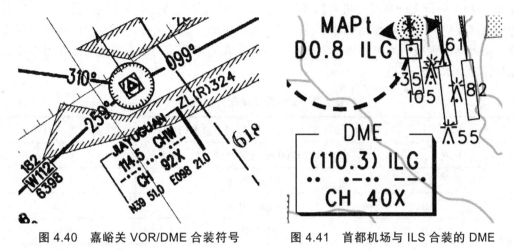

图 4.40　嘉峪关 VOR/DME 合装符号　　　图 4.41　首都机场与 ILS 合装的 DME

4.4.3.2　DME 系统的功用

DME 系统可测量飞机距离导航台的斜距，由于它往往和 VOR 或 ILS 的下滑台合装，所以在民航中主要具有以下几种功能：

①　回避禁区或者危险区。

②　与 VOR 配合使用可以实现测距测向（ρ-θ）定位，两个 DME 台可以实现测距测距（ρ-ρ）定位。

③　沿 DME 圆弧可以加入起始进近或等待程序。

④　与 ILS 配合使用可以为最后进近的飞机提供连续的距离信息。

⑤　与 NDB、VOR 配合可实施 NDB/DME、VOR/DME 非精密进近。

⑥　与 VOR 配合可实现 VOR/DME 区域导航（RNAV），多个 DME 可以实现 DME/DME 区域导航。

4.5　仪表着陆系统

4.5.1　仪表着陆系统概述

仪表着陆系统（Instrument Landing System, ILS）是目前国际国内在机场终端区引导飞机精密进近着陆的主要着陆引导设备，俗称盲降系统。ILS 在 1939 年由美国研制成功，1949年被 ICAO 定为飞机标准进近和着陆设备。由于在仪表着陆系统的辅助下，飞行员可以在低能见度天气或无法建立目视参考的条件下驾驶飞机进近着陆，故又将其称为盲降系统。

ILS 提供的引导信号，由驾驶舱指示仪表显示。飞行员根据仪表的指示操纵飞机或使用自动驾驶仪"跟踪"仪表的指示，使飞机沿着跑道中心线的垂直面和规定的下滑角，引导飞机到跑道入口的水平面以上的最低允许高度，然后再由飞行员看着跑道操纵飞机目视着陆。

ICAO 根据在不同气象条件下的着陆能力，对仪表着陆分类等级进行了划分，使用能见度（VIS）或跑道视程（RVR）和决断高（DH）两个量规定了 3 类着陆标准，如表 4.2 所示。决断高（DH）是指飞行员对飞机着陆或复飞做出判断的最低高度。在此高度上，飞行员根据能否清晰地看到跑道，对继续着陆或拉升复飞做出决断。决断高在中指点信标或内指点信标上空，由低高度无线电高度表测量。跑道视程是指在跑道表面的水平方向上能在天空背景上看见物体的最大距离（白天）。

表 4.2 仪表着陆等级分类标准

等级		能见度（VIS）/跑道视程（RVR）	决断高（DH）
Ⅰ 类		VIS800 m 或 RVR550 m	60 m
Ⅱ 类		RVR350 m	30 m
Ⅲ 类	ⅢA 类	RVR200 m	0 m
	ⅢB 类	RVR50 m	0 m
	ⅢC 类	RVR0 m	0 m

根据着陆标准，仪表着陆系统的设施也分成 3 类，分别与 ICAO 规定的着陆标准相对应，并且使用相同罗马数字和字母来表示。ILS 系统是根据系统的精度和运用的能见度极限来分类的。系统总的精度应包括"台址"误差、障碍物影响、跑道长度和跑道设备配置以及设备精度等。

各类 ILS 系统设施能达到的运用条件如下：

Ⅰ 类设施的运用性能：在能见度不小于 800 m 或跑道视距不小于 550 m 的条件下，以高的进场成功概率，能将飞机引导至 60 m 的决断高。

Ⅱ 类设施的运用性能：在跑道视程不小于 350 m 的条件下，以高的进场成功概率，能将飞机引导至 30 m 的决断高。

ⅢA 类设施的运用性能：没有决断高限制，在跑道视距不小于 200 m 的条件下，着陆的最后阶段凭外界目视参考，引导飞机至跑道表面，因此叫作"看着着陆"（see to land）。

ⅢB 类设施运用性能：没有决断高限制，也不依赖外界目视参考，一直引导到跑道表面，接着在跑道视程 50 m 的条件下，凭外界目视参考滑行，因此叫作"看着滑行"（see to taxi）。

ⅢC 类设施的运用性能：无决断高限制，不依靠外界目视参考，能沿着跑道表面着陆和滑行。

ILS 系统能够满足 Ⅰ、Ⅱ类着陆标准，例如配合飞行指引仪或自动驾驶仪来完成 Ⅱ 类着陆标准的自动着陆。但是 Ⅲ 类着陆要求有更复杂的辅助设备相配合。Ⅲ 类着陆标准不仅进近和着陆必须使用自动控制设备，而且滑跑和滑行也必须在其他电子设备的控制下完成。

4.5.2 仪表着陆系统的组成和功用

仪表着陆系统包括三个分系统：提供横向引导的航向信标系统、提供垂直引导的下滑信标系统和提供距离引导的指点信标系统。每一个分系统又由地面发射设备和机载接收设备组成。

仪表着陆系统地面台由航向信标台（Localizer, LOC）、下滑信标台（Glide Slope, GS）和指点信标台（Marker Beacon, MB）组成，如图4.42所示。

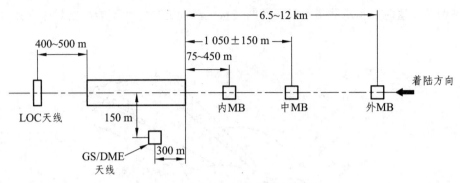

图 4.42　ILS 地面台的组成

航向信标天线产生的辐射场，在通过跑道中心延长线的垂直平面内，形成航向面或航向道，如图 4.43 所示，用来提供飞机偏离航向道的横向引导信号，从而引导飞机沿航向道飞行。

下滑信标台天线产生的辐射场形成下滑面，如图 4.43 所示。下滑面与跑道水平面的夹角，根据机场净空条件，可在 2°～ 4°之间变化。下滑信标用来产生飞机偏离下滑面的垂直引导信号，从而在最后进近的过程中为飞机提供连续的高度引导。

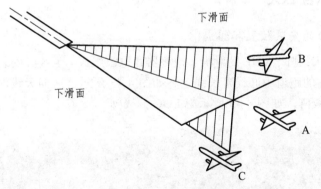

图 4.43　航向和下滑信标产生的引导信号

航向面和下滑面的交线，定义为下滑道。飞机在最后进近阶段实施 ILS 进近时，就是沿下滑道下降和着陆。

指点信标台装在顺着着陆方向的跑道中心延长线的规定距离上，分别叫作内、中、外指点信标。每个指点信标台发射垂直向上的扇形波束。只有在飞机飞越指点信标台上空的不大范围时，机载接收机才能收到发射信号。飞行员根据接收到不同指定信标的音频、识别和灯光信号，可以判断飞机在哪个指点信标的上空，从而判定到跑道头的距离和飞行高度。

航向信标和下滑信标发射信号组合的结果,在空间形成一个矩形延长的角锥形进近航道,如图 4.44 所示。其中航向道宽度约为 4°,下滑道宽度为 1.4°。飞机在这个角锥形内进近,飞机偏离航向面和下滑面的角度与机载指示器指示的角度值成比例;在这个角锥形之外,指示器满刻度偏转,这时,指示器指示只能判断飞机偏离的方向,而不能给出具体度数。

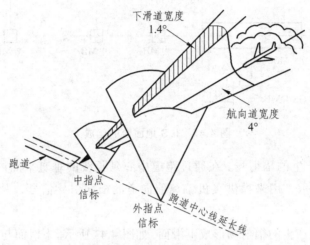

图 4.44　飞机进近示意图

4.5.3　航向信标台 LOC

1. 航向信标台的安装位置和组成

航向信标台由天线阵、VHF 发射机、检测器和电源组成。天线阵安装在着陆方向跑道远端以外 400~500 m 的跑道中心线延长线上,如图 4.42 所示。航向天线面向主降方向安装,分左天线阵和右天线阵。如图 4.45 所示为 LOC 天线阵。

图 4.45　LOC 天线阵

航向信标发射机示意图如图 4.46 所示，包括 90 Hz/150 Hz 信号产生器、VHF 振荡器和 90 Hz/150 Hz 调制器。

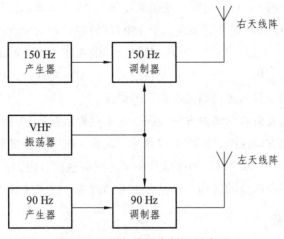

图 4.46　航向信标发射机示意图

2. 航向信标工作原理

仪表着陆系统有两种调制制度：比相制和比幅制。比相制是比较两个信号的相位来确定飞机的偏离情况，主要在俄罗斯和东欧一些国家使用；比幅制是比较两个信号的幅度来确定飞机的偏离情况，主要在欧美和东南亚一些国家使用。当前 ICAO 确定比幅制为国际民航通用的制度，我国的 ILS 都采用比幅制。

航向信标发射机的信号产生过程如图 4.46 所示。VHF 振荡器产生 108.10～111.95 MHz 频段中的任意一个航向信标频率，分别加到两个调制器。一个载波用 90 Hz 信号调幅，另一个用 150 Hz 信号调幅，两个通道的调幅度相同。调制后的 90 Hz 和 150 Hz 信号分别通过左天线阵和右天线阵发射，在空间产生两个朝着陆方向、有一边相重叠的相同形状的定向波束，左波束用 90 Hz 正弦波调幅，右波束用 150 Hz 正弦波调幅，如图 4.47 所示。两个波束组合的航道宽度约为 4°，发射功率约为 100 W。

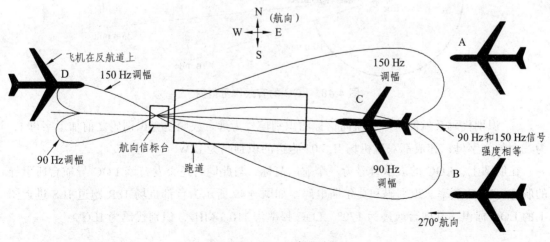

图 4.47　航向信标辐射场

131

在两个波束相重叠的中心线部分，90 Hz 和 150 Hz 调制信号的幅度相等，形成航向面，定义为航向道，并调整它与跑道中心线相重合。

当飞机在航向道上时，90 Hz 调幅信号的幅度等于 150 Hz 调幅信号的幅度；若飞机偏离到航向道的左边，90 Hz 调幅信号的幅度大于 150 Hz 调幅信号的幅度；若飞机偏离到航向道的右边，90 Hz 调幅信号的幅度小于 150 Hz 调幅信号的幅度，如图 4.48 所示。机载设备的功能就是接收和处理航向信标台的发射信号，经放大、检波等处理后，比较两个调幅信号的幅度，从而在导航显示器上显示飞机偏离航向道的情况。

有的航向信标天线发射双向辐射方向性图，它不仅提供跑道方向的天线方向性图，也提供跑道相反方向的天线方向性图，如图 4.47 所示。两个天线方向性图的主要区别是 90 Hz 和 150 Hz 调幅信号是相反的，即 90 Hz 调幅信号在反进近航道的右边，150 Hz 调幅信号在左边；另外，航向信标天线不在跑道的远端，而是在跑道的近端。这个区域叫作反航道。

3. 航向信标的功能

航向信标天线产生的辐射场，在通过跑道中心延长线的垂直平面内，形成航向面或航向道，用来提供飞机偏离航向道的横向引导信号，从而引导飞机沿航向道飞行。

4. 航向信标的性能指标

① 工作频率：航向信标的工作频率为 108.10 ~ 111.95 MHz，小数点后第一位为奇数，以 0.05 MHz 为间隔，共 40 个频道。

② 作用范围：跑道中心线两侧 10° 以内为 25 n mile，10° ~ 35° 为 17 n mile，大于 35° 为 10 n mile，如图 4.48 所示。

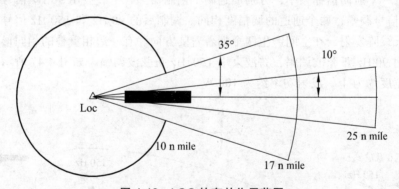

图 4.48　LOC 的有效作用范围

③ 识别代码及航图符号：航向信标的识别信号为远台或归航台识别码之前加上字母 I，为三个英文字母，如成都双流机场 ILS 02 跑道的识别码为 IZW。

在航图上，LOC 的表示符号为一个航向箭标，与此同时还会发布该 LOC 导航台所引导的航迹、LOC 频率、识别码和莫尔斯电码。如图 4.49 所示为首都机场 18R 跑道 ILS 进近图上的 LOC 标识，其向台航迹为 179°，LOC 频率为 110.3 MHz，识别代码为 ILG。

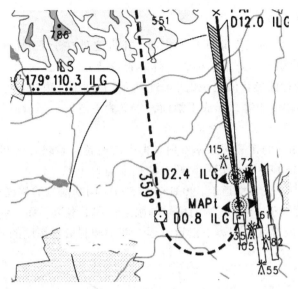

图 4.49 首都机场 18R 跑道 ILS 进近图上的 LOC 标识

4.5.4 下滑信标台（GS）

1. 下滑信标台的安装位置和组成

下滑信标台一般安装在主着陆方向跑道头左侧或右侧，远离建筑物的一侧，距入口 250 m 左右，距中心线 150 m 左右，如图 4.42 所示。下滑信标台由天线、UHF 发射机、检测器和电源组成。下滑信标台的天线通常安装在一个垂直的铁架上，由两个或三个处于不同高度的水平振子天线组成，其辐射的信号都形成上下两个波瓣。如图 4.50 所示为重庆江北机场配置在跑道一侧的下滑信标台。

图 4.50 重庆江北机场配置在跑道一侧的下滑信标台

2. 下滑信标工作原理

下滑信标和航向信标的工作原理基本相似，不同之处在于下滑信标的工作频率在 UHF 频段，对飞机提供垂直引导。下滑信标天线阵顺着着陆方向上发射两个与跑道平面成一定仰角，并有一边相重叠的相同形状波束，如图 4.51 所示。在两个波束相重叠的中心线部分，90 Hz 和 150 Hz 调制信号的幅度相等，形成下滑面，定义为下滑道。下滑面与跑道水平面的夹角，根据机场的净空条件，可在 2°～4° 之间选择。

两个波束信号以相同的超高频频率发射，但上波瓣超高频载波被 90 Hz 低频信号调幅，下波瓣超高频载波被 150 Hz 低频信号调幅，调幅度均为 40%。

从图 4.52 可以看到，在下滑道上，90 Hz 和 150 Hz 调制信号的幅度相等；在下滑道上面，90 Hz 调制信号的幅度大于 150 Hz 调制信号的幅度；在下滑道下面，90 Hz 调制信号的幅度小于 150 Hz 调制信号的幅度。偏离下滑道越远，两个调制信号幅度的差值就越大。

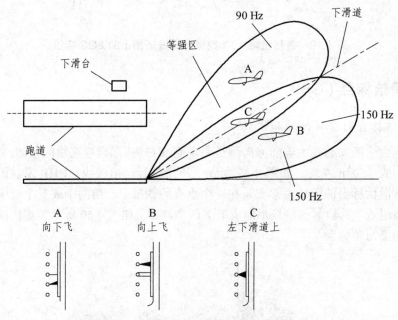

图 4.51　下滑信标天线辐射场和偏离指示

3. 下滑信标的功能

下滑信标台天线产生的辐射场形成下滑面，下滑面与跑道水平面的夹角可在 2°～4° 之间变化。下滑信标用来产生飞机偏离下滑面的垂直引导信号，从而在最后进近的过程中为飞机提供连续的高度引导。

4. 下滑信标的性能指标

① 工作频率：下滑信标的工作频率范围是 329.15～335.00 MHz，频率间隔为 150 kHz，共 40 个波道。航向信标和下滑信标的工作频率是配对工作的。

② 作用范围：跑道中心线两侧 8° 以内，0.35θ（θ 为下滑角）以上，1.75θ 以下，最远覆盖范围为 10 n mile，如图 4.52 所示。

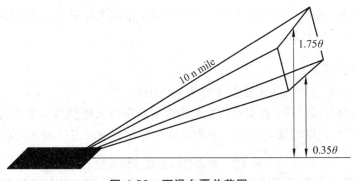

图 4.52 下滑台覆盖范围

③ 识别代码及航图符号：下滑信标台的识别代码及航图符号和航向信标台的相同。

4.5.5 指点信标台（MB）

1. 指点信标台的安装位置

根据机场安装的仪表着陆系统的类别，指点信标台的安装方式有两台制和三台制两种，装在着陆方向的跑道中心延长线的规定距离上，分别叫作（内）、中、外指点信标。外指点信标距跑道入口的距离为 6 500 ~ 11 100 m，通常为 7 200 m；中指点信标距跑道入口的距离为 (1050 ± 150)m；内指点信标距跑道入口距离为 75 ~ 450 m，如图 4.42 所示。对于 I 类仪表着陆系统的机场，只需要设置外、中指点信标，其决断高在中指点信标上空，我国民航大多数机场均采用这种安装方法；Ⅱ/Ⅲ类仪表着陆系统应设置内指点信标台，Ⅱ类的决断高在内指点标上空。外、中指点信标台可根据飞行程序要求由与下滑信标台合装的 DME 代替。

2. 指点信标台的组成

指点信标台由发射机、监控器、遥控盒和天线组成。天线系统发射的电磁波为水平极化波，辐射的最大方向位于天线的正上方。指点信标台方向性图如图 4.53 所示，其发射的扇形波束能在高度和航道宽度上对航道进行覆盖。

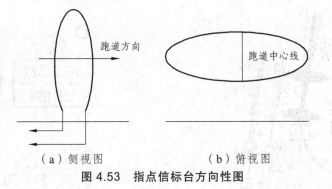

（a）侧视图　　　　　　　　　（b）俯视图

图 4.53 指点信标台方向性图

3. 指点信标的功能

指点信标台垂直发射锥形波束，引导飞机飞到预定的高度。其中外指点信标指示下滑道截获点；中指点信标用来测定 I 类着陆标准的决断高位置点，即下滑道通过中指点信标台上空的高度约为 60 m；内指点信标用来测定 Ⅱ 类着陆标准的决断高位置点，即下滑道通过内指点信标台上空的高度约为 30 m。

4. 指点信标的性能指标

① 工作频率：指点信标的工作频率均为 75 MHz。

② 指点信标的覆盖范围：各指点信标台均发射扇形波束以便覆盖整个航道宽带，而不同指点信标要满足不同高度覆盖的需要。各指点信标覆盖范围规定如表 4.3 所示。

表 4.3　指点信标覆盖范围规定

指点信标	高度/m	宽度
内指点信标	150 ± 50	在整个航向道宽度内能达到正常指标
中指点信标	300 ± 100	
外指点信标	600 ± 200	

③ 指点信标的识别：为了便于飞行员识别飞机正在飞越哪个指点信标台上空，以便知道飞机距离跑道入口的预计距离，各个指点信标台的发射频率采用不同的音频编码键控制和灯光指示，如表 4.4 所示。

表 4.4　指点信标台发射调制音频、识别码和机上灯光指示

指点信标	调制音频/Hz	识别码	机上灯光指示
外指点信标	400	连续发射，每秒 2 划	蓝色（或紫色）
中指点信标	1 300	连续交替拍发点、划	琥珀色（或黄色）
内指点信标	3 000	连续拍发，每秒 6 点	白色

④ 航图符号：在航图上，指点信标台的表示符号为一个全黑叶片状样式。图 4.54 所示为首都机场 18R 跑道配置的两台制指点信标台。图 4.55 所示为首都机场 36R 跑道配置的三台制指点信标台。

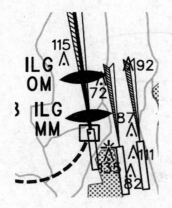

图 4.54　首都机场 18R 跑道配置的
两台制指点信标台

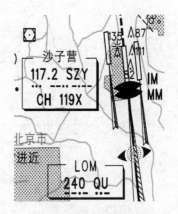

图 4.55　首都机场 36R 跑道配置的
三台制指点信标台

4.5.6 仪表着陆系统的机载设备

4.5.6.1 仪表着陆系统机载设备的组成

仪表着陆系统机载设备由天线、多模式接收机、导航控制板、指示器和相关机载设备组成。如图 4.56 所示为 B737NG 飞机的 ILS 机载设备组成图。其中天线包括航向天线、下滑天线和指点标天线。多模式接收机能够接收航向信标台、下滑信标台和指点信标台的信号。导航控制面板向多模式接收机提供频率调谐输入，导航控制面板同时在一条分离的数据总线上向 VOR 和 DME 系统发送调谐输入。由于下滑信标的频率和航向信标的频率一一对应，当飞行员调谐航向信标台的频率后，下滑信标台的频率将自动调谐。

多模式接收机与下列部件之间有数字接口：机长和副驾驶导航控制面板、飞行数据获取组件（FDAU）、备用姿态指示器、近地警告计算机（GPWC）、飞行管理计算机（FMC）、显示电子组件（DEU）和飞行控制计算机（FCC）。ILS 指示器主要有水平状态指示器和姿态指引仪。

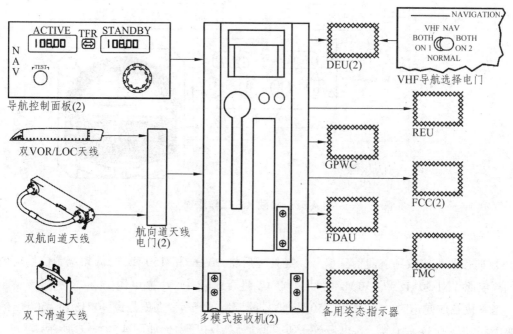

图 4.56 ILS 机载设备的组成

4.5.6.2 机载 ILS 的工作原理

机载 ILS 的工作原理如图 4.57 所示，航向接收机和下滑接收机的工作原理基本相同。当飞行员在控制盒上调谐航向信标台的频率后，下滑信标台的频率即自动调谐。航向信标（下滑信标）信号由天线接收后送至预选器，预选器筛选出有用的航向台（下滑台）信号。预选信号和来自航向（下滑）合成器的本振信号在混频器中混频后，产生中频信号，并送至检波器进行航向（下滑）检波。检波器解调出 90 Hz 和 150 Hz 的低频调制信号和监听信号，分两路送出。一路信号送至监控电路，用于检查信号的有效性和信号强度；另一路信号送至航向（下滑）偏离电路，比较 90 Hz 和 150 Hz 信号的调幅度并产生偏离电压，根据偏离电压的极性和大小来驱动航向（下滑）偏离指针，向飞行员提供航向（下滑）偏离情况。

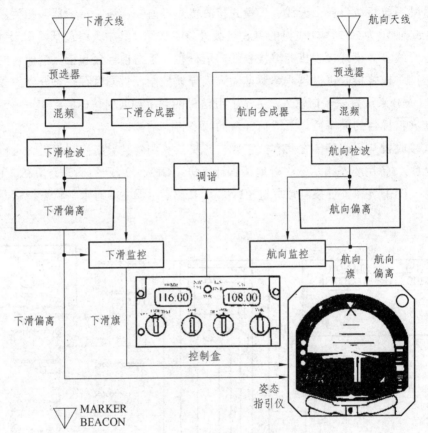

图 4.57　机载 ILS 工作原理

1. 航向偏离指示原理

航向接收机接收到航向信标信号，经处理后将 90 Hz 和 150 Hz 的低频调制信号送至航向偏离电路，对 90 Hz 和 150 Hz 信号的调幅度进行比较并产生差电压。

当飞机在航向道时，90 Hz 和 150 Hz 信号的调制度相等，也就是说 90 Hz 和 150 Hz 的信号幅度相等，即 $V_{90} = V_{150}$，差电压等于零，航道偏离杆居中，如图 4.58 中 C 所示。

当飞机在航向道左侧时，90 Hz 信号的调幅度大于 150 Hz 信号的调制度，也就是说 90 Hz 信号的幅度大于 150 Hz 信号的幅度，即 $V_{90} > V_{150}$，差电压使指示器的指针（航道偏离杆）向右偏，如图 4.58 中 B 所示。根据仪表指示，飞行员应当操纵飞机向右切入航向道。

当飞机在航向道右侧时，90 Hz 信号的调幅度小于 150 Hz 信号的调制度，也就是说 90 Hz 信号的幅度小于 150 Hz 信号的幅度，即 $V_{90} < V_{150}$，差电压使指示器的指针（航道偏离杆）向左偏，图 4.58 中 A 所示。根据仪表指示，飞行员应当操纵飞机向左切入航向道。

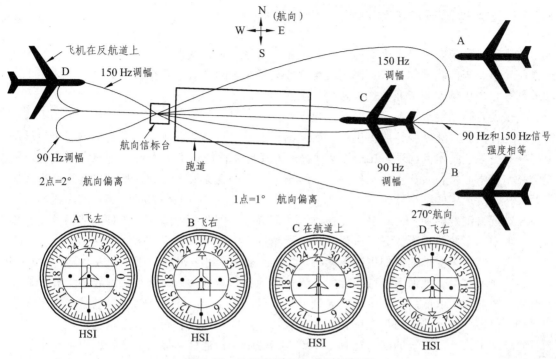

图 4.58 飞机偏离航向道指示情况

2. 下滑偏离指示原理

下滑接收机接收到下滑信标信号,经处理后将 90 Hz 和 150 Hz 的低频调制信号送至下滑偏离电路,对 90 Hz 和 150 Hz 信号的调幅度进行比较并产生差电压。

当飞机在下滑道上时,90 Hz 和 150 Hz 信号的调制度相等,也就是说 90 Hz 和 150 Hz 的信号幅度相等,即 $V_{90} = V_{150}$,差电压等于零,下滑偏离指针居中,如图 4.51 中 C 所示。

当飞机在下滑道上方时,90 Hz 信号的调幅度大于 150 Hz 信号的调制度,也就是说 90 Hz 信号的幅度大于 150 Hz 信号的幅度,即 $V_{90} > V_{150}$,差电压使指示器的下滑偏离指针向下偏移,如图 4.51 中 A 所示。根据仪表指示,飞行员应当操纵飞机向下切入下滑道。

当飞机在下滑道上方时,90 Hz 信号的调幅度小于 150 Hz 信号的调制度,也就是说 90 Hz 信号的幅度小于 150 Hz 信号的幅度,即 $V_{90} < V_{150}$,差电压使指示器的下滑偏离指针向上方偏移,如图 4.51 中 B 所示。根据仪表指示,飞行员应当操纵飞机平飞或减小下降率切入下滑道。

指点标接收系统由接收机、天线、信号灯和音响系统组成。天线收到信号以后,经 75 MHz 的滤波器滤波后送入变频器。变频后,输出 4.6 MHz 的中频信号。再经过检波输出低频信号至耳机和灯光驱动电路。当飞机过外指点标时,灯光驱动电路 400 Hz 滤波器滤出 400 Hz 的低频信号,座舱中的蓝色指点标灯燃亮。当飞机过中指点标时,灯光驱动电路 1300 Hz 滤波器滤出 1 300 Hz 的低频信号,座舱中的琥珀色指点标灯燃亮。当飞机过内指点标时,灯光驱动电路 3 000 Hz 滤波器滤出 3 000 Hz 的低频信号,座舱中的白色指点标灯燃亮。另外,当飞机飞越指点标上空时,耳机中分别发出 400 Hz、1 300 Hz 和 3 000 Hz 的音频音响信号。

4.5.7　仪表着陆系统的特点

仪表着陆系统能引导飞机实施Ⅰ、Ⅱ、Ⅲ级精密进近，其保障着陆能力强，在飞行中操纵方便简单。当前我国的大多数民用机场都安装了Ⅰ类仪表着陆系统，在北京、广州、上海和成都等几个机场安装了Ⅱ类仪表着陆系统。

但仪表着陆系统也存在一些明显的缺点：

首先，仪表着陆系统只能提供单一而又固定的下滑道，随着飞机种类的增多、飞机性能的提高和更先进技术的出现，ILS 的这种进近方式也显得适应不了发展。由于 ILS 进近航线规定在跑道中心延长线所在的平面内，下滑角又很小，这无疑会引起大型飞机接近城市和居民区飞行时所产生的低空噪声污染问题。由于进近航线长，对某些机动性能好的飞机而言，用 ILS 进近将浪费燃油；尤其是只能提供一条下滑线，因此不能适应各机种的使用需要，也从根本上限制了曲线进近、分段进近和大下滑角进近等各种灵活进近方式的使用。

其次，信号易受地面及周围物体影响。ILS 的航向台和下滑台分别工作在 VHF 和 UHF 频段，天线尺寸大，地面天线结构庞大，受地形地物影响极大，对天线场地要求十分严格。如航向天线前方 120 m 的范围内地面高低变化要求小于 15cm，而且任何方向的坡度都不大于 1∶100；信标台一定范围内不允许有高大建筑物、高压输电线、树木、金属栅栏等。

此外，仪表着陆系统的缺点还有：LOC 频率与 VHF 通信、导航频率近，易互相干扰；提高着陆等级涉及面广；频道窄，可选频道少；对净空条件要求高。

4.6　惯性导航系统

4.6.1　惯性导航系统概况

惯性导航（Inertial Navigation）是利用惯性敏感元件测量飞机相对惯性空间的线运动和角运动参数，在给定的运动初始条件下，由计算机推算出飞机的姿态、方位、速度和位置等参数，从而引导飞机完成预定的航行任务。

惯性导航系统经历了长期的发展过程。1923 年，德国教授舒勒发现陀螺具有 84.4 min 的周期，它将保持在重力平衡位置；第二次世界大战末期，德国 V-2 火箭安装了初级的惯性导航系统，即采用两台陀螺仪和一台横向加速度表，再加上一台模拟计算机来调整火箭飞行的方位；1949—1950 年，美国麻省理工学院和北美航空公司研制出第一台惯性导航平台；20世纪 50—60 年代，惯性导航系统主要用于军事，70 年代后，广泛用于各个方面；随着捷联式惯性导航系统的出现和发展，其应用更为广泛，如激光陀螺惯导系统已在波音 757/767、A310 等飞机上使用，精度达到 1.85 km/h 的量级，波音 777 采用了光纤陀螺的捷联惯性导航系统，其平均故障间隔时间可高达 20 000 h。

惯性导航是一种自主式的导航方法。惯性导航系统依靠自身的惯性敏感元件，不依赖任何外界信息测量导航参数，因而惯性导航系统的突出优点是：

① 由于它是不依赖于任何外部信息，也不向外部辐射能量的自主式系统，故是完全自主式的导航系统，其隐蔽性好且不受外界电磁干扰的影响。

② 可全天候、全球、全时间地工作于空中、地球表面乃至水下。

③ 能提供位置、速度、航向和姿态角数据，所产生的导航信息连续性好而且噪声低。

④ 数据更新率高、短期精度和稳定性好。

但是惯性导航系统也存在一些缺点，例如：

① 由于导航信息经过积分而产生，定位误差随时间而增大，长期精度差。

② 每次使用之前需要较长的初始对准时间。

③ 设备的价格较昂贵。

④ 不能给出时间信息。此外，陀螺、加速度计、计算机的精度要求高，成本也高。

4.6.2 惯性敏感元件

惯性导航系统最主要的惯性敏感元件是加速度计和陀螺仪。这两种元件是根据牛顿力学定律测量飞机相对惯性空间的线运动和角运动参数的。用这两种惯性元件与其他控制元件、计算机等组成的测量导航参数的系统，称为惯性导航系统(Inertial Navigation System, INS)，简称惯导系统。

4.6.2.1 加速度计

加速度计是测量运载体线加速度的仪表。加速度计由检测质量(也称敏感质量)、支承、电位器、弹簧、阻尼器和壳体组成，如图 4.59 所示。检测质量受支承的约束只能沿一条轴线移动，这个轴常称为输入轴或敏感轴。当仪表壳体随着运载体沿敏感轴方向作加速运动时，根据牛顿定律，具有一定惯性的检测质量力图保持其原来的运动状态不变。它与壳体之间将产生相对运动，使弹簧变形，于是检测质量在弹簧力的作用下随之加速运动。当弹簧力与检测质量加速运动时产生的惯性力相平衡时，检测质量与壳体之间便不再有相对运动，这时弹簧的变形反映了被测加速度的大小。电位器作为位移传感元件把加速度信号转换为电信号，以供输出。

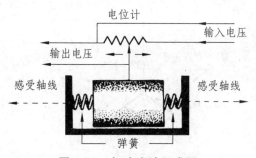

图 4.59　加速度计组成图

加速度计是惯性导航系统的核心元件之一，依靠它对力的测量，完成惯导系统加速度的测量，从而确定载体的位置、速度以及产生跟踪信号。载体加速度的测量必须十分准确地进行，而且是在由陀螺稳定的参考坐标系中进行。在不需要进行高度测量的惯导系统中，只要两个加速度计就可以完成上述任务，否则需要三个加速度计。

4.6.2.2 陀螺仪

绕一个支点高速转动的刚体称为陀螺。通常所说的陀螺特指对称陀螺，它是一个质量均匀分布的，具有轴对称形状的刚体，其几何对称轴就是它的自转轴。

人们利用陀螺的力学性质所制成的各种功能的陀螺装置称为陀螺仪。陀螺仪被广泛用于航空、航天和航海领域。这是由于它的两个基本特性：一个是定轴性（inertia or rigidity），另一个是进动性（precession）。这两种特性都是建立在角动量守恒的原则下。综上，陀螺仪是根据角动量守恒定律而制造的精确测量相对空间的角速度和角位移的装置，具有定轴性和进动性两大特性。

1. 定轴性

当陀螺转子高速旋转时，若没有任何外力矩作用在陀螺仪上，陀螺仪的自转轴在惯性空间中的指向保持稳定不变，即指向一个固定的方向，同时反抗任何改变转子轴向的力量。这种物理现象称为陀螺仪的定轴性或稳定性。转子的转动惯量愈大，稳定性愈好；转子角速度愈大，稳定性愈好。

2. 进动性

当转子高速旋转时，若外力矩作用于外环轴，陀螺仪将绕内环轴转动；若外力矩作用于内环轴，陀螺仪将绕外环轴转动。其转动角速度方向与外力矩作用方向互相垂直。这种特性，叫作陀螺仪的进动性。进动角速度的方向取决于动量矩 H 的方向（与转子自转角速度矢量的方向一致）和外力矩 M 的方向，而且是自转角速度矢量以最短的路径追赶外力矩。进动方向可用右手定则判定，如图 4.60 所示。即伸直右手，大拇指与食指垂直，手指顺着自转轴的方向，手掌朝外力矩的正方向，然后手掌与四指弯曲握拳，则大拇指的方向就是进动角速度的方向。进动角速度的大小取决于转子动量矩 H 的大小和外力矩 M 的大小：进动角速度 = M/H。进动性的大小受三个因素的影响：

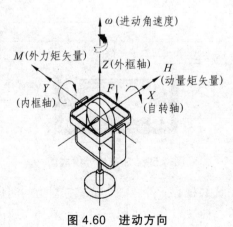

图 4.60　进动方向

① 外界作用力愈大，进动角速度也愈大。

② 转子的转动惯量愈大，进动角速度愈小。

③ 转子的角速度愈大，进动角速度愈小。

从陀螺的诞生到现在，虽然已有 100 多年的历史，但近几十年陀螺及其相关技术才得到快速发展，特别在 20 世纪 80 年代以后更是突飞猛进。20 世纪 90 年代以后，光纤陀螺技术发展迅速。它不仅可以用于舰艇、导弹、飞机等高性能的导航与制导系统，而且，如果采用集成电路及集成光路技术，进一步减小其体积、质量，降低其成本，提高可靠性、稳定性和耐用性，还可以在民用运载工具方面得到广泛的应用，所以陀螺技术在国防和国民经济的建设中发挥了极其重要的作用。

4.6.3 平台式惯导系统

4.6.3.1 平台式惯导系统概况

惯导系统的分类方法很多，按结构可分为两大类：平台式惯导系统和捷联式惯导系统。

平台式惯导系统由三轴陀螺稳定平台（包含陀螺仪）、加速度计、导航计算机、控制显示器等部分组成，其中加速度计和陀螺仪都安置在平台上。如图 4.61 所示，加速度计输出的信息，送到导航计算机，导航计算机除计算飞机位置、速度等导航信息外，还要计算对陀螺的施矩信息。陀螺在施矩信息作用下，通过平台稳定回路控制平台跟踪导航坐标系在惯性空间的角运动。而飞行的姿态和方位信息，则从平台的框架上直接测量得到。平台式惯导系统的计算量小，容易补偿和修正测量仪表的输出，但是结构复杂，尺寸大。

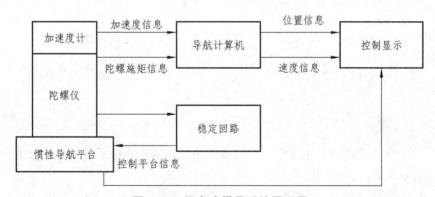

图 4.61 平台式惯导系统原理图

4.6.3.2 平台式惯导系统的工作原理

惯性导航系统是根据惯性原理，通过测量飞机对地面运动的水平加速度，求出飞机的地速向量和位置。

假设飞机在地球表面的飞行距离不远，因而可以认为飞机在一个平面内飞行；又假设飞机飞行的时间不长，因而可以认为地球不转，即不考虑地球的自转运动。在上述假设条件下，设想在飞机上做一个平面装置，即平台，这个平台的台面始终平行于当地的水平面。在这个平台上，沿北—南方向放置一个加速度计 A_Y，沿东—西方向放置一个加速度计 A_X，如图 4.62 所示。当飞机起飞后，两个加速度计可以随时测出飞机沿东—西和北—南方向的线加速度 α_X 和 α_Y，即可计算飞机飞机沿 X 和 Y 轴的速度，即 v_X 和 v_Y：

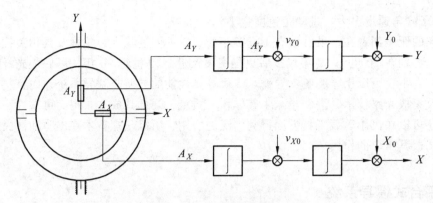

图 4.62　惯性导航原理图

$$v_X = v_{X0} + \int_0^t a_X \mathrm{d}t \qquad (4.11)$$

$$v_Y = v_{Y0} + \int_0^t a_Y \mathrm{d}t \qquad (4.12)$$

式（4.11）和（4.12）中 v_{X0} 和 v_{Y0} 是飞机在 X 和 Y 轴的初始速度。求得飞机沿 X 轴和 Y 轴方向的速度 v_X 和 v_Y，即可得到飞机的地速 GS：

$$GS = v_X + v_Y \qquad (4.13)$$

用速度对时间的积分，即加速度对时间的二重积分；就可得距离：

$$X = X_0 + \int_0^t v_X \mathrm{d}t \qquad (4.14)$$

$$Y = Y_0 + \int_0^t v_Y \mathrm{d}t \qquad (4.15)$$

在实际的平台式惯性导航系统中，导航坐标系采用地理坐标系，飞机的位置一般都用地理经纬度 λ 和 φ 来表示，则用经纬度表示的飞行器位置为：

$$\varphi = \varphi_0 + \int_0^t v_X \mathrm{d}t \qquad (4.16)$$

$$\lambda = \lambda_0 + \int_0^t v_Y / (R\cos\varphi)\, \mathrm{d}t \qquad (4.17)$$

式（4.16）和（4.17）中，R 为地球半径；λ_0、φ_0 表示飞机的初始位置。

4.6.4　捷联式惯导系统

4.6.4.1　捷联式惯导系统概述

捷联式惯导系统（Strap-down Inertial Navigation）中没有实际的陀螺稳定平台，加速度

144

计和陀螺直接安装在机体上，是用计算机建立的"数学平台"来替代实际的平台。

如图 4.63 所示，导航加速度计和陀螺直接安装在飞机上，用陀螺测量的角速度信息减去计算的导航坐标系相对惯性空间的角速度，则得到机体坐标系相对导航坐标系的角速度，利用这个信息进行姿态矩阵的计算。有了姿态矩阵，就可以把机体坐标系轴向的加速度信息变换到导航坐标系轴向，然后进行导航计算。同时利用姿态矩阵的元素，提取姿态和航向信息。所以，姿态矩阵的计算、加速度信息的坐标变换、姿态航向角的计算，这三项功能实际上就代替了导航平台的功能。

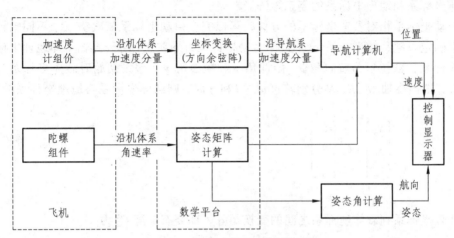

图 4.63　捷联式惯导系统原理图

4.6.4.2　捷联式惯导姿态矩阵的计算

捷联式惯导系统的姿态更新就是利用陀螺测量的载体角速度实时计算姿态矩阵。由于载体的姿态角速率较大，可高达 400°/s，所以姿态矩阵的实时计算，对计算机提出了更高的要求。姿态矩阵的实时计算是捷联惯导的关键技术，也是影响捷联惯导精度的重要因素。

1. 常用的导航坐标系

姿态矩阵的计算，需要对捷联式惯导加速度计测量的加速度进行坐标变换。捷联式惯导系统应用于不同的导航环境，往往采用不同的坐标系，其常用的坐标系包括：

① 地心惯性坐标系（i 系）：用 $ox_iy_iz_i$ 表示，原点是地球中心，x_i、y_i 轴在地球赤道平面内，x_i 轴指向春分点（赤道面与黄道面交线与天球的交点之一，是天文测量中确定恒星时的起始点），z_i 轴为地球自转轴。

② 地球坐标系（e 系）：用 $ox_ey_ez_e$ 表示，原点为地球中心，x_e、y_e 轴在地球赤道平面内，x_e 轴指向本初子午线，z_e 轴为地球自转轴。

③ 地理坐标系（t 系）：用 $ox_ty_tz_t$ 表示，原点为载体重心，x_t 轴指向东（即 E），y_t 轴指向北（即 N）z_t 指向天（即 U）。地理坐标系相对于地球坐标系的方位关系就是载体的地理位置（经度 λ 和纬度 L）。

④ 载体坐标系（b 系）：用 $ox_by_bz_b$ 表示，原点为载体的重心，x_b 轴沿载体横轴向右，y_b 轴沿载体纵辅向前，z_b 轴沿载体立轴向上。该系与载体固连，载体坐标系相对于地理出标系的方位关系就是载体的航向和姿态。

⑤ 导航坐标系（n 系）：用 $ox_n y_n z_n$ 表示。导航坐标系是惯导系统在求解导航参数时采用的坐标系。飞机导航时往往采用地理坐标系作为导航坐标系。

2. 姿态矩阵的计算

载体的姿态和航向是载体坐标系和地理坐标系之间的方位关系，两坐标系之间的方位关系问题，实质上等效于力学中的刚体定点转动问题。在刚体定点转动理论中，描述动坐标系相对参考坐标系方位关系的方法有欧拉角法、四元数法和方向余弦法。下面以欧拉角法为例计算载体坐标系和地理坐标系的姿态矩阵。

一个动坐标系相对参考坐标系的方位，可以完全由动坐标系依次绕三个不同轴转动的三个转角来确定。把载体坐标系 $ox_b y_b z_b$ 作为动坐标系，导航坐标系 $ox_t y_t z_t$（即地理坐标系）作为参考坐标系，欧拉角为航向角 ψ、俯仰角 θ 和横滚角 γ。假设初始时载体坐标系与参考坐标系重合，则当绕轴 U、E、N 分别转过 ψ、θ 和 γ 时，则载体坐标系与地理坐标系的关系为：

$$\begin{bmatrix} x_b \\ y_b \\ z_b \end{bmatrix} = \boldsymbol{C}_n^b \begin{bmatrix} x_n \\ y_n \\ z_n \end{bmatrix} \tag{4.18}$$

从地理坐标系到载体坐标系之间的变换矩阵，即姿态矩阵 $\boldsymbol{C}_n^b$ 为

$$\boldsymbol{C}_n^b = \boldsymbol{C}_r \boldsymbol{C}_\theta \boldsymbol{C}_\psi \tag{4.19}$$

$$= \begin{bmatrix} \cos\gamma & 0 & -\sin\gamma \\ 0 & 1 & 0 \\ \sin\gamma & 0 & \cos\gamma \end{bmatrix} \begin{bmatrix} 1 & 0 & 0 \\ 0 & \cos\theta & \sin\theta \\ 0 & -\sin\theta & \cos\theta \end{bmatrix} \begin{bmatrix} \cos\psi & \sin\psi & 0 \\ -\sin\psi & \cos\psi & 0 \\ 0 & 0 & 1 \end{bmatrix} \tag{4.20}$$

$$= \begin{bmatrix} \cos\gamma\cos\psi + \sin\gamma\sin\psi\sin\theta & -\cos\gamma\sin\psi + \sin\gamma\cos\psi\sin\theta & -\sin\gamma\cos\theta \\ \sin\psi\cos\theta & \cos\psi\cos\theta & \sin\theta \\ \sin\gamma\cos\psi - \cos\gamma\sin\psi\sin\theta & -\sin\gamma\sin\psi - \cos\gamma\cos\psi\sin\theta & \cos\gamma\cos\theta \end{bmatrix}$$

所以，从载体坐标系到地理坐标系之间的变换矩阵，即 $\boldsymbol{C}_b^n$ 为

$$\boldsymbol{C}_b^n = \left(\boldsymbol{C}_n^b\right)^T = \begin{bmatrix} \cos\gamma\cos\psi + \sin\gamma\sin\psi\sin\theta & \sin\psi\cos\theta & \sin\gamma\cos\psi - \cos\gamma\sin\psi\sin\theta \\ -\cos\gamma\sin\psi + \sin\gamma\cos\psi\sin\theta & \cos\psi\cos\theta & -\sin\gamma\sin\psi - \cos\gamma\cos\psi\sin\theta \\ -\sin\gamma\cos\theta & \sin\theta & \cos\gamma\cos\theta \end{bmatrix}$$

$$\tag{4.21}$$

4.6.4.3　捷联式惯导系统的特点

在捷联式惯导系统中，由于用计算机实现的数学平台取代了平台式惯导系统以物理形式

实现的惯性导航平台，因此，捷联式惯导系统有以下独特优点：

① 去掉了复杂的平台机械系统，系统结构极为简单，减小了系统的体积和质量，同时降低了成本，简化了维修，提高了可靠性。

② 无常用的机械平台，缩短了整个系统的启动准备时间，也消除了与平台系统有关的误差。

③ 无框架锁定系统，允许全方位（全姿态）工作。

④ 除能提供平台式系统所能提供的所有参数外，还可以提供沿载体三个轴的速度和加速度信息。

但是，由于在捷联式惯导系统中，惯性元件与载体直接固连，其工作环境恶劣，因此对惯性元件及机载计算机等部件也提出了较高的要求：

① 要求加速度计在宽动态范围内具有高性能、高可靠性，且具有数字输出。

② 因为要保证大仰角下的计算精度，对计算机的速度和容量都提出了较高的要求。

4.6.5　惯性导航系统的误差

惯性导航系统的误差源有许多，其中主要有陀螺仪和加速度计本身的误差、安装误差和标度误差，系统的初始条件误差，系统的计算误差以及各种干扰引起的误差等。平台式惯导和捷联式惯导虽有较大的差别，但因其基本工作原理没有本质的区别，因而基本误差特性大致上是相同的，不同的只是误差的大小有别，如捷联式系统的计算误差、环境条件引起的误差等较大。

惯导系统的误差源有两类：一类是确定性的，另一类是随机性的。两类误差源引起的系统误差特性不同。

4.6.5.1　确定性误差源引起的系统误差特性

惯导系统中确定性误差源主要有陀螺仪和加速度计的安装误差、标度误差，初始条件误差，系统的计算误差等。

① 安装误差：陀螺仪和加速度计在安装时由于安装角度偏差而引起的误差，称为安装误差。

② 标度误差：加速度计和陀螺仪的输出是脉冲，每一个脉冲信号代表一个速度增量 q_A（对加速度计）或一个角度增量 q_g（对陀螺仪），q_A 称为加速度计的标度因子，q_g 称为陀螺仪的标度因子。q_A 和 q_g 是通过测试确定的，并存在计算机内。在工作过程中，每次采样后，将采样得到的脉冲数乘以标度因子就得到所要的增量。标度误差就是指在工作中的实际标度因子和存放在计算机内的标度因子可能不一致，从而引起的误差。

③ 初始条件误差：由于初始条件的不准确而引起的系统误差称为初始条件误差。初始条件误差将引起常值的经度误差，以及系统其他振荡误差。

④ 计算误差：由于计算模型、计算速度及字长所引起的误差称为计算误差。计算误差通常包括：量化误差、不可交换性误差、计算方法上的截断误差、计算机有限字长的舍入误差。

上述确定性误差源可以通过补偿方法加以消除。

4.6.5.2　随机性误差源引起的系统误差特性

确定性误差源引起的误差得到补偿后，随机性误差源就成为影响系统精度的主要误差源。在随机性误差源的作用下，惯导系统误差是随时间增大的。系统的随机性误差源有很多，其中主要的有陀螺漂移的零位偏置和加速度计的零位偏置。

陀螺漂移的零位偏置指由于随机漂移而导致陀螺仪零位产生偏差。陀螺的随机漂移除白噪声外，主要的是有色噪声，包括随机常数、随机斜坡、随机游动和马尔柯夫过程。

加速度计的零位产生偏差将引起系统误差。加速度计的零位偏置是随机的，这一随机误差是随机偏置、随机斜坡和两种马尔柯夫过程的组合。

4.6.6　惯导系统的初始对准

由惯导系统原理可知，惯导系统在进入正常的导航工作状态之前，应当首先进行系统的初始化工作。

4.6.6.1　初始对准方法和分类

通过光学或机电方法，将外部参考坐标系引入平台，使平台对准在外部提供的姿态基准方向，称为受控式对准；利用惯导系统本身的敏感元件（陀螺和加速度计）测得的信号，结合系统原理进行自动对准，称为自主式对准。

根据对准精度的不同，可把初始对准过程分为粗对准和精对准。粗对准是直接利用加速度计和陀螺仪的信号控制平台或计算初始姿态阵，在较短的时间内使平台系大致对准导航系或粗略地计算出初始姿态阵。在这一粗对准步骤中，对准精度没有严格要求，但要求对准速度快，即要求尽快将平台对准在一定的精度范围内，为下一步精对准提供良好的条件。精对准在完成粗对准后立即进行，使之达到系统对准的精度要求。

自主对准包括水平对准和方位对准。方位对准是在水平对准的基础进行的。

4.6.6.2　平台式惯导系统的初始对准

惯性平台是测量加速度的基准，这就要求开始测量加速度时，平台应处于预定的坐标系内，否则会因平台误差而引起加速度的测量误差。当平台系统启动时，一般来说，它既不在水平面内，又没有确定的方位。也就是说，在一般情况下，实际的平台系与预定的平台系之间的偏差角是很大的，若不进行平台对准，整个惯导系统是无法工作的。所以，在惯导系统开始工作时，将平台调整到预定的坐标系内，是十分重要的问题，这也是平台式惯导系统初始对准的实质。

4.6.6.3　捷联式惯导系统的初始对准

1. 系统的对准实质

捷联式惯导系统的一个关键问题就是：在外场条件下，满足环境条件与时间限制的初始对准，即系统必须在飞机受阵风、登机、装载等各种干扰运动的影响下，在较短的时间内以一定的精度确定出从机体坐标系到导航坐标系的初始转换矩阵。所以，系统的初始对准实质上就是确定初始时刻的姿态阵。

2. 系统的对准方法

① 粗对准：在这一阶段，依靠重力矢量及地球速率矢量的测量值，直接估算从机体坐标系到导航参考坐标系的变换矩阵。

② 精对准：在这一阶段，通过处理惯性仪表的输出信号，精校计算的参考系与真实参考系间的小失准角，建立精确的初始变换矩阵。

4.6.7　惯性基准系统

民航新引进的大、中型飞机，如波音和空中客车等，均装备有激光陀螺惯性基准系统（IRS），这种系统实质上就是使用激光陀螺的捷联式惯性导航系统。激光陀螺惯性基准系统（以下简称"惯性基准系统"）的可靠性较高，制造成本较低，因此，它得到了广泛的应用。

4.6.7.1　惯性基准系统的组成

IRS 由惯性基准组件（IRU）、方式选择组件（MSU）和控制显示组件（CDU）三大部分组成，但装备在不同的飞机上时有不同的组合形式。如图 4.64 所示为波音 737-300 飞机上的装备形式，包括两个惯性基准组件 IRU、一个公用的惯性基准系统显示组件 ISDU 和一个公用的方式选择组件 MSU。图 4.65 所示为 B757、B767 飞机上的装备形式，包括三个惯性基准组件 IRU、一个公用的惯性基准方式板 IRMP。惯性基准方式板实际上就是惯性基准显示组件 ISDU 和方式选择组件 MSU 的组合。

向惯性基准系统输入信号的设备主要有大气数据计算机系统和飞行管理计算机系统。大气数据系统向惯性基准系统输入气压高度、气压垂直速率和真空速。前两个参数用来与惯性系统垂直通道组合计算飞机的高度和惯性垂直速度，而输入真空速主要用来计算风速、风向、偏流角等。飞行管理系统可以用来向惯性基准系统引入起始数据。同时，IRS 也向飞行管理计算机系统输送飞机经纬度位置、真航向、磁航向、南北和东西加速度、俯仰角和倾斜角、高度、升降速度、地速等数据。

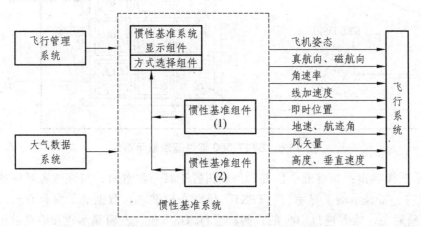

图 4.64　B737-300 惯性基准系统组成图

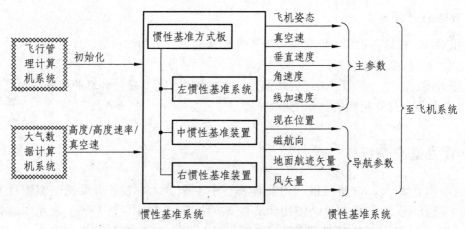

图 4.65　B757、B767 惯性基准系统组成图

惯性基准组件是惯性基准系统的核心组件。惯性基准组件内部主要有固联于箱体上的三个激光陀螺、三个挠性加速度计和不同数量的电子插件。

惯性基准显示组件和方式选择组件主要用作系统控制、数据引入、系统状态通告和导航信号选择显示。图 4.66 所示为 B737-300 的惯性基准显示组件，其面板包括：

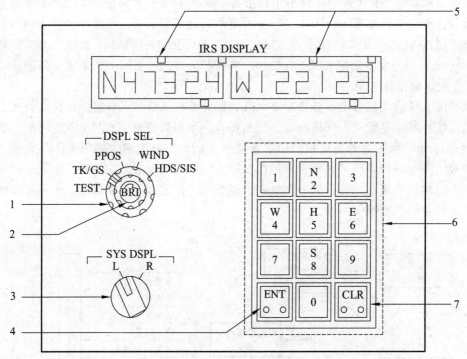

图 4.66　B737-300 惯性基准显示组件

① 显示选择旋钮：共有五个位置，当旋钮置于某一位置时，与该位置对应的一组导航参数分别在左、右显示器上显示。"TEST"位，在校准时，数据显示窗和方式选择组件所有的指示灯瞬时亮，接着进行 10 s 的自测；"TK/GS"位，左窗显示现在的真航迹，右窗显示现在的地速；"PPOS"位，显示即时位置的经、纬度；"WIND"位，显示现在的风向/

150

风速(气象风);"HDG/STS"位,左窗显示现在的真航向,右窗显示相关的维护状态代码,校准过程中,右窗显示自对准时间或状态号。

② 亮度控制旋钮:转动该旋钮可调节数据显示的亮度。

③ 系统选择电门:用来从两套惯性基准系统中选择一套供显示。

④ 输入键(ENT):按压后,输入的数据引入惯性基准系统。

⑤ 显示窗口:分为左显示窗和右显示窗,可显示导航参数、状态参数等。

⑥ 数字/字母键:共有 10 个按键,用于引进初始经、纬度数据及磁航向数据。

⑦ 清除键(CLR):对需要清除的数据进行清除。

图 4.67 所示为 B737-300 的方式选择组件,包括方式选择电门以及方式和状态通告(显示)牌(灯)。

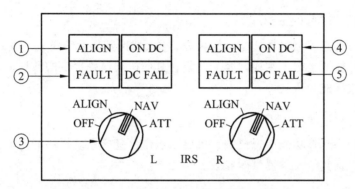

图 4.67　B737-300 方式选择组件

① 对准(ALIGN)指示灯:在系统进行自对准的过程中,白色的"ALIGN"通告牌稳定地亮,经过约 10 分钟自对准完成;如果自对准时方式选择电门在"ALIGN"位,则应将电门转到"NAV"位,通告牌灭;如果自对准时方式选择电门在"NAV"位,自对准完成时通告牌自动熄灭。当惯性基准系统测量到下述情况之一时,通告牌闪亮:系统不能完成自对准;飞机发生移动;上次位置与现在引进的位置间存在较大误差或引进了不合理的现在位置;没有引进现在位置。当方式选择电门在"ATT"位时,通告牌不亮,这时姿态信息可用。

② 故障(FAULT)指示灯:当检测到系统故障时,琥珀色"FAULT"通告牌亮,以示警告。它是惯性基准系统的主警告。

③ 方式选择电门:每一个惯性基准组件对应一个方式选择电门。每个选择电门有四个位置:"OFF""ALIGN""NAV"和"ATT"。当电门在"ALIGN"或"NAV"位,显示选择旋钮在"HDG"位时,自对准时间(或称状态号)将显示在右显示窗;当对准完毕时,右显示窗变黑。

④ 直流接通(ON DC)指示灯:当机上交流电源失效时,琥珀色的"ON DC"通告牌亮,提醒机组现在系统使用备用电瓶供电,它能够供电 15～20 min。在地面启动系统时,通告牌会瞬间闪亮,这是正常的,因为系统设计了电源接通试验程序。

⑤ 直流失效(DC FAIL)指示灯:若备用电瓶供电时电压下降到 18 V,琥珀色的"DC FAIL"通告牌亮,表示电瓶已不能保证惯性基准系统的正常工作。

4.6.7.2　惯性基准系统相关显示仪表

惯性基准系统的相关显示仪表和装置主要有：飞行管理系统的控制显示组件（CDU）、水平状态指示器（EHSI/HIS）、姿态指引仪（EADI/ADI）、无线电距离磁指示器（RDMI）、垂直速度指示器（VSI）等。

1. 飞行管理系统的控制显示组件（CDU）

由于飞行管理系统与惯性基准系统交联，因此，惯性基准系统的一些工作可通过飞行管理系统的 CDU 来完成。主要有两方面工作：

① 通过 CDU 输入飞机的起始位置，进行自对准。

② 通过 CDU 完成系统的自检程序，并将其故障存储以供空、地勤人员使用。

2. 水平状态指示器（EHSI/HIS）

水平状态指示器是一个多功能综合性仪表，它以惯性基准系统送来的真、磁航向为基础，以飞行管理系统计算的数据为主要内容，并集合其他机载设备提供的数据，送到水平状态指示器，显示出飞机导航参数。

3. 姿态指引仪（EADI/ADI）

姿态指引仪是一个多功能综合仪表，可以指示惯性基准系统提供的俯仰角、倾斜角和转弯速率等参数，以及其他设备提供的参数。

4. 无线电距离磁指示器（RDMI）

该指示器指示惯性基准系统输出的磁航向以及 VOR、ADF 方位，DME 距离。

5. 垂直速度指示器（VSI）

该指示器指示惯性基准系统与大气数据系统混合计算出的飞机垂直速度。

4.6.7.3　惯性基准系统工作方式

惯性基准系统的工作方式下面四种："ALIGN"方式、"NAV"方式、"ATT"方式和"OFF"方式。

1. "ALIGN"方式

（1）系统的对准过程

惯性基准系统的对准过程是先进行粗对准，然后进行精对准。

粗对准：利用加速度计和激光陀螺快速确定飞机停放的仰角、倾斜角及航向。粗对准时，利用纵向加速度计确定飞机的仰角，利用横向加速度计确定飞机的停放倾斜角，利用沿飞机纵轴和横轴安装的激光陀螺输出信号来计算飞机停放时的航向。在初步估算这些参数时，没有考虑加速度和陀螺的误差，以及飞机的动态干扰，如风、上下旅客和货物时的振动等。

精对准：在粗对准的基础上进一步估测加速度计和陀螺的误差，使估算出的仰角、倾斜角和航向精度达到设计指标，系统进行补偿，提高系统精度。

（2）系统对准方式

惯性基准系统的对准方式有两种：正常对准和重新对准。

正常对准方式：对准时，将 IRMP 的方式电门从"OFF"转到"ALIGN"或"NAV"位，这时"ALIGN"灯亮，"ON DC"灯亮 5 s，然后熄灭。引入飞机即时位置经/纬度：第一种方法用 IRMP 或 ISDU 数字字母键引入经、纬度；第二种方法是通过飞行管理系统的 CDU 引入，这是目前较常用的方法，具体步骤将在飞行管理系统相关内容中介绍。引入起始位置经/纬度时，可通过 IRMP 或 ISDU 显示窗进行监控，防止引入数据错误。对准状态号和对准结束的监控：对准状态号为数字 0～7，由 IRMP 的右显示器显示。对准状态的数字编号反映了对准过程与对准持续时间的关系，整个对准过程需 10 分钟或更长一些，但对准状态号仅与前 7 分钟对应。如果方式电门在"NAV"位进行对准，当对准结束时，"ALIGN"灯熄灭，表示对准过程结束。如果方式电门在"ALIGN"位进行对准，当对准结束时，"ALIGN"灯继续亮，状态号显示 7，这时将方式电门转到"NAV"位，"ALIGN"灯熄灭，系统进入导航工作方式。对准过程中，如果引进的飞机起始位置数据不正确，则"ALIGN"闪亮；如果系统工作不正常，系统有故障时，则"FAULT"亮。另外，对准过程中飞机有移动，"ALIGN"将闪亮，要使这种闪亮停止，必须关断 IRS 系统，并再进行一次对准。

重新对准方式：当惯性基准系统对准结束进入导航工作方式后，由于起飞时间或滑行时间延误而又没有关断系统时，为了消除速度误差或再次对准位置误差，需要进行重新对准。重新对准条件：惯性基准系统处于正常工作状态，方式电门在"NAV"位；地速小于 20 n mile/h。重新对准方法：将方式电门从"NAV"转至"ALIGN"位，时间大于 30 s 即可，这期间"ALIGN"灯亮，系统重新进行水平和航向调整，速度调零；当方式电门重新转到"NAV"位，"ALIGN"灯灭。

2. "NAV"方式

系统完成对准进入导航方式，方式电门在"NAV"位，这时系统进行加速度和角速度的测量、加速度值的坐标变换、姿态矩阵的修正、姿态参数的解算、导航参数的解算及惯性高度、垂直速度的混合等，同时监控系统的工作；系统输出接口向有关系统传送导航及制导参数，并在显示窗显示 TK/GS、PPOS、WIND、HDG 四组参数。此外，有关的飞行仪表显示相应的导航和姿态参数。

3. "ATT"方式

姿态基准方式是惯性基准系统的一种备用工作方式。使用姿态基准方式"ATT"的情形是：飞行中系统在导航方式时，短时断电，系统经过 10 s 转为备用电源供电，"ON DC"和"ALIGN"灯亮；飞行中出现某些故障，即"FAUIT"灯亮；本次飞行为短航线，或者不需要导航方式时。

"ATT"方式的接通方式：在空中或地面可以直接将方式电门置于"ATT"位，方式接通，"ALIGN"灯亮；保持飞机水平匀速飞行约 30 s；仪表故障或"FAUIT"灯亮而使用姿态方式时，将显示选择旋钮置于"HDG/STS"位，在右显示窗左三位显示数应为 0，且"ALIGN"灯灭，看"FAUIT"灯是否灭：如果灭，则姿态方式可用，否则不能用。

在姿态基准方式，惯性基准系统只提供飞机的仰角、倾斜角和航向(在引进磁航向基准时，提供磁航向；不能引进磁航向时，提供参考航向），还可提供高度、加速度和机身角速率，但不能提供地速、位置、真航向和其他导航参数。同时，显示器只显示航向和故障代码。

4. "OFF" 方式

当方式电门在 "OFF" 位时，系统电源被断开，系统不能工作。

4.7 GNSS

4.7.1 GNSS 概况

GNSS 是 Global Navigation Satellite System 的缩写，译为 "全球导航卫星系统"。全球导航是相对于陆基区域性导航而言的，以此体现卫星导航的优越性。

目前，按照 ICAO 对 GNSS 的定义，GNSS 是所有在轨工作的卫星导航系统的总称，主要包括全球定位系统（GPS）、全球导航卫星系统（GLONASS）、伽利略卫星导航系统（Galileo）、我国的北斗卫星导航定位系统（BDS）、广域增强系统（WAAS）、欧洲静地卫星导航重叠系统（EGNOS）、日本的 MSAS 多功能卫星增强系统、印度的 GAGAN 静地卫星增强系统等。

4.7.1.1 GPS

GPS 是 Global Positioning System 的缩写，全称为 "定时与测距的导航卫星系统"。它的含义是利用导航卫星进行测时和测距，使在地球上任何地方的用户，都能计算出他们所处的方位，以构成全球定位系统。

20 世纪 70 年代，随着美苏军备竞赛的升级，美国的军事领域迫切需要能够在世界范围内应用的精确定位系统，因此不惜斥资 120 亿美元研制了 GPS 系统。1978 年，美国成功发射了第一颗用于 GPS 系统的卫星，经过 20 余年的研究实验，耗资 300 亿美元，到 1994 年，全球覆盖率高达 98% 的 24 颗 GPS 卫星星座已布设完成。1995 年，美国宣布其达到全运行能力。当前正在推进第三代 GPS 系统的建设。

4.7.1.2 "格洛纳斯" 全球导航卫星系统

GPS 系统的广泛应用，引起了世界各国的关注。苏联在全面总结 CICADA 第一代卫星导航系统优劣的基础上，认真吸收了美国 GPS 系统的成功经验，自 1982 年 10 月开始研制发射第二代导航卫星——"格洛纳斯" 系统（GLObal NAvigation Satellite System, GLONASS），至 1996 年 1 月 18 日系统正式运行，主要为军用，也可供民用。苏联的解体让 GLONASS 受到很大影响，正常运行卫星数量大减，甚至无法为俄罗斯本土提供全面导航服务。到了 21 世纪初随着俄罗斯经济的好转，GLONASS 也开始恢复元气，推出了 GLONASS-M 和更现代化的

GLONASS-K 卫星更新星座,已经于 2011 年 1 月 1 日在全球正式运行。根据俄罗斯联邦太空署信息中心提供的数据(2012 年 10 月 10 日),目前有 24 颗卫星正常工作,3 颗处于维修中,3 颗备用,1 颗处于测试中。

GLONASS 系统由空间卫星、地面控制、用户接收机 3 部分组成。

GLONASS 星座的轨道为 3 个等间隔圆轨道,卫星离地高度为 19 100 km,轨道倾角 64.8°。每条轨道上等间隔分布 8 颗卫星,如图 4.68 所示。

GLONASS 卫星向空间辐射两种载波信号,L1 = 1.6 GHz,L2 = 1.2 GHz,L2 为民用,L1 和 L2 为军用。每颗 GLONASS 卫星上装有铷原子钟和星载计算机,以便产生卫星上高稳定的时间标准,并且能从地面控制系统接收专用信息进行处理,以生成导航电文向用户广播。

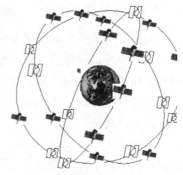

图 4.68　GLONASS 星座

地面控制部分包括 1 个系统控制中心、1 个指令跟踪站,都分布在俄罗斯境内。指令跟踪站跟踪可视卫星,它遥测所有卫星,进行测距数据的采集和处理,并向各卫星发送控制指令和导航信息。

GLONASS 接收机自动接收导航信号,进行测距和测速,同时从卫星信号中选出并处理导航电文。GLONASS 接收机中的计算机对所有输入数据进行处理并算出位置坐标的 3 个分量、速度矢量的 3 个分量和精密时间。

4.7.1.3　伽利略卫星导航系统

伽利略卫星导航系统(Galileo satellite navigation system)是由欧盟研制和建立的全球卫星导航定位系统。该计划于 1999 年 2 月由欧洲委员会公布,由欧洲委员会和欧空局共同负责。2012 年 10 月,伽利略全球卫星导航系统第二批 2 颗卫星成功发射升空,太空中已有的 4 颗正式的伽利略系统卫星可以组成网络,初步发挥地面精确定位的功能。

伽利略卫星导航系统由空间段、地面段和用户组成。

空间段由分布在 3 个轨道上的 30 颗中等高度轨道卫星(MEO)构成。30 颗卫星均匀分布在 3 个中高度圆形地球轨道上,如图 4.69 所示。轨道高度为 23 616 km,轨道倾角为 56°,轨道升交点在赤道上相隔 120°,卫星运行周期为 14 h,每个轨道面上有 1 颗备用卫星。某颗工作星失效后,备份星将迅速进入工作位置,替代其工作,而失效星将被转移到高于正常轨道 300 km 的轨道上。这样的星座可为全球提供足够的覆盖范围。

地面段包括两个位于欧洲的 Galileo 控制中心和 20 个分布在全球的 Galileo 传感站。除此之外,还有若干个实现卫星和控制中心进行数据交换的工作站。Galileo 控制中心主要负责控制卫星的运转和导航任务的管理。20 个传感站通过通信网络向控制中心传送数据。

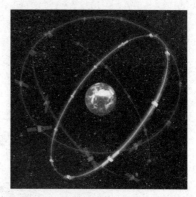

图 4.69　GALILEO 卫星导航星座

用户端主要就是用户接收机及其等同产品。伽利略系统考虑将与 GPS、GLONASS 的导航信号一起组成复合型卫星导航系统，因此用户接收机将是多用途、兼容性接收机。伽利略系统的定位精度优于 GPS。如果说 GPS 只能找到街道，伽利略系统则可找到车库门。伽利略系统为地面用户提供 3 种信号：免费使用的信号、加密且需交费使用的信号、加密且能满足更高要求的信号。其精度依次提高，最高精度比 GPS 高 10 倍。免费使用的信号精度预计为 10 m。

4.7.1.4 我国的"北斗"导航卫星定位系统

我国对"北斗"导航卫星定位系统的发展分为三步：

第一步，即区域性导航系统，已由北斗一号卫星定位系统完成。这是我国自主研发，利用地球同步卫星为用户提供全天候、覆盖中国和周边地区的卫星定位系统。

第二步，即在"十二五"前期完成发射 12 颗到 14 颗卫星任务，组成区域性、可以自主导航的定位系统。

第三步，即在 2020 年前，有 30 多颗卫星覆盖全球。北斗二号将为中国及周边地区的军民用户提供陆、海、空导航定位服务，促进卫星定位、导航、授时服务功能的应用，为航天用户提供定位和轨道测定手段，满足导航定位信息交换的需要等。

我国自行研制的第一颗导航定位卫星——"北斗导航试验卫星"，于 2000 年 11 月 1 日凌晨 0 时 02 分在西昌卫星发射中心发射升空，并准确进入预定轨道。2000 年 12 月 22 日凌晨 0 时 20 分第二颗"北斗导航试验卫星" 在西昌卫星发射中心发射成功。这两颗试验卫星构成了我国"北斗双星导航定位系统"。2003 年 5 月 25 日又发射了导航定位系统的备份卫星，它与前两颗卫星组成了完整的卫星导航定位系统，确保全天候、全天时提供卫星导航信息。

双星导航定位系统定位的基本原理为空间球面交会测量原理。如图 4.70 所示，地面中心站通过两颗卫星向用户询问，用户应答后测量并计算出用户到两颗卫星的距离，然后根据地面中心站的数字地图，由地面中心站算出用户到地心的距离，再根据两颗卫星和地面中心站的已知地心坐标计算出用户的三维位置，由卫星发给用户。

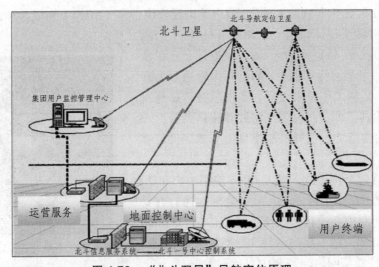

图 4.70 "北斗双星"导航定位原理

北斗二号可在全球范围内全天候、全天时为各类用户提供高精度、高可靠定位、导航、授时服务，并具备短报文通信能力。2012 年 9 月 11 日，北斗（上海）位置综合服务平台和上海北斗导航及位置服务产品检测中心（筹）启动建设；同年 10 月 25 日，我国第 16 颗北斗导航卫星升空，2013 年开始对亚太区域提供服务。它提供两种服务方式，即开放服务和授权服务（属于第二代系统）。开放服务是在服务区免费提供定位、测速和授时服务，定位精度为 10 m，授时精度为 50 ns，测速精度 0.2 m/s。授权服务是向授权用户提供更安全的定位、测速、授时和通信服务以及系统完好性信息。

北斗卫星导航系统由空间端、地面端和用户端三部分组成。空间端包括 5 颗静止轨道卫星和 30 颗非静止轨道卫星，如图 4.71 所示。地面端包括主控站、注入站和监测站等若干个地面站。用户端由北斗用户终端以及与美国 GPS、俄罗斯 GLONASS、欧洲伽利略系统等其他卫星导航系统兼容的终端组成。

图 4.71　北斗二号星座

4.7.2　GPS

4.7.2.1　GPS 组成

GPS 主要由空间卫星部分、地面控制站组和用户设备三大部分组成。

1. GPS 空间卫星部分

GPS 空间卫星部分是由 24 颗 GPS 卫星所组成，21 颗工作卫星和 3 颗在轨备用卫星共同组成了 GPS 卫星星座，如图 4.72 所示。这 24 颗卫星分布在 6 个倾角为 55°的轨道上绕地球运行，各个轨道平面之间相距 60°，轨道平均高度为 20 200 km，运行速度为 3 800 m/s，卫星的运行周期约为 12 恒星时（11 h 58 min）。这样，对于地面观测者来说，每天将提前 4 min 见到同一颗 GPS 卫星。位于地平线以上的卫星颗数随着时间和地点的不同而不同，最少可见到 4 颗，最多可以见到 11 颗。

GPS 卫星分为 Block-Ⅰ 和 Block-Ⅱ 两类。1978—1985 年，总共发射了 11 颗 Block-Ⅰ 卫星，轨道倾角为 63°，卫星高度

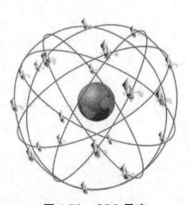

图 4.72　GPS 星座

为 20 183 km；1989—1990 年，共发射了 9 颗 Block-Ⅱ卫星，轨道倾角为 55°，发射信号加密，星上存储数据及自制工作能力为两星期；1990—1994 年，共发射了 15 颗 Block-ⅡA 卫星，离地高度调整为 20 230 km；1997—2004 年，共发射了 13 颗 Block-ⅡR 卫星，其中 12 颗发射成功；2005—2009 年，共发射了 8 颗 Block-ⅡR-M 卫星，首次运用了 L2C；2010 年以后开始发射 Block-ⅡF 卫星。第一颗 Block-ⅡF 于 2010 年 5 月 28 日发射，8 月 27 日正式投入运行，该卫星第一次运行民用 L5 频段信号。

GPS 卫星由无线电收发机、天线、原子钟、计算机、太阳能电池等组成。其中，原子钟是卫星的核心设备，每颗卫星配置有多台高精度原子钟。不同的卫星配置有铷原子钟、铯原子钟或氢原子钟，其中氢原子钟的相对频率稳定达 10^{-14}/s，误差只有 1 m。

GPS 卫星星座的功能如下：

① 用 L 波段的两个无线载波（L1=1575.42 MHz，L2=1227.60 MHz）向广大用户连续不断地发送导航定位信号，包括提供精密时间标准、粗捕获码 C/A 码、精密测距 P 码和反映卫星当前空间位置和卫星工作状态的导航电文。

② 在卫星飞越注入站上空时，接收由地面注入站用 S 波段（10 cm 波段）发送到卫星的导航电文和其他有关信息，并适时发送给广大用户。

③ 接收地面主控站通过注入站发送到卫星的调度命令，适时地调整卫星的姿态，改正卫星运行轨道偏差，启用备用卫星。

2. 地面控制站组

GPS 的地面控制站组由分布在全球的若干个跟踪站所组成的监控系统所构成。根据其作用的不同，这些跟踪站又被分为主控站、监控站和注入站，如图 4.73 所示。

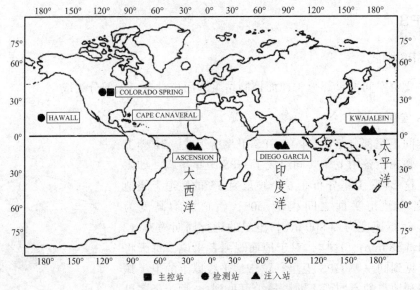

图 4.73　GPS 地面监测站组分布

（1）主控站

主控站只有一个，设在美国本土科罗拉多斯平士（Colorado Springs）的联合空间执行中心。它的作用是：

158

➤ 根据各监控站对 GPS 的观测数据，计算出卫星的星历、卫星钟的改正参数和大气层的修正参数等等，并把这些数据传送到注入站，并通过注入站注入到卫星。

➤ 提供全球定位系统的时间基准。各监测站和 GPS 卫星的原子钟，均应与主控站的原子钟同步，或测出其间的钟差，并把这些钟差信息编入导航电文，送到注入站。

➤ 对卫星进行控制。当工作卫星出现故障时，向卫星发布指令，调度备用卫星，替代失效的卫星。另外，主控站也具有监控站的功能。

➤ 调整偏离轨道的卫星，使之沿预定的轨道运行。

（2）监控站

地面监控站有 5 个，除了主控站外，其他 4 个分别位于夏威夷（Hawaii）、阿松森群岛（Ascension）、迪哥加西亚（Diego Garcia）、卡瓦加兰（Kwajalein）。监控站的作用是接收卫星信号，监测卫星的工作状态。

监控站是在主控站直接控制下的数据自动采集中心。站内设有双频 GPS 接收机、高精度原子钟、计算机各一台和若干台环境数据传感器。接收机对 GPS 卫星进行连续观测，以采集数据和监测卫星的工作状况。原子钟提供时间标准。环境传感器收集有关当地的气象数据。所有观测资料由计算机进行初步处理，并储存和传送到主控站，用以确定卫星的轨道。

（3）注入站

注入站的作用是将主控站计算出的卫星星历和卫星钟的改正数等信息注入卫星中去。注入站现有 3 个，分别设在印度洋的迪哥加西亚（Diego Garcia）、南大西洋阿松森岛（Ascension）和南太平洋的卡瓦加兰（Kwajalein）。注入站的主要设备包括一台直径为 3.6 m 的天线，一台 C 波段发射机和一台计算机。其主要任务是在主控站的控制下将主控站推算和编制的卫星星历、钟差、导航电文和其他控制指令等，注入相应卫星的存储系统，并检测注入星系的正确性。整个 GPS 的地面监控部分，除主控站外均无人值守。各站间用现代化的通信网络联系起来，在原子钟和计算机的驱动和精确控制下，各项工作实现了高度的自动化和标准化。

3. 用户设备

GPS 的用户设备由 GPS 接收机、数据处理软件及相应的用户设备如计算机及其终端设备等所组成。

GPS 接收机一般包括主机、天线、控制器和电源。其主要功能是接收 GPS 卫星发射的信号，能够捕获到按一定卫星高度截止角所选择的待测卫星的信号，并跟踪这些卫星的运行，获得必要的导航和定位信息及观测量；对所接收到的 GPS 信号进行变换、放大和处理，以便测量出 GPS 信号从卫星到接收机天线的传播时间，解译出 GPS 卫星所发送的导航电文，实时地计算出用户的三维位置、三维速度和时间，并经简单数据处理而实现实时导航和定位。GPS 软件部分是指各种数据处理软件包，其主要作用是对观测数据进行精加工，以便获得精密定位结果。

GPS 导航仪可按照载体、用途、通道数量、静/动态、军用/民用码来进行分类。其中，飞机使用的是机载高动态多通道 C/A 码接收机。飞机上的 GPS 接收机天线在跟踪 GPS 卫星的过程中相对地球而运动，接收机用 GPS 信号实时地测得飞机的状态参数（瞬间三维位置和三维速度），从而可测定一架飞机的运行轨迹。

GPS 接收机的结构分为天线单元和接收单元两大部分。天线单元由天线和前置放大器组成。天线有定向天线、偶极子天线、微带天线、螺旋天线等。接收单元包括信号通道、存储器、处理器、显示控制单元等。

GPS 用户的要求不同，所需的接收设备也不同。随着 GPS 定位技术的迅速发展和应用领域的日益扩大，许多国家都在积极研制、开发适用于不同要求的 GPS 接收机及相应的数据处理软件。

4.7.2.2　GPS 定位原理

1. 卫星导航使用的坐标系及轨道参数

为建立卫星导航的数学公式，必须选定参考坐标系，以便表示卫星和接收机的状态。在建立公式时，使用的几个典型坐标系是地心惯性（ECI）坐标系、地心地球固连（ECEF）坐标系、世界测地坐标系（WGS-84）、地理坐标系等。

（1）地心惯性（ECI）坐标系

ECI 坐标系的原点在地球的质心，XY 平面与地球的赤道面重合，X 轴相对于地球来说永远指向特定的方向，Z 轴与 XY 平面垂直而指向北极方向，X 轴、Y 轴、Z 轴形成右手坐标系。

ECI 坐标系是一种惯性坐标系。在 ECI 坐标系中，GPS 卫星服从牛顿运动定律和重力定律。由于地球是非规则球体，并存在非规则运动，所以，上面定义的坐标系并非真正惯性的。解决这个问题的办法是，在特定的瞬间规定各轴的指向。GPS ECI 坐标系用 2000 年 1 月 1 日 UTC 12：00 的赤道面取向作为基础。X 轴的方向从地球质心指向春分点，Y 和 Z 轴的规定如上所述。

（2）地心地球固连（ECEF）坐标系

为了计算 GPS 接收机的位置，使用叫作地心地球固连（ECEF）的随地球而旋转的坐标系更为方便。在这一坐标系中，更容易计算出接收机的纬度、经度和高度参数，并将其显示出来。和 ECI 坐标系一样，GPS 所用的 ECEF 坐标系其 XY 平面与地球赤道平面重合。然而在 ECEF 坐标系中，X 轴指向 0 经度方向，Y 轴指向东经 90 的方向。因此，X 轴和 Y 轴随着地球一起旋转，在惯性空间中不再是固定的方向。在这种 ECEF 坐标系中，将 Z 轴选择为与赤道平面正交而指向地理北极，这样便形成了右手坐标系。

在计算 GPS 接收机的位置之前，必须将卫星星历信息从 ECI 坐标系变换到 ECEF 坐标系。完成这种变换是将旋转矩阵用到 ECI 坐标系中的卫星位置和速度矢量上。

GPS 导航计算处理的结果是在笛卡尔坐标系中，需要将笛卡尔坐标系变换为接收机的纬度、经度和高度，为完成这一变换，必须有描述地球的物理模型。

（3）世界测地坐标系（WGS-84）

在 GPS 中所使用的标准地球模型是美国国防部的世界测地坐标系（WGS-84）。WGS-84 的一部分是地球重力不规则性的详细模型。这种信息对于导出精确的卫星星历信息是必要的。WGS-84 提供的地球形状为椭球模型。地球的赤道横截面半径为 6 378.137 km，这是地球的平均赤道半径。在 WGS-84 中，垂直于赤道平面的地球横截面是椭圆。在包含有 Z 轴的椭圆横截面中，长轴与地球赤道的直径相重合。因此长半轴 a 的值与上面给出的平均赤道半径相同。在 WGS-84 中短半轴 b 取为 6 356.752 314 2 km。其中地球椭球的偏心率和扁平率计算为：

$$e = \sqrt{1 - \frac{b^2}{a^2}}, \ f = 1 - \frac{b}{a}$$（4.22）

（4）用户测地坐标的确定

用户的地理坐标就是利用纬度、经度和高度来表示用户在地球表面上的位置。ECEF 坐标系是固定在 WGS-84 基准椭球上的，我们可以对应于基准椭球来定义纬度、经度和高度参数，即根据在 ECEF 坐标系中的接收机位置，可以计算用户的测地坐标（纬、经度和高度）。

（5）卫星的轨道参数

在 GPS 中，卫星星历是描述不同时刻卫星在太空中的位置和速度的，而卫星在空间的位置则由描述卫星位置的轨道参数确定。

GPS 用户通过卫星广播星历，可以获得的有关卫星星历的参数共有 17 个，其中包括 2 个参考时刻、6 个相应参考时刻的开普勒轨道参数和 9 个反映摄动力影响的参数。根据这些数据，便可外推出观测时刻 t 的轨道参数，以计算卫星在不同参考系中的相应坐标。

如图 4.75 所示，卫星在空间的开普勒轨道参数有 6 个：Ω 为升交点赤道，ω 为近地点角，i 为轨道倾角，f 为真近点角，a 为长半轴。e 为轨道偏心率。轨道参数 Ω 和 i 定义了静止的轨道平面在空间的位置，ω 定义了近地点在轨道上的位置，a、e 则定义了轨道的大小和形状。

在用 GPS 信号进行导航定位以及制定观测计划时，都必须已知 GPS 卫星在空间的瞬时位置。卫星位置的计算是根据卫星电文所提供的轨道参数按一定的公式计算的。

其中，卫星在地球坐标系中的位置，按图 4.74 可以直接写成如下公式

$$\left. \begin{array}{l} x_s = r\cos(f+\omega)\cos(\Omega-\Omega_G) - r\sin(f+\omega)\sin(\Omega-\Omega_G)\cos i \\ y_s = r\cos(f+\omega)\sin(\Omega-\Omega_G) + r\sin(f+\omega)\cos(\Omega-\Omega_G)\cos i \\ z_s = r\sin(f+\omega)\sin i \end{array} \right\}$$（4.23）

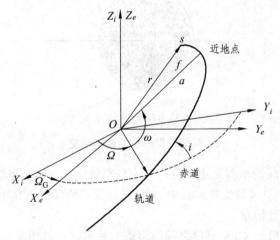

图 4.74　卫星在地球坐标系中的位置

2. GPS 空间定位原理

GPS 是利用到达时间（TOA）测距的原理来确定用户的位置的。测量从已知位置的卫星发出的信号到达用户所经历的时间，再乘以信号传播的速度（光速），便得到从卫星到用

户的距离。接收机通过测量多个已知位置的卫星所发射的信号到用户的时间，便能确定用户的位置。

假设只有一颗卫星发射信号，接收机接收到卫星信号，根据信号的传播时间和光速，可计算卫星和接收机的距离 R。则用户在以卫星为中心，以距离 R 为半径的球面上的某个地方，如图 4.75（a）所示。如果同时用第二颗卫星的测距信号进行测距，可将用户定位在以第二颗卫星为中心的第二个球面上。因此用户将同时在两个球面上的某个位置，它可能在图 4.75(b)所示两个球面的相交平面，即阴影圆的圆周上，或者在两个球相切的某一点上。

利用第三颗卫星进行测距，便将用户定位在第三个球面上和上述圆周上。第三个球面和圆周相交于 2 个点，如图 4.75（d）和（e）所示，其中只有一个点是用户的正确位置。消除其中的一个模糊点，即可获得用户的位置。

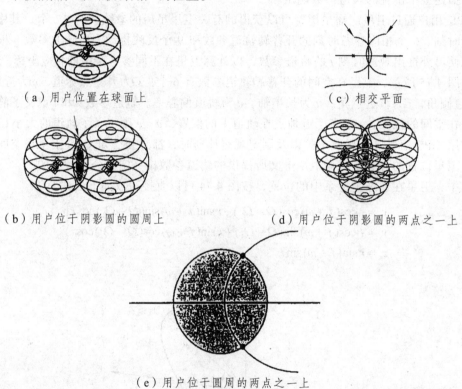

（a）用户位置在球面上　　　　　　　　（c）相交平面

（b）用户位于阴影圆的圆周上　　　　　（d）用户位于阴影圆的两点之一上

（e）用户位于圆周的两点之一上

图 4.75　用户在空间的位置

GPS 定位是三维空间的单程测距定位，要实现精确定位，需要解决的两个问题：

一是观测瞬间 GPS 卫星的位置。其中 GPS 卫星发射的导航电文中含有 GPS 卫星星历，可以实时确定卫星的位置信息。

二是观测瞬间接收机与 GPS 卫星之间的距离。站星之间的距离是通过测定 GPS 卫星信号在卫星和测站点之间的传播时间来确定的。

从图 4.76 可知，要确定用户的位置，用户需要接收三颗卫星 S_1、S_2、S_3 的信号，对三颗卫星进行测距，即

$$R_j = ct_j, \quad j = 1, 2, 3$$

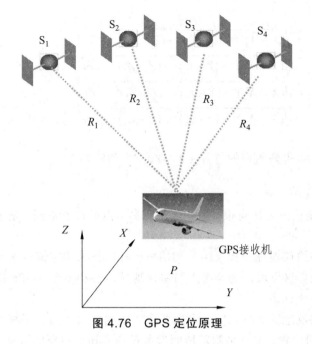

图 4.76　GPS 定位原理

而根据 GPS 导航电文解译出的三颗 GPS 卫星的三维坐标（X_j, Y_j, Z_j）和用户的位置（X, Y, Z），其距离为：

$$R_j^2 = (X - X_j)^2 + (Y - Y_j)^2 + (Z - Z_j)^2 \qquad (4.24)$$

由 R_1、R_2、R_3 得到三个位置面方程，其方程组是：

$$\begin{cases} R_1^2 = (X - X_1)^2 + (Y - Y_1)^2 + (Z - Z_1)^2 \\ R_2^2 = (X - X_2)^2 + (Y - Y_2)^2 + (Z - Z_2)^2 \\ R_3^2 = (X - X_3)^2 + (Y - Y_3)^2 + (Z - Z_3)^2 \end{cases} \qquad (4.25)$$

对方程组求解，可得到用户的位置（X, Y, Z）。这种单程测距，需要卫星和用户的时钟采用一个标准时间。GPS 卫星使用稳定度极高的原子钟，卫星时间和标准时间差异很小，但在 GPS 接收机上都安装原子钟是不现实的，用户只能使用石英钟，这样用户时间和正确标准时间之间就存在钟差。解决这一问题的办法，就是把接收机钟差 δt 看作一个未知数，所以测量的距离是伪距 R_j'：

$$R_j' = R_j + c \cdot \delta t \qquad (4.26)$$

这样，用户位置（X, Y, Z）和钟差 δt 都是未知数，需要接收 4 颗卫星的信号来求解。如图 4.76 所示，设 t_i 时刻接收机在 P 点同时测得 P 点至四颗 GPS 卫星 $S_j (j = 1，2，3，4)$ 的距离 $R_j (j = 1，2，3，4)$，根据四颗 GPS 卫星的三维坐标 $(X_j, Y_j, Z_j)(j = 1，2，3，4)$，用距离交会的方法求解 P 点的三维坐标（X, Y, Z）的观测方程为：

$$R_1 = \sqrt{(X-X_1)^2 + (Y-Y_1)^2 + (Z-Z_1)^2} + c\delta t$$
$$R_2 = \sqrt{(X-X_2)^2 + (Y-Y_2)^2 + (Z-Z_2)^2} + c\delta t$$
$$R_3 = \sqrt{(X-X_3)^2 + (Y-Y_3)^2 + (Z-Z_3)^2} + c\delta t$$
$$R_4 = \sqrt{(X-X_4)^2 + (Y-Y_4)^2 + (Z-Z_4)^2} + c\delta t$$

（4.27）

对方程组求解，可得到用户的位置（X，Y，Z）和钟差 δt。

3. GPS 的定位方法

利用 GPS 进行定位的方法有很多种。若按照参考点的位置不同，则定位方法可分为绝对定位和相对定位。

绝对定位是指在协议地球坐标系中，利用一台接收机来测定该点相对于协议地球质心的位置，也叫单点定位。这里可认为参考点与协议地球质心相重合。GPS 定位所采用的协议地球坐标系为 WGS-84 坐标系。

相对定位是在协议地球坐标系中，利用两台以上的接收机测定观测点与某一地面参考点（已知点）之间的相对位置，也就是测定地面参考点到未知点的坐标增量。由于星历误差和大气折射误差有相关性，所以通过观测量求差可消除这些误差，因此相对定位的精度远高于绝对定位的精度。

按用户接收机在作业中的运动状态的不同，定位方法可分为静态定位和动态定位。静态定位是在定位过程中，将接收机安置在测站点上并固定不动。严格说来，这种静止状态只是相对的，通常指接收机相对于其周围点位没有发生变化。动态定位是在定位过程中，接收机处于运动状态。

若依照测距的原理不同，定位方法又可分为测码伪距法定位、测相伪距法定位、差分定位等。根据民航飞行定位的特点，在此将论述测码伪距法定位。

4. 测码伪距法定位原理

测码伪距法定位是通过测量 GPS 卫星发射的测距码信号到达用户接收机的传播时间，从而计算出接收机至卫星的距离，即

$$\rho = \Delta t \cdot c$$

（4.28）

式中：Δt——传播时间；

c——光速

为了测量上述测距码信号的传播时间，GPS 卫星在卫星钟的某一时刻 t_1 发射出某一测距码信号，用户接收机依照接收机时钟在同一时刻也产生一个与发射码完全相同的编码（称为复制码）。卫星发射的测距码信号经过 Δt 时间在接收机时钟的 t_2 时刻被接收机收到（称为接收码），接收机通过时间延迟器将复制码向后平移若干码元，使复制码信号与接收码信号达到最大相关，并记录平移的码元数。平移的码元数与码元宽度的乘积，就是卫星发射的码信号到达接收机天线的传播时间 Δt，又称时间延迟。测量过程如图 4.77 所示。

GPS 采用单程测距原理，要准确地测定接收机和卫星之间的距离，必须使卫星钟与用户

接收机钟保持严格同步，同时考虑大气层对卫星信号的影响。但是，实践中由于卫星钟、接收机钟的误差以及无线电信号经过电离层和对流层中的延迟误差，导致实际测出的伪距 ρ' 与卫星到接收机的几何距离 ρ 有一定差值。二者之间存在的关系可用下式表示：

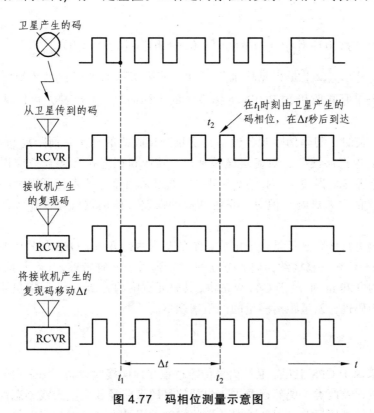

图 4.77　码相位测量示意图

$$\rho'_{i,j}(t) = \rho_{i,j}(t) + c\delta t_i(t) - c\delta t_j(t) + \Delta_{i,j,\text{ion}}(t) + \Delta_{i,j,\text{trop}}(t) + \varepsilon_{i,j,\text{mult}} + \varepsilon_{i,\text{m}} \qquad （4.29）$$

式（4.29）中：

$\rho'_{i,j}(t)$ ——观测历元 t 的测码伪距；

$\rho'_{i,j}(t)$ ——观测历元 t 的站星几何距离，$\rho = \Delta t \cdot c = c(t_{i,\text{GPS}} - t_{j,\text{GPS}})$；

$\delta t_i(t)$ ——观测历元 t 的接收机（T_i）钟时间相对于 GPS 标准时的钟差，$t_i = t_{i,\text{GPS}} + \delta t_i$；

$\delta t_j(t)$ ——观测历元 t 的卫星（S_j）钟时间相对于 GPS 标准时的钟差，$t_j = t_{j,\text{GPS}} + \delta t_j$；

$\Delta_{i,j,\text{ion}}(t)$ ——观测历元 t 的电离层延迟；

$\Delta_{i,j,\text{trop}}(t)$ ——观测历元 t 的对流层延迟；

$\varepsilon_{i,j,\text{mult}}$ ——多路径误差；

$\varepsilon_{i,\text{m}}$ ——接收机随机噪声误差。

GPS 卫星上设有高精度的原子钟，与理想的 GPS 时之间的钟差，通常可从卫星播发的导航电文中获得，经钟差改正后各卫星钟的同步差可保持在 20 ns 以内，由此所导致的测距误差可忽略，则由式（4.29）可得测码伪距方程的常用形式：

$$\rho'_{i,j}(t) = \rho_{i,j}(t) + c\delta t_i(t) + \Delta_{i,j,\text{ion}}(t) + \Delta_{i,j,\text{trop}}(t) + \varepsilon_{i,j,\text{mult}} + \varepsilon_{i,\text{rn}} \tag{4.30}$$

卫星至接收机天线的几何距离 $\rho_{i,j}(t)$ 为：

$$\rho_{i,j}(t) = \{[x_j(t) - x_i(t)]^2 + [y^j(t) - y_i(t)]^2 + [z^j(t) - z_i(t)]^2\}^{\frac{1}{2}} \tag{4.31}$$

其中，$\boldsymbol{X}_j = [x_j, y_j, z_j]^T$ 是根据广播星历计算的第 j 颗卫星在 ECEF 坐标系中的坐标向量，$\boldsymbol{X}_i = [x_i, y_i, z_i]^T$ 是接收机在 ECEF 坐标系中的坐标向量。卫星钟差可以从广播星历中计算得到。

式（4.30）表明，测码伪距观测值，是卫星到接收机的真实几何距离与各项误差之和。误差主要包括：电离层误差、对流层误差延迟、接收机码噪声和多径效应误差等（在实施 SA 干扰时还包括 SA 误差）。对于这些误差，如果采用差分技术，可以消除时钟、对流层和电离层所带来的误差影响，但对于系统造成的误差，如接收机噪声和多径干扰误差，则不能消除。

利用测距码进行伪距测量是全球定位系统的基本测距方法。GPS 信号中测距码的码元宽度较大，其中码相位相关精度约为码元宽度的 1%。则对于 P 码来讲，其码元宽度约为 29.3 m，所以量测精度为 0.29 m。而对于 C/A 码来讲，其码元宽度约为 293 m，所以量测精度为 2.9 m。可见，采用测距码进行站星距离测量的测距精度不高。

4.7.2.3 GPS 的误差

GPS 误差来源于 GPS 卫星、卫星信号传播过程和地面接收设备。GPS 误差按性质可分为系统误差与偶然误差两类。偶然误差主要包括信号的多路径效应、天线姿态误差等，系统误差主要包括卫星的星历误差、卫星钟差、接收机钟差以及大气折射的误差等。其中系统误差无论从误差的大小还是对定位结果的危害性来讲都比偶然误差要大得多，它是 GPS 测量的主要误差源。同时，系统误差有一定的规律可循，可采取一定的措施加以消除。

为分析各种误差对精度的影响，往往将各种误差源归属到各颗卫星的伪距中，即换算为卫星至接收机的距离，以相应的距离误差表示，称为用户等效距离误差（UERE）。对于某给定的卫星，其 UERE 是与该卫星相关联的每个误差源所产生的误差的统计和。通常认为这些误差分量是独立的，并且某颗卫星的 UERE 可近似表示为零均值的高斯随机分布，其方差由每个方差分量和来确定。各颗卫星之间，通常假定 UERE 是独立的，并且分布是相同的。表4.5 给出了 GPS 不同的用户等效距离误差。

表 4.5 用户等效距离误差

	误差源	GPS 1σ误差（JPO）/m	GPS 1σ误差（有 SA）/m	GPS 1σ误差（无 SA）/m
空间部分	卫星时钟稳定性	3.0	3.0	3.0
	卫星扰动可确定	1.0	1.0	1.0
	选择可用性（SA）	—	32.3	—
	其他	0.5	0.5	0.5

	误差源	GPS 1σ误差（JPO）/m	GPS 1σ误差（有 SA）/m	GPS 1σ误差（无 SA）/m
控制部分	星历预计误差	4.2	4.2	4.2
	其他（推力性能等）	0.9	0.9	0.9
用户部分	电离层延迟	2.3	5.0	5.0
	对流层延迟	2.0	1.5	1.5
	接收机噪声	1.5	1.5	1.5
	多路径误差	1.2	2.5	2.5
	其他	0.5	0.5	0.5
系统 UERE	总的误差（均方根）	6.6	33.3	8.0

1. 卫星星历误差

GPS 卫星星历误差是指卫星星历所提供的卫星空间位置与实际位置的偏差。由于卫星的空间位置是由地面监测系统根据卫星测轨结果计算而得，因此也称卫星轨道误差。卫星星历是 GPS 卫星定位中的重要数据，卫星星历误差将严重影响单点定位的精度，也是精密相对定位中的主要误差来源之一。

GPS 卫星星历的数据有广播星历（预报星历）和精密星历（实测星历）两种。在进行 GPS 定位时，计算在某时刻 GPS 卫星位置所需的卫星轨道参数都是通过这两类星历提供的，但不论采用哪种类型的星历，所计算出的卫星位置都会与其真实位置有所差异，这就是所谓的星历误差。

广播星历是卫星导航电文中所携带的卫星空间位置信息。它是根据美国 GPS 控制中心跟踪站的观测数据进行外推预算，由地面注入站发送给 GPS 卫星，再通过 GPS 卫星向地面发播的一种预报星历。由于卫星在运行中受到多种摄动力的影响，目前单靠地面监测站尚不能精确可靠地测定作用在卫星上的各种摄动力因素的大小及变化规律，所以预报数据中存在着较大的误差。

精密星历是根据实测资料进行拟合处理而直接得出的星历。它需要在一些已知精确位置的参考站点上跟踪卫星来计算观测瞬间的卫星真实位置，从而获得精确可靠的精密卫星轨道参数。由于精密卫星星历是由跟踪实测 GPS 卫星求定的，所以精密星历误差来源于不可避免的实测误差。这种星历需要在观测后 1~2 个星期才可以向美国国家大地测量局（NGS）购买到，所以它对于导航和动态定位无任何意义，但是在静态精密定位中具有重要作用。

2. 卫星钟误差

卫星钟差是 GPS 卫星上所安装的原子钟的钟面时间与 GPS 标准时间之间的误差。由于卫星的位置是随时间变化的，所以 GPS 测量是以精密测时为基础的。测定了卫星信号由卫星传播到观测站的时间，即可得到站星间的距离。由此可见，GPS 测量精度与时钟误差有着密切的关系。

在 GPS 卫星上配备有高精度的原子钟（铯钟和铷钟），在 GPS 测量中，无论是码相位观测或载波相位观测，均要求卫星钟和接收机钟保持与 GPS 时间系统严格同步。尽管 GPS 卫星均设有高精度的原子钟，但与理想的 GPS 时之间仍存在着偏差或漂移。

在一个观测时间段内，卫星钟误差属于系统性误差，在 GPS 卫星上配备的高精度原子钟（铯钟和铷钟），其稳定度为 10^{-13}；12 小时的运行误差为 4.3 m，相当距离误差 ±1.3 m。卫星钟的钟差包括与 GPS 标准时之间的偏差、频偏、频漂等产生的误差，也包含钟的随机误差。这些偏差的总量在 1 ms 以内，由此引起的等效距离误差约达 300 km，显然无法满足定位精度的要求。

3. 与卫星信号传播有关的误差

离地面 20 230 km 的卫星发射的电波，必须穿过电离层和对流层才能到达接收天线。所以，与卫星信号传播有关的误差包括：信号穿越电离层和对流层时所产生的误差，以及信号反射产生的多路径效应误差。

（1）电离层延迟误差

电离层是高度介于 50~1 000 km 的大气层。当 GPS 信号通过电离层时，信号的路径会发生弯曲，传播速度也会发生变化，这种变化称为电离层延迟。所以用信号的传播时间乘上真空中光速而得到的距离就会不等于卫星至接收机的几何距离，从而产生电离层延迟误差。对于电离层折射，常常采用双频校正法来对电离层的延迟误差进行校正。电离层产生的附加时延为：

$$\Delta\tau = \frac{1}{2} \cdot \frac{e^2}{\pi mc} \cdot \frac{TEC}{f_t^2} \tag{4.32}$$

式中，e 为电子电荷；m 为电子质量；TEC 为积分电子浓度；f_t 为电波频率。

$\Delta\tau$ 为负值，说明等效传播路经比实际的短。对 L 波段的电波，当垂直穿过电离层时，夜间附加延时约为 10 ns，白天可增加到 50 ns。在低仰角时，附加延时可比垂直穿越时的延时增加 3 倍。传播路径不同，附加时延也不同。

对于双频接收机，可分别测量 f_1、f_2 电波的传播时延 τ_1 和 τ_2

$$\tau_1 = \frac{r(t)}{c} + \frac{\alpha}{f_1^2} \tag{4.33}$$

$$\tau_2 = \frac{r(t)}{c} + \frac{\alpha}{f_2^2} \tag{4.34}$$

其中 $\qquad\qquad \alpha = -\frac{1}{2} \cdot \frac{e^2}{\pi mc} \cdot TEC$

由式（4.33）和（4.34），可得

$$\tau_2 - \tau_1 = \alpha\left(\frac{f_1^2 - f_2^2}{f_1^2 f_2^2}\right) = \frac{\alpha}{f_1^2}\left(\frac{f_1^2 - f_2^2}{f_2^2}\right) \tag{4.35}$$

考虑到 $\Delta\tau_1 = \alpha / f_1^2$，可得

168

$$\Delta \tau_1 = (\tau_2 - \tau_1) \frac{f_2^2}{f_1^2 - f_2^2} \qquad (4.36)$$

计算得到 $\Delta \tau_1$，即可用来修正 f_1 电波在电离层中产生的附加时延。用类似的方法可求得 $\Delta \tau_2$。

通过双频校正法可以完全消除电离层的附加时延误差，但对民用 C/A 码接收机来说，由于只能接收单频率，不能采用双频校正法来校正电离层延迟误差。

（2）对流层折射误差

地球周围的对流层对电磁波的折射效应，使得 GPS 信号的传播速度发生变化，这种变化称为对流层延迟。对流层延迟导致的卫星与接收机间的几何距离偏差，叫作对流层折射误差。

对流层是高度为 40 km 以下的大气底层，其大气密度比电离层更大，大气状态也更复杂。对流层与地面接触并从地面得到辐射热能，其温度随高度的上升而降低。GPS 信号通过对流层时，传播的路径发生折射弯曲，从而使测量距离产生偏差。减弱对流层折射的影响主要有 3 种措施：①采用对流层模型加以改正，其气象参数在测站直接测定；②引入描述对流层影响的附加待估参数，在数据处理中一并求得；③利用同步观测量求差。

（3）多路径误差

接收机周围的反射物所反射的卫星信号（反射波）进入接收机天线，将和直接来自卫星的信号（直接波）产生干涉，从而使观测值偏离，产生所谓的"多路径误差"。这种由于多路径的信号传播所引起的干涉时延效应被称作多路径效应。可通过选择较好的接收机天线和接收机位置来减小多路径效应。

4. 几何位置误差

GPS 导航定位时，用户接收机可接收多颗卫星的信号，但只接收 4 颗卫星信号就可以定位了，所以有多种星的组合方法。用户选用的 4 颗星与用户的位置几何关系不同，产生的定位误差也不同，可见可视卫星在空间的几何结构对定位精度有着重要的影响。所以，选择最佳几何关系的 4 颗卫星，可以使定位误差最小，获得高质量的测量结果。

另外，GPS 定位误差还包括接收机的设备误差，在高精度的 GPS 测量中，还应考虑与地球整体运动有关的地球潮汐、相对论效应引起的误差等。表 4.6 列出了 GPS 不同的误差源对距离测量的影响。

表 4.6　GPS 定位误差分类

误差来源	误差分类	对距离测量的影响/m
GPS 卫星	① 卫星星历误差 ② 卫星误差	1.5 ～ 15
信号传播	① 电离层折射误差 ② 对流层折射误差	1.5 ～ 15
接收设备	① 接收机钟误差 ② 位置误差	1.5 ～ 5
其他影响	① 地球潮汐	1.0

4.7.2.4　GPS 的精度因子

为了获得高质量的测量结果，特别是在点定位和动态测量中，可视卫星在空间的几何结构对定位精度有着重要的影响。由于卫星的相对运动，卫星位置的几何结构会随时变化。为了描述这一结构，引入几何精度因子（$GDOP$）这一概念。

几何精度因子是系统总的误差和等效距离误差的比值，即

$$GDOP = \frac{\sqrt{\sigma_x^2 + \sigma_y^2 + \sigma_z^2 + \sigma_{c\delta t}^2}}{\sigma_{\text{UERE}}} \quad\quad (4.37)$$

对式（4.37）进行整理，得

$$\sqrt{\sigma_x^2 + \sigma_y^2 + \sigma_z^2 + \sigma_{c\delta t}^2} = GDOP \cdot \sigma_{\text{UERE}} \quad\quad (4.38)$$

式（4.38）左侧是 GPS 解中误差的总特征，右侧表明 GPS 总的误差由几何精度因子和等效距离误差确定。当 σ_{UERE} 确定时，GPS 误差随卫星/用户的几何布局改变而改变。

另外，其他的几种精度因子为：垂直精度因子（$VDOP$）、水平精度因子（$HDOP$）、位置精度因子（$PDOP$）、时间精度因子（$TDOP$）。这些参数用卫星 UERE 和位置/时间解的协方差矩阵元素定义为：

$$\sqrt{\sigma_x^2 + \sigma_y^2 + \sigma_z^2} = PDOP \cdot \sigma_{\text{UERE}} \quad\quad (4.39)$$

$$\sqrt{\sigma_x^2 + \sigma_y^2} = HDOP \cdot \sigma_{\text{UERE}} \quad\quad (4.40)$$

$$\sqrt{\sigma_z^2} = VDOP \cdot \sigma_{\text{UERE}} \quad\quad (4.41)$$

$$\sigma_{c\delta t} = TDOP \cdot \sigma_{\text{UERE}} \quad\quad (4.42)$$

每种精度因子都可以作为用户选星的依据。根据不同的需要，可以采用不同精度因子的最优结构，将被观测的 4 颗卫星与用户构建成不同的可视卫星四面体，如图 4.78 所示。

其中，接收机在对 GPS 信号进行相关处理时，根据可视卫星的在轨位置，相互构成不同的四面体。四面体体积可按下式计算：

$$V = \frac{1}{6}\left|(\boldsymbol{S}_1\boldsymbol{S}_2 \times \boldsymbol{S}_1\boldsymbol{S}_3) \cdot \boldsymbol{S}_1\boldsymbol{S}_4\right| \quad\quad (4.43)$$

式（4.43）中，$\boldsymbol{S}_1\boldsymbol{S}_2$、$\boldsymbol{S}_1\boldsymbol{S}_3$、$\boldsymbol{S}_1\boldsymbol{S}_4$ 分别为用户指向卫星 1、2、3、4 的单位矢量末端的连线矢量，如图 4.79 所示。

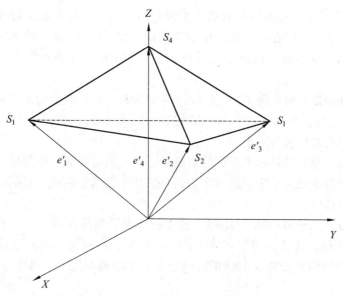

图 4.78　用户及 4 颗卫星四面体图

对于普通用户来说，最优的 $GDOP$ 便能满足对测量误差的要求。大量的统计数据表明，$GDOP$ 值与接收机到所测卫星的单位矢量端点所形成的四面体体积 V 成反比，即

$$GDOP \propto \frac{1}{V} \tag{4.44}$$

所以选取使 V 最大的一组 4 颗星，则 $GDOP$ 必定最小。

从上面的分析可以总结出，如果要获得最优的 $GDOP$，一般必须遵循以下两条原则：

① 卫星仰角不小于 5°～10°，以减小大气折射的影响。

② $GDOP$ 最小原则。一般认为，当 1 颗卫星处于用户正上方，其余 3 颗卫星相距约 120° 时，所构成的四面体体积接近最大，$GDOP$ 最小。

4.7.2.5　差分 GPS

影响 GPS 定位精度的误差包括卫星的星历误差、卫星钟差、接收机钟差、大气折射传播延迟误差和接收机噪声误差等。这些误差导致 GPS 导航精度不能满足 ICAO 对不同飞行阶段精度的要求。在航路飞行阶段，要求水平精度为 3.7 km（95%），对垂直精密没有要求，故一般的卫星导航系统都可以满足航路上的定位要求。但在飞机进近阶段，尤其在最后进近阶段，对定位精度的要求大幅提高。表 4.7 列出了不同等级的精密进近对精度的要求，可见 GPS 无法满足 ICAO 规定的精密进近的要求。

表 4.7　ICAO 的精密进近的定位精度标准

进近等级	精度要求/m	
	水平	垂直
CAT Ⅰ	±18.7	±4.5
CAT Ⅱ	±5.6	±1.9
CAT Ⅲ	±4.4	±0.6

从表 4.7 中可看出，精密进近对精度要求很高，尤其对垂直定位精度的要求很高。对于飞机这个高动态用户，在机场区域需要很高的动态位置精度，单点动态定位或单一的 C/A 码测量不能满足精度的要求，而应当采用差分动态定位和 C/A 码和载波相位测量相结合的办法。

差分技术一开始是针对美国 GPS 卫星的 SA 政策提出的，但采用了差分技术的用户不但避免了 SA 的人为干扰，而且消除了在 GPS 定位中的大部分公共误差，使定位精度得到很大提高，满足了用户更高层次的需求。

差分是指在一个测量站对两个目标的观测量、两个测量站对一个目标的观测量或一个测量站对一个目标的两次观测量之间进行求差，目的在于消除公共项，包括公共误差和公共参数，以便提高观测精度。

差分 GPS（Differential GPS，DGPS）就是在地面已知地点设置一个或多个基准站，通过实时观测卫星数据，计算出卫星定位中的公共误差，再通过一定的通信链路，发送给该区域内的用户，用户用此公共误差修正定位结果，实现高精度的区域差分定位，如图 4.79 所示。

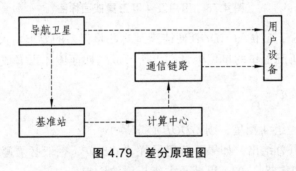

图 4.79　差分原理图

GPS 定位是利用一组卫星的伪距、星历、卫星发射时间等观测量来实现的，同时还必须知道用户钟差。在这一定位过程中，存在着三部分误差。一部分是对每一个用户接收机所公有的，如卫星钟误差、星历误差、电离层误差、对流层误差等；第二部分为不能由用户测量或由校正模型来计算的传播延迟误差；第三部分为各用户接收机所固有的误差，如内部噪声、通道延迟、多径效应等。利用差分技术，第一部分误差完全可以消除，第二部分误差大部分可以消除（主要取决于基准接收机和用户接收机的距离），第三部分误差则无法消除。除此以外，美国政府在关闭 SA 政策前，实施的 SA 政策使卫星钟差和星历误差显著增加，使原来的实时定位精度从 15 m 降至 100 m。利用差分技术也能消除这一部分误差。表 4.8 所示为 DGPS 和 GPS 定位误差估计的对比。

表 4.8　DGPS 和 GPS 定位误差估计的对比　　　　单位：m

误差类型	GPS	DGPS
星历误差	2.62	0
星钟误差	3.05	0
电离层和对流层延迟	6.41/0.40	0.15

误差类型	GPS	DGPS
接收机噪声/量化	2.44	0.61
接收机通道	0.61	0.61
多径效应	3.05	3.05

根据差分 GPS 基准站发送的信息可将差分 GPS 定位分为三类，即位置差分、伪距差分和载波相位差分。这三类差分方式的工作原理是相同的，即都是由基准站发送改正数，由用户站接收并对其测量结果进行改正，以获得精确的定位结果。所不同的是，发送改正数的具体内容不一样，其差分定位精度也不同。

（1）位置差分

位置差分是一种最简单的差分方法，任何一种 GPS 接收机均可改装和组成这种差分系统。安装在基准站上的 GPS 接收机观测 4 颗卫星后便可进行三维定位，解算出基准站的坐标。由于存在着轨道误差、时钟误差、SA 影响、大气影响、多径效应以及其他误差，解算出的坐标与基准站的已知坐标是不一样的，存在误差。

如采用其他定位方法得到的基准站精确位置为 (X_0, Y_0, Z_0)，GPS 接收机测量的基准站位置是 (X^*, Y^*, Z^*)，则坐标修正值（$\Delta X, \Delta Y, \Delta Z$）为：

$$
\begin{aligned}
\Delta X &= X^* - X_0 \\
\Delta Y &= Y^* - Y_0 \\
\Delta Z &= Z^* - Z_0
\end{aligned}
\tag{4.45}
$$

基准站利用数据链将此改正数发送出去，由用户 u 接收，并且对其解算的用户站坐标进行改正，其位置 (X_u, Y_u, Z_u) 为：

$$
\begin{aligned}
X_u &= X_u^* + \Delta X \\
Y_u &= Y_u^* + \Delta Y \\
Z_u &= Z_u^* + \Delta Z
\end{aligned}
\tag{4.46}
$$

如考虑到用户站的位置改正值瞬间变化，则：

$$
\begin{aligned}
X_u &= X_u^* + \Delta X + \frac{\mathrm{d}(\Delta X - X_u^*)}{\mathrm{d}t}(t - t_0) \\
Y_u &= Y_u^* + \Delta Y + \frac{\mathrm{d}(\Delta Y - Y_u^*)}{\mathrm{d}t}(t - t_0) \\
Z_u &= Z_u^* + \Delta Z + \frac{\mathrm{d}(\Delta Z - Z_u^*)}{\mathrm{d}t}(t - t_0)
\end{aligned}
\tag{4.47}
$$

式中，t_0 为校正的有效时刻。

最后得到的改正后的用户坐标已消去了基准站和用户站的共同误差，提高了定位精度。以上先决条件是基准站和用户站观测同一组卫星的情况。这种差分方式计算方法简单，只需要对解算的坐标加以改正即可，适用于一切 GPS 接收机，包括最简单的接收机。其缺点是必须严格保持基准站与用户站观测同一组卫星。所以，位置差分法适用于用户与基准站间距离在 100 km 以内的情况。

（2）伪距差分

伪距差分是目前用途最广的一种技术，几乎所有的商用差分 GPS 接收机均采用这种技术。用户利用修正后的伪距来解出本身的位置，就可消去公共误差，提高定位精度。

伪距差分的基本原理是：在基准站上的 GPS 接收机测量出至全部卫星的伪距和采集全部卫星的星历参数（a、e、ω、Ω、i、f）等，首先利用已采集的轨道参数计算出各卫星的地心坐标(X_i, Y_i, Z_i)，同时利用精确的基准站地心坐标(X_b, Y_b, Z_b)计算基准站到卫星 S_i 的几何距离，接着计算基准站到各卫星的伪距改正数和伪距改正数的变化率，然后计算流动站上的改正伪距观测值，最后利用改正后的伪距计算流动站坐标。

GPS 伪距差分解算的步骤是：

① 计算基准站到卫星 S_i 的真实距离：

$$R_i = \sqrt{(X_i - X_b)^2 + (Y_i - Y_b)^2 + (Z_i - Z_b)^2} \qquad (4.48)$$

② 计算伪距修正值

$$\Delta\rho_i = R_i - \rho_i$$

其中 ρ_i 是基准站到卫星 S_i 的伪距。

③ 计算基准站伪距修正数的变化率：

$$\Delta\dot{\rho}_i = \frac{\Delta\rho_i}{\Delta t}$$

④ 计算流动站上的修正伪距观测值。

将基准站的 $\Delta\rho_i$ 和 $\Delta\dot{\rho}_i$ 通过数据链传送给移动用户，对移动站测量出的伪距进行修正，得到修正后的伪距为：

$$\hat{\rho}_i(u) = \rho_i(u) + \Delta\rho_i + \Delta\dot{\rho}_i(t - t_0) \qquad (4.49)$$

式中，$\rho_i(u)$ 是用户到卫星的测量伪距。

⑤ 利用改正后的伪距计算移动用户的位置坐标。

伪距差分的优点是：计算的伪距修正值是 WGS-84 坐标系的直接修正值，不用先变换为当地坐标，因此能达到很高的精度；基准站能提供所有卫星的伪距修正值，而用户可接收任意 4 颗卫星进行改正，不必强求两者接收同一组卫星，因此用户可采用具有差分功能的简易接收机。其缺点是用户和基准站之间的距离对精度有决定性影响，随着用户到基准站距离的增加又出现了新的系统误差，且无法用差分方法消除。

（3）载波相位差分原理

测地型接收机利用 GPS 卫星载波相位进行的静态基线测量获得了很高的精度，但为了可靠地求解出相位模糊度，要求静止观测一两个小时或更长时间。这样就限制了其在工程作业中的应用。于是，探求快速测量的方法应运而生。采用整周模糊度快速逼近技术（FARA），使基线观测时间缩短到 5 min，采用准动态（stop and go）、往返重复设站（re-occupation）和动态（kinematics），提高了 GPS 作业效率。这些技术的应用对推动精密 GPS 测量起了促进作用。但是，上述这些作业方式都是事后进行数据处理，不能实时提交成果和实时评定成果质量，很难避免出现事后检查不合格造成的返工现象。

差分 GPS 的出现，能实时给定载体的位置，精度为米级，满足了引航、水下测量等工程的要求。位置差分、伪距差分、伪距差分相位平滑等技术已成功地用于各种作业中。随之而来的是更加精密的测量技术——载波相位差分技术。

载波相位差分技术又称 RTK（Real Time Kinematic）技术，是建立在实时处理两个测站的载波相位基础上的，它能实时提供载体的三维坐标，并能够达到厘米级的定位精度。

与伪距差分原理相同，RTK 由基准站通过数据链实时将其载波观测量及基准站坐标信息一同传送给用户站，用户站接收 GPS 卫星的载波相位与来自基准站的载波相位，并组成相位差分观测值进行实时定位。而且，RTK 测量、导航和定位技术被认为是 GPS 发展过程中一个新的突破。

实现载波相位差分 GPS 的方法分为两类：修正法和差分法。前者与伪距差分相同，基准站将载波相位修正量发送给用户站，以改正其载波相位，然后求解坐标。后者将基准站采集的载波相位发送给用户台进行求差解算坐标。前者为准 RTK 技术，后者为真正的 RTK 技术。

差分 GPS 技术的出现，为卫星导航在现代空中交通管制中的应用带来了实现的可能性。GPS 的位置差分、伪距差分、载波相位差分等技术已基本成熟，它能实时给出高速运载体的精确位置。目前利用差分技术实施飞机精密着陆的实验已取得较大进展，正在取得 ICAO 等部门的批准和认证。

4.7.3 GNSS 增强系统

卫星导航系统的性能主要从如下四个方面进行衡量：定位精度、完好性、连续性及可用性。

定位精度是指在无故障条件下，利用导航系统确定的用户位置与真实位置的偏离程度，分为水平定位精度和垂直定位精度。完好性是指卫星信号故障或引起误差的事件能被及时检测出来并及时报警的能力。连续性是指系统在给定的使用条件下及在规定的时间内以规定的性能完成其功能的概率。可用性是指系统能为运载体提供可用的导航服务的时间的百分比，亦即在卫星的全球覆盖、连续工作下使所有区域的飞机在各飞行阶段一开始就能收到四颗以上的卫星信号，能求出定位解的概率，一般要求大于 0.99999。

飞机在在航路、终端区、非精密进近和精密进近的不同飞行阶段，对定位精度、完好性、连续性及可用性有不同的需求，即对导航系统的性能要求不同，如表 4.9 所示。

表 4.9　不同飞行阶段对导航参数的要求

项目	水平精度（95%）	垂直精度（95%）	完好性	告警时间	连续性	可用性
航路	3.7 km(2.0 n mile)	N/A	$1\text{-}1\times10^{-7}/h$	5 min	$1\text{-}1\times10^{-4}/h$ $\sim 1\text{-}1\times10^{-8}/h$	$0.99\sim0.99999$
终端区域	0.75 km(0.4 n mile)	N/A	$1\text{-}1\times10^{-7}/h$	15s	$1\text{-}1\times10^{-4}/h$ $\sim 1\text{-}1\times10^{-8}/h$	$0.99\sim0.99999$
NPA	220 m(720 ft)	N/A	$1\text{-}1\times10^{-7}/h$	10s	$1\text{-}1\times10^{-4}/h$ $\sim 1\text{-}1\times10^{-8}/h$	$0.99\sim0.99999$
APV-1	16 m(52 ft)	20 m(66 ft)	$1\text{-}2\times10^{-7}/h$	10s	$1\text{-}1\times10^{-6}/h$ per 15s	$0.99\sim0.99999$
APV-2	16 m(52 ft)	8 m(26 ft)	$1\text{-}2\times10^{-7}/h$	6s	$1\text{-}1\times10^{-6}/h$ per 15s	$0.99\sim0.99999$
PA(CAT 1)	16 m(52 ft)	$6\sim4$ m $(20\sim13$ ft)	$1\text{-}2\times10^{-7}/h$	6s	$1\text{-}1\times10^{-6}/h$ per 15s	$0.99\sim0.99999$

GPS 自运行以来，在全球大范围内得到了广泛的应用，然而长期以来，其完好性、可靠性、导航精度等一直难以满足航空用户将其作为主用导航系统性能的要求，卫星导航增强系统的建立和使用，正是针对这一问题对 GPS 进行的改进。卫星增强导航系统除了提供对伪距和电离层广域差分的校正之外，同时提供了 GPS 的完好性信息，比普通的广域差分系统具有更高的实用价值。增强系统网络的建设，不仅可为航空等领域提供高质量的导航服务，提供全球范围的无缝导航服务，同时还可将各参考站数据作为数据资源用于科学研究、大地测量、工程建设等诸多方面，提高了其附加价值。

当前，美国、欧洲都非常重视 GPS 增强系统的建设，美国的 WAAS 和 LAAS、欧洲的 EGNOS(European Geostationary Navigation Overlay Service)、日本的 MSAS 均属于增强系统，这些系统在系统设计、信号标准等方面逐渐趋于一致，从而符合未来 GNSS 发展的要求。所以，GNSS 能够提供比现有的传统导航系统更为精确的导航引导，它通过数据链发给用户改进的导航性能的信息，可用于改善其精度、完好性、连续性和可用性。

卫星定位信号的增强将改善地面导航信息的不足，使形式复杂、多点分散的地面辅助导航信号改变成单一类型的辅助导航信号，如星基增强系统（SBAS）与地基增强系统（GBAS）的综合应用，就可以让飞机从起飞到降落都使用单一系统来操作，形成一个无缝隙的飞行服务系统。

为提高卫星导航的完好性、精确性、可用性和服务连续性，通过一些地面、空中或卫星设施，使用差分技术、伪卫星技术、监测手段等，使卫星导航系统总体性能得以提高，由此形成了卫星导航的增强系统。各种增强系统提高性能的措施不尽相同，根据 ICAO《国际民航公约》附件 10 中 GNSS SARPs 的规定，GNSS 增强系统的组成可划分为 GBAS（地基增强系统）、SBAS（星基增强系统）、ABAS（空基增强系统）。

4.7.3.1　空基增强系统（ABAS）

ABAS 综合了 GNSS 信息和机载设备信息，从而确保导航信号完好性的要求。它的应用包括接收机自主完好性监测（RAIM）、飞机自主完好性监测（AAIM）等。宗旨是保证定位精度，实现对卫星工作状态的监控，确保使用健康的卫星进行定位。其具体该内容在卫星完好性监测部分介绍。

4.7.3.2 地基增强系统（GBAS）

在 GBAS 中，用户接收到的增强信号来自地基发射机。GBAS 由 GNSS 卫星子系统、地面子系统和机载子系统组成，如图 4.80 所示。

GBAS 通过为 GNSS 测距信号提供本地信息和修正信息，来提高导航定位的精确度。修正信息的精度、完好性、连续性满足所需服务等级的要求。

设置在地面的多个监测站跟踪 GPS 卫星，提供本地的伪距测量值。地面中心站将这些伪距值合并，计算出单一的差分校正值，该值包含了所有的公共误差源。

地面站还要进行完好性监测，包括多接收机连续性监测（MRCC）、卫星信号失真监测、周期滑动监测等，并给每个伪距产生附加的完好性参数。

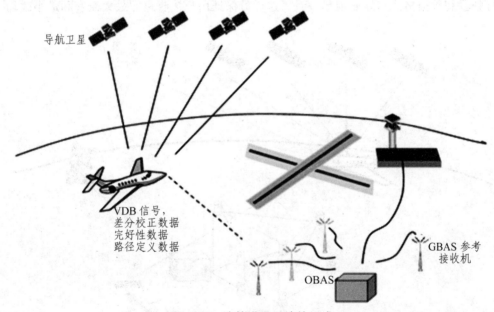

图 4.80　地基增强系统的组成

增强信息通过通信数据链以数字格式广播给用户，使用频段可选择 C 波段或 VHF 波段，调制方式为 D8PSK 或者 GFSK。这些信息包括差分校正值、完好性信息、基本地面站信息和状态信息等，用于机场飞机着陆的还包括最终进近段定义数据。修正信息的精度、完好性和连续性要满足所需服务等级的要求，最终目标是可用于 III 类精密进近和地面导航。另外，GBAS 还能对没有被星基增强系统覆盖的偏远地区提供导航服务。

GBAS 用于空中交通管制，除能向视线范围内的飞机提供差分修正信号外，其空间信号还可提供机场场面活动的监视服务，能有效缩短系统完好性告警时间。其服务空间可包括在本区域内的所有机场。

当 GBAS 能够通过增加辅助的差分修正信息提供精确的进场定位信号时，可用于发展

GLS，以取代传统的 ILS 和 MLS。GBAS 的国际标准正在逐渐成熟，地面站的发展也接近完善，目前已具备实现精密 II 类进场着陆的能力。GBAS 的典型应用为美国的 LAAS。

4.7.3.3　星基增强系统（SBAS）

在 SBAS 中，用户接收的增强信息来自星基发射机。SBAS 由地面监测站、主控站、地面地球站（GES）及同步轨道通信卫星组成，如图 4.81 所示。系统以辅助的同步轨道通信卫星，向 GNSS 用户广播导航卫星的完好性和差分修正信息。

监测站测量所有可见卫星的伪距值，并完成部分完好性监测。测量数据经由数据网络传送到主控站。主控站对观测数据进行处理，产生三种对伪距的校正数据：快速校正、慢校正（卫星钟差和轨道误差）、电离层延迟校正。同时，主控站也要进行完好性监测。包括校正和完好性信息的数据通过地-空数据链发到同步卫星，再由该卫星转发到用户接收机。这时采用的信号频段和数据格式与导航卫星一致，这样可保证用户接收机的最大兼容和最小改动。

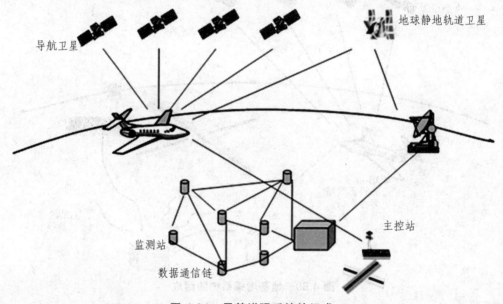

图 4.81　星基增强系统的组成

SBAS 服务的覆盖范围与同步卫星相同，增强信号以 GPS 的 L1 频率 1 575.42 MHz 发送，使用 CDMA 编码，码速率 1.023 kb/s，带宽 2.048 MHz，信号强度为 – 160 dbW，链路的终结数据率是 250bit/s。系统使用 PRN 编码，以便使下行链路不造成干扰。

SBAS 用于空中交通管制，可以提升机场跑道容量和空域隔离标准，可靠地增加指定空域的容量；可以给出更多的直飞路径，满足精密进近的服务要求；可以减少及简化机载设备，降低传统的陆基导航设施的维护费用，节省开支。当前，SBAS 的进展已可提供飞机精密 I 类进场着陆的能力。现有的 SBAS 的应用主要是美国广域增强系统 WAAS、欧洲静地重叠导航卫星系统 EGNOS、日本的 MSAS、印度的 GAGAN 和俄罗斯的 SDCM 等。

EGNOS 是欧洲地球同步卫星导航重叠服务的简称，是由欧盟、欧空局和欧洲航空安全组织合作建设的 GPS 星基增强系统。EGNOS 从 20 世纪 90 年代开始建设，曾被称为 GNSS-1 计划，主要目的是为 Galileo 计划奠定基础。

EGNOS 地面部分由 34 个测距与完好性监测站，4 个控制中心组成，6 个导航地面站组成。空间部分包括 3 个 GEO 卫星有效载荷。3 颗 GEO 卫星分别是 INMARSAT AOR-E (15.5°W)、ARTEMIS(21.3°E)和 INMARSAT IOR-W (65.5°E)，PRN 编号为 120、124 和 126。

EGNOS 于 2003 年开始进入试运行状态，并在全球进行了测试，于 2009 年 9 月正式启用。EGNOS 公开服务的定位精度，在欧洲中心地区的水平和垂直方向分别可达 1 m，个别地区分别为 3 m 和 4 m。

MSAS 是日本运输部建立的基于日本多功能卫星(MSAT)的星基增强系统，其设计思想、采用的技术方法与 WAAS 相同。MAAS 的地面部分有 4 个参考站（GMS）、2 个监测与测距站（MCS）、2 个主控站（MCS）。两个 MCS 分别位于澳大利亚的堪培拉和美国的夏威夷。MSAS 从 2007 年 9 月开始运行。

印度正在建设一个广域增强系统（GPS and Geo-Augmented Navigation，GAGAN）。GAGAN 的技术体制与美国的 WAAS 相同，空间部分依赖印度的 GSAT-4 卫星，地面部分有 18 个参考站。

俄罗斯建设了一个 SDCM 系统用于监测 GNSS（GPS+GLONASS）并提供差分服务，于 2007 年开始试运行。SDCM 地面参考站计划建设 19 个，空间部分由两颗 GEO 组成。SDCM 提供的水平定位精度为 1~1.5 m，垂直定位精度 2~3 m。

4.7.4 卫星导航的完好性监测

4.7.4.1 卫星导航的完好性概述

ICAO 在 CNS/ATM 中对导航系统的发展规划是 GNSS 将成为主要的导航系统。当卫星导航系统作为主用导航系统或单一的导航手段时，对导航完好性的要求非常高。完好性是指卫星信号故障或引起误差的事件能被及时检测出来并及时报警的能力。而卫星导航系统在使用中，将受到很多因素的影响，导致性能恶化。

卫星导航的定位精度受几何精度因子的影响，当系统在卫星数目不多且定位几何分布不好的地区，性能将会变差。卫星导航系统庞大而复杂，系统的软、硬件故障也会使卫星导航定位误差增大，以致影响飞行安全。外界环境中的电磁波、电离层变化及以自然干扰、人为干扰，特别是敌意干扰也会影响卫星导航的可用性。系统的拥有国为了自己的国家安全利益，曾经采取一些限制定位精度的措施，如 GPS 和 GLONASS 都是为军事目的建立起来的，在使用它们进行导航时，对其运行状况必须时刻密切关注，才能保证对它们的正确利用。

为使卫星导航系统满足全球航空导航的要求，使之成为整个飞行阶段唯一的或主要的导航手段，RTCA-159SC（航空无线电技术委员会 159 专门委员会）于 1986 年成立了完善性工作组，并从告警极限、允许最大告警率、告警时间和最小检测概率几个方面对 GPS 在不同飞行阶段的最低性能标准进行了规定。表 4.10 所示是 GPS 作为辅助导航时的完好性要求。其中告警极限是指导航定位所允许的水平径向定位误差的最大极限，当用户定位误差超过系统规定的某一限值时，系统向用户发出警报。告警限值分水平告警限值(HAL)和垂直告警限值(VAL)。表 4.11 所示是 ICAO 规定的 HAL 和 HVL 在不同的飞行阶段的告警限值，表示航空器位置不确定性概率为 10^{-7} 时的包容度。允许最大告警率（虚警）是指系统不存在超差卫星且设备工作正常的情况下所允许的告警率。告警时间是指从卫星出现故障开始到用户监测设备发出完善性告警所允许的时间延迟。漏检概率是指卫星发生故障，即实际误差超过告警极限时，系统认为没有故障的概率。最小检测概率 = 1 - 漏检概率。

表 4.10　不同飞行阶段的完好性要求

要　求	航　路	终 端 区	非 精 密 进 近
告警极限/m	3704	1852	556
允许最大告警率	0.002/h	0.002 h	0.002 h
最小检测概率	0.999	0.999	0.999
告警时间	30 s	10 s	10 s

表 4.11　HAL 和 HVL 在不同的飞行阶段的告警限值

项目	HAL	VAL
洋区、低密度陆地航路	7.4 km(4.0 n mile)	N/A
陆地航路	3.7 km(2.0 n mile)	N/A
终端区域	1.85 km(1 n mile)	N/A
NPA	556 m(0.3 n mile)	N/A
APV-1	40 m(130 ft)	50 m(164 ft)
APV-2	40 m(130 ft)	20 m(66 ft)
PA(CAT 1)	40 m(130 ft)	35 ~ 10 m(115 ~ 33 ft)

虽然在 GPS 卫星本身发出的导航电文中已向用户提供了完好性信息，但有些故障或漂移要经过几个小时才能发现，对高速、高动态飞机的飞行安全势必造成威胁。因此，GPS 系统在航路、终端区和非精密进近时作为辅助导航系统，必须进行必要的完好性增强。

所有完好性增强都包含故障检测（FD）或者故障检测和排除（FDE）功能。FD 能确保异常信号的监测，即确保使用信号的完好性。在异常信号监测后，FDE 能保证导航的连续性。FD 的性能通过计算水平定位误差保护等级(HPL)和垂直定位误差保护等级（VPL）来测量，每当 H(V)PL < H(V)AL，说明 GNSS 导航是有效的，ICAO 要求的导航精度和完好性能得到满足，

如图 4.82 所示；当 H(V)PL > H(V)AL，说明 GNSS 不能满足 ICAO 要求导航精度和完好性要求，如图 4.83 所示。FDE 的性能通过计算水平排除等级（HEL）和垂直保护等级（VEL）来测量。所以，针对当时的观测卫星几何误差和观测伪距误差，并根据漏警率和误警率等的要求，计算 H(V)PL 或 H(V)EL，利用故障检测（FD）或者故障检测和排除（FDE）功能，以保证在当时的观测情况下，在对应飞行阶段的各种概率要求下，相应的定位误差未超出告警限值。

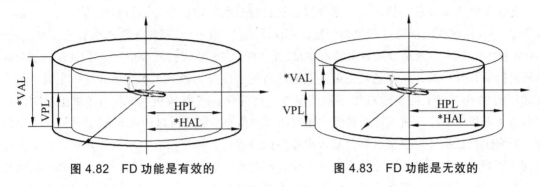

图 4.82　FD 功能是有效的　　　　　图 4.83　FD 功能是无效的

4.7.4.2　完好性增强的分类

使用健康的卫星就是要增强卫星导航系统的完好性，而完好性监测系统的核心，是将该系统监测到的卫星完好性信息通过通信链路送到飞机上进行显示，使驾驶员能做出判断；或直接送到机载的卫星信号接收机中，使接收机能够根据卫星完好性的数据，自动修订接收机的定位计算，保证卫星的完好性满足民航飞机航路和进近的飞行要求。

目前，已有多种增强 GPS 系统完好性的方法和途径，从完好性增强的手段上来分，可分为内部监测方法和外部监测方法两大类。

内部监视方法是指不需要外部设备提供信息，仅通过飞行器内部设备的监测和分析，就可以提取出卫星系统的完好性信息，进行卫星故障的检测和排除。它又包括接收机自主完好性监测（RAIM）、机载自主完好性监测（AAIM）两个分支。内部监测方法的机理是利用卫星信号接收机内部的冗余信号，或其他的导航辅助信息来实现监测的。

内部监视方法由于不需要附加外部设备的支持，因此花费较低，容易实现。目前，已研究出多种 GPS 接收机自主完善性监测算法，例如二乘残差和监视法、最大间隔监视法、校验空间错误检测排除算法（FDE）和错误检测隔离算法（FDI）等。但内部监视方法要求同时收到一定数量的卫星信号，利用接收机的冗余数据进行卫星故障的检测和排除，而且由于自身设备的原因，对 GPS 的"小误差"失效不敏感，其应用尤其对高动态用户的应用受到限制。

外部监视方法是在地面或太空的地球同步卫星上设置完好性监测站或站组，通过在站中建立高精度的时间和空间基准，对空间相关的误差（大气中的传播延时误差）和空间不相关的误差（卫星的星历误差、星钟误差）进行分离解算，复制完善性信息（如卫星数据中的健康字符等），最后向其覆盖的用户播发。其中一种方法是 GPS 系统完好性通道（GIC）检测，或称为 GAIM 系统，另一种方法是星基完好性监测，它们分别通过地基通信和卫星通信将卫星的完好性信息发送给用户。

外部方法需要在地面建站，或利用同步卫星的设备加以实现，并且要建立数据通信链路，系统较复杂，需要一定的资金和技术投入。但该方法不需要冗余卫星信号，就能实现对每颗卫星的实时监测、正确识别故障卫星，因此具有较高的可靠性和可信度。

4.7.4.3 RAIM

RAIM 技术是在接收机内，仅依靠接收机自身获取的定位信号进行监控的方法，它是在航空型 GPS 接收机内部通过软件和一定的算法实现的，成本低，适用于全球所有地区及空域。RAIM 技术的基本原则是增加多余的观察星，它利用 GPS 系统的冗余信息，对 GPS 的多个导航解进行一致性检验，从而达到完好性监测的目的。按照 GPS 24 颗卫星的星座布局，将为全球提供 99.99%以上的 5 颗 GPS 卫星的覆盖。当机载 GPS 接收机视线内有 5 颗卫星时，由于只需 4 颗便能产生飞机的三维位置、速度和时间信息，那么可以用这 5 颗卫星构成 5 个组合，每个组合包括 4 颗卫星，并分别求出相应的位置解。如果没有卫星信号异常，且卫星几何因子较好或相差不是很大，那么这 5 个位置解会在一定的范围内保持一致。反之，如果其中一颗卫星信号异常，那么这 5 个位置解的差异就会很大。这样利用 5 颗卫星就可迅速判定有无卫星信号异常和卫星失效的程度。当有 6 颗可见卫星时，还可判断是哪一颗卫星出了故障，从而提高 GPS 系统的完好性。

RAIM 技术的关键是建立误差模型。在 RAIM 误差分析的过程中，相应的算法称为故障检测和排除（FDE）算法，目前采用的有距离比较法、最小二乘法、比率法、递归法等。除递归法外，均依靠增加多余观察星完成监测故障的功能。

RAIM 既保证了定位精度，也实现了对卫星工作状态的监控，是目前卫星定位中自主有效地获得完好性监测的唯一方法。其优点是对卫星故障反应迅速及完全自动，且不受外界干扰；其缺陷是要求机载 GPS 接收机视界内有 5 颗以上几何分布较好或相当的卫星，否则就无法进行完好性判定。

4.7.4.4 AAIM

AAIM 实现完好性监测又有许多途径，如采用 GPS/INS、GPS/多普勒导航雷达、GPS/高度表、GPS/VOR-DME 和 GPS/罗兰-C 等组合，可得到比单独使用这类设备更高的导航定位精度，并以这些设备输出的数据为基准去判别 GPS 系统的完好性。

其中，采用 GPS/INS 组合的完好性监测，可有效地实现对 GPS 卫星硬故障的监测，也能对误差缓慢变化的软故障产生告警信息。使用一般民用的 INS 和 GPS 进行组合，就可以实现飞机在海洋航路和陆路航路的完好性监测要求。采用 GPS/INS 组合还可以和 RAIM 技术结合，当 RAIM 失效或无法进行判断时，用 INS 的位置误差和 GPS 位置的漂移速率进行比较，可监测定位结果的可靠性。

4.7.4.5 GAIM

GAIM 方法是在本地设置若干个地面监测站监视卫星的健康状况。借助于监测站收集视界内所有卫星传来的信号，产生伪距测量值并计算出伪距误差，如果超过允许的范围，就产生完好性报警信号，通知服务区内所有用户不得使用这颗卫星。

为了扩大监测范围和监视的可靠性，各监测站通过地面通信网连接起来，将监视信息送到主控站处理形成服务区内 GPS 卫星的完好性信息，再通过地-空通信网送到机载 GPS 接收机，通知所有用户不得使用这颗卫星进行定位解算。根据不同飞行阶段完好性有不同的门限限制，发送的完好性可以有几类，由处于不同飞行阶段的飞机选择适合自己的一类使用。

与 RAIM 技术相比，GAIM 在完好性监测方面有其独特的优势。这主要是由于 GAIM 监测站的位置精确已知，以这些精确的位置作为基准，可以迅速判定视界内的某颗卫星是否能够用于导航，因而不受视界内卫星的数量和卫星几何精度因子的影响，并且监测站可以使用无码双频接收机来消除电离层延迟，能够确保精确监测视界内所有可见卫星的信号，并迅速确定出信号较差的卫星。

复习思考题

1. 目前的民航近程导航系统主要包括哪些设备？又可以从哪些角度进行分类？

2. 试说明终端区 NDB 导航台的安装位置。

3. NDB 导航系统由哪几部分组成？为什么需要庞大的天线和地线？

4. 试说明 NDB 导航系统测量无线电方位的原理。

5. 试述 NDB 导航系统的主要性能指标。

6. 机载 ADF 测量的无线电方位是什么？

7. VOR 导航系统相比 NDB 导航系统有哪些优点？

8. 试说明地面 VOR 台的分类及其主要区别。

9. 试说明 VOR 系统测量无线电方位的基本原理。

10. 试述多普勒 VOR 的主要性能指标。

11. NDB 和 VOR 测量无线电方位可以分别通过哪些机载仪表进行指示？

12. 试说明 DME 系统的基本组成及功用和原理。

13. 试述 DME 的信号特征和主要性能指标。

14. 试说明 DME 询问器的"频闪搜索"原理。

15. 试述 ILS 地面台的安装位置及主要性能指标。

16. 试说明 ILS 的功用和基本工作原理。

17. 试述比幅制 ILS 机载 LOC 和 GS 的工作原理。

18. 试说明内、中、外三个指点标的灯光和音频识别信号。

19. 目前，民航通用的远程导航系统有哪两类？说明其优、缺点。

20. 惯性导航系统分为哪两种类型？由哪几部分组成？

21. 惯性导航系统为什么要进行初始校准？校准的本质是什么？

22. 什么是 GNSS？GNSS 包括哪些卫星导航系统？

23. GPS 的组成包括哪些？各部分有什么功用？

24. 试述的 GPS 定位原理？

25. GPS 的误差主要表现在哪些方面？主要误差有哪些？

26. 如何理解 GPS 的精度因子？精度因子的类型有哪些？

27. 衡量卫星导航性能的参数有哪些？

28. 卫星导航的增强系统包括哪些？

29. 星基增强（SBAS）的基本原理是什么？可以增强卫星导航的哪些性能？

30. 地基增强（GBAS）的基本原理是什么？其主要应用是什么？

31. 空基增强（ABAS）包括哪些？其基本原理是什么？

32. 为什么要使用卫星导航的完好性监测？其完好性增强的分类是怎样的？

33. RAIM 增强的基本原则是怎样的？有什么优缺点？

第 5 章　民航监视系统

5.1　民航监视系统概述

ICAO 发展的 CNS/ATM 监视系统主要是二次雷达监视（SSR）和自动相关监视系统（ADS）。其中，二次雷达监视主要用在高交通密度陆地区域，自动相关监视主要用在海洋区域及边远陆地区域，并可作为高交通密度陆地区域二次雷达的补充。但在很长时间内，一次雷达也会继续使用。本章主要介绍一次雷达、二次雷达、自动相关监视系统及其机载监视设备。

5.1.1　空管监视设施

监视是一种获取飞机位置和其他信息的手段，使管制员能确保航空器的安全并维持在给定区域的最小间隔。空管监视设施包括三个方面，即飞行流量管理系统、航路监视系统和终端区监视系统。

5.1.1.1　飞行流量管理系统

飞行流量管理系统是一种多架飞机同时进、出港以及飞越航空站区域的管制自动化系统。

在实施空中交通管制的工作中，许多机场都会遇到同一时间范围内，有多架飞机进出同一航空站的情况。在一些飞行活动繁忙的机场，这种同时进、出的飞行活动是很频繁的。遇到这种情况时，最重要的是建立良好的飞行秩序，防止飞机在空中危险接近和相互碰撞。要做到这一点，就必须合理控制流量，及时调配飞行冲突，准确掌握每架飞机的位置、高度以及飞机之间的相互关系，使飞机之间保持规定的安全间隔、距离和高度差，从而防止飞机与飞机、飞机与障碍物之间的碰撞。

流量控制就是根据航路和机场的地形、天气特点、通信导航和监视设备等条件，以及管制技术水平和有关工作间隔的规定，对某航路或某个机场在同一时间所容纳的飞机架次加以限制。

世界空管水平较高的国家根据飞行流量的增长情况，都在建设自己的飞行流量管理系统。

5.1.1.2　终端区监视系统

终端区负责飞机的进场、进近和着陆，需要实时并精确掌握飞机的位置，而雷达系统能实时反映飞机的位置，并且位置精度很高，所以终端区监视系统一般采用雷达监视系统。该系统一般包括一次雷达和二次监视雷达。而随着广播式自动相关监视系统（ADS-B）和区域多点定位系统的发展，这两种监视系统也会逐渐在终端区域应用。

5.1.1.3 航路监视系统

对于不同的航路区域，根据航路的地形、设备在不同区域的安装情况，该系统一般包括一次雷达、二次雷达、自动相关监视系统（ADS）和广域多点定位系统。为了实现雷达管制，需要将航路多种监视系统联网，进行多监视系统的数据融合，以便各管制中心能掌握全部空域内的空中情况。

5.1.2 空管监视手段和实施方法

空中交通管制部门实现对飞机的监视有三种方法，即独立监视、非独立监视和合作独立监视，如图5.1所示。所谓"独立"，是指地面自行监控，不依靠用户或外部传媒；凡是依靠用户发送位置报告的均为"非独立"，有时称为"相关"；而依靠用户应答或第三方传媒者，称为合作独立监视。

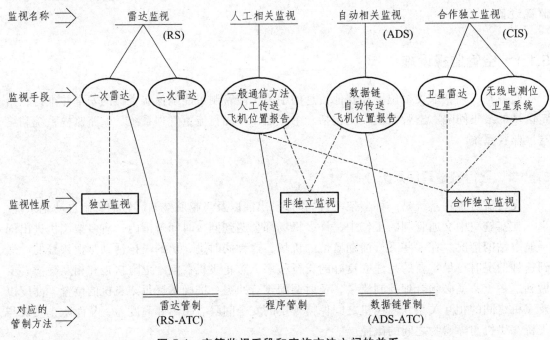

图 5.1 空管监视手段和实施方法之间的关系

5.1.2.1 人工相关监视

人工相关监视，即通过一般通信方法，如 VHF 或 HF 话音通信，由飞行员人工向管制员报告飞机的位置。采用人工相关监视实施的管制方法是程序管制。

5.1.2.2 雷达监视

雷达监视可采用一次雷达和二次雷达实施监视。采用雷达监视可实现雷达管制。我国东部大部分地区实施了雷达管制，在有些地区也可实施在雷达监控下的程序管制。

5.1.2.3 自动相关监视

自动相关监视是利用机载设备自动传送飞机位置报告的监视手段，包括合约式自动相关监视（ADS-C）和广播式自动相关监视（ADS-B）。在广播式自动相关监视系统发展过程中，可建立多点定位监视系统。我国西部的 L888 航路就是采用合约式自动相关监视（ADS-C）实施监视的航路，我国南海、西部部分航路也在实验使用广播式自动相关监视（ADS-B）。

5.2　雷达概述

雷达是英文 Radar 的音译，源于词组 Radio Detection and Ranging 的缩写，原意为"无线电探测和测距"，就是利用无线电波发现目标并测定其位置。

1903—1904 年，克里斯琴·赫尔斯迈耶研制出原始的船用防撞雷达并获得专利权，这是雷达发展的开始。

1925 年，G. 布赖特和 M. 图夫通过阴极射线管观测了来自电离层的第一个短脉冲回波。

1934 年，英国海军研究试验室的 R. M. 佩奇拍摄了第一张来自飞机的短脉冲回波照片。在此基础上，1935 年英国人和德国人第一次验证了对飞机目标的短脉冲测距。

1937 年，第一部可使用的雷达"Chain Home"在英国建成。

从 20 世纪 30 年代起，除英国、美国外，法国、苏联、德国和日本同时致力于雷达的研究。在第二次世界大战末期，由于微波磁控管的研制成功和微波技术在雷达中的应用，雷达技术得到了飞速的发展。

20 世纪 50 年代末以来，由于航天技术的飞速发展，飞机、导弹、人造卫星以及宇宙飞船等均采用雷达作为探测和控制手段。尤其是 20 世纪 60 中期对研制的反洲际弹道导弹系统提出了高精度、远距离、高分辨力和多目标探测的要求，使雷达技术进入了蓬勃发展的时期。

近年来，由于雷达采用了一些新理论、新技术和新器件，雷达技术进入了一个新的发展阶段。特别是计算机技术的应用，给雷达带来了根本性的变革。雷达的功能已超出"无线电检测和测距"的含义，它还可以提取有关目标的更多信息，如对目标的识别，测定目标的高度、属性等等。

当前，雷达在军事的各个方面得到了广泛应用，在民用方面的作用也日益增长。在民航的各个方面，为了满足不同用途的要求，雷达的种类很多，其分类方法如下：

① 按雷达的工作方式分为：主动式、应答式、半主动式和被动式。

主动式雷达的工作方式为：雷达发射无线电波，无线电波经空间传播照射到目标，目标被电波照射后辐射二次电波，少量信号沿雷达发射的无线电波反方向返回，雷达接收机接收从目标返回的电波能量，从而确定目标的位置。因此，主动式雷达需具备发射机、发射天线、接收天线（在脉冲制雷达中经常收发共用一个天线）、接收机和终端设备。终端设备用于把目标回波信号显示出来，可以是显示器，再加上跟踪系统或计算机。

应答式雷达与主动式雷达的区别在于目标上装有无线电收发设备。目标上的接收机接收到雷达所发射的信号时，它控制目标上的发射机发出一个回答信号，该雷达接收机收到回答信号以后，就可以确定目标的位置，并识别目标。例如，敌我识别器和空中交通管制的二次雷达就是应答式雷达。

半主动式雷达站与主动式雷达站的区别在于发射站和接收站分别置于两处。这种系统用于导弹系统，弹上设备限于体积和质量只能放置接收机，而发射机可以放在地面、船上或飞机上。

被动式雷达站本身不发射无线电波，它只接收目标的电磁波，因此被动式雷达站只包括接收天线、接收机和终端设备。

② 按发射信号的形式分为：

脉冲雷达：断续发射射频脉冲，在不发射的间歇期间，接收回波信号，并利用发射脉冲与回波信号之间的间隔时间，达到测定目标距离和方位的目的，如航管一次雷达、气象雷达。

连续波雷达：它发射连续的正弦波，主要用来测量目标的速度。如需测量目标的距离，则往往需对发射信号进行调制。

脉冲压缩雷达：发射宽的脉冲波，在接收机中对收到的回波信号加以压缩处理，以便得到窄脉冲。脉冲压缩能解决距离分辨力和作用距离之间的矛盾。

编码雷达：发射进行过编码的脉冲串信号，主要用来传送目标的有关信息，如航管二次雷达。

③ 按工作频率分为：米波雷达、分米波雷达、厘米波雷达和毫米波雷达。其中，按照波段代号可分为 L 波段雷达、S 波段雷达、X 波段雷达等。

④ 按测量目标的参量分为：测高雷达、两坐标雷达、三坐标雷达、测速雷达和目标识别雷达。

⑤ 按天线扫描方式分为：机械扫描雷达、相控阵雷达和频扫雷达。

5.2.1 雷达的基本组成

雷达为了实现对目标的探测任务，有许多体制。下面以典型的单基地脉冲雷达为例，介绍雷达的基本组成及各部件的功用和特点。图 5.2 所示为典型的脉冲雷达的组成，它主要由天线、发射机、接收机、信号处理机和终端设备组成。

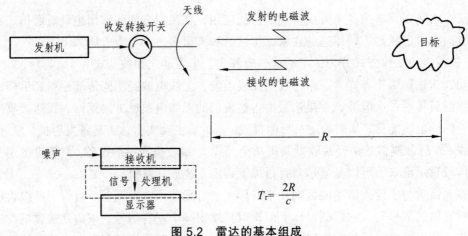

图 5.2 雷达的基本组成

188

5.2.1.1 发射机

雷达发射机产生辐射所需强度的脉冲功率。其波形是脉冲宽度为 τ，重复周期为 T_r 的高频脉冲串。发射机主要有两种类型，一种是单级振荡式，如图 5.3 所示。它所提供的大功率射频信号是直接由一级大功率振荡器产生的，并受脉冲调制器的控制。其振荡器输出的是受到调制的大功率射频信号。一般的常规脉冲雷达要求包络为矩形脉冲序列的大功率射频信号。

另一种是功率放大式（主振放大式），如图 5.4 所示。它主要由主控振荡器和射频放大链组成。由高稳定的频率源作为频率基准，在低功率电平上形成所需波形的高频脉冲串作为激励信号，在发射机中予以放大并驱动末级功放，从而获得大的脉冲功率馈送给天线。发射机输出的功率馈送到天线，而后再经天线辐射到空间。

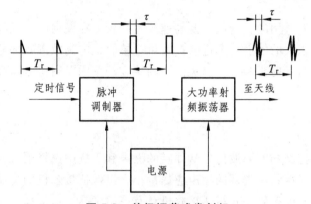

图 5.3　单级振荡式发射机

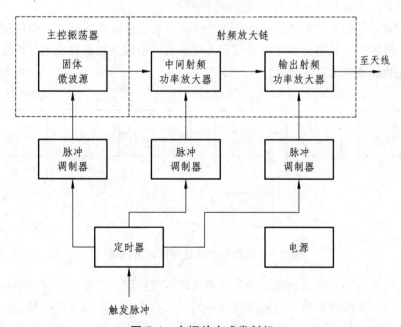

图 5.4　主振放大式发射机

单级振荡式发射机与主振放大式发射机相比最大的优点是简单、经济，也比较轻便。同样的功率电平，单级振荡式发射机大约只有主振放大式发射机重量的三分之一，因此，只要有可能，还是尽量优先采用单级振荡式发射机。但是，当整机对发射机有较高要求时，单级振荡式发射机往往无法满足而必须采用主振放大式发射机。

5.2.1.2 天 线

雷达天线一般具有很强的方向性，以便集中辐射能量获得较大的观测距离。同时，当天线的方向性越强时，天线波瓣宽度越窄，雷达测向的精度和分辨力越高。在空中交通管制雷达系统中，通常要求波束在方位上狭窄而在高度上尽量宽，一般可采用线性阵列天线或成形反射器来得到需要的波形。

5.2.1.3 收发转换开关

雷达的天线是收发共用的，这就需要高速开关装置。在发射时，天线与发射机接通，并与接收机断开，以免强大的发射功率进入接收机把接收机的高放混频部分烧毁。接收时，天线与接收机接通，并与发射机断开，以免微弱的接收功率因发射机旁路而减弱。这种装置称为天线收发开关。

5.2.1.4 接收机

接收机的任务是把微弱的回波信号从伴随的噪声和干扰中选择出来，并放大到足以进行信号处理的电平。同时接收机内部的噪声应尽量小，以保证接收机的高灵敏度。雷达接收机可分为很多种类型，其中超外差式雷达接收机具有灵敏度高、增益高、选择性好和适用性广等优点，在所有的雷达系统中得到了很好的应用。

超外差式雷达接收机的简化框图如图 5.5 所示。它主要由高频部分、中频放大器、检波器和视频放大器组成。其中，高频部分又称为接收机的前端，包括接收机保护器、低噪声高频放大器、混频器和本机振荡器。

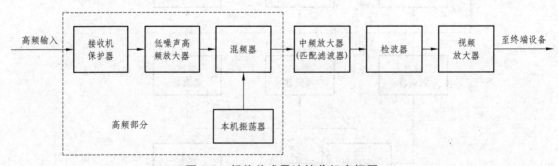

图 5.5 超外差式雷达接收机方框图

从天线接收的高频回波通过收发开关加至接收机保护器，一般是经过低噪声高频放大器后再送到混频器。在混频器中，高频回波脉冲信号与本机振荡器的等幅高频电压混频，将信号频率降低为中频，再由多级中频放大器对中频脉冲信号进行放大和匹配滤波，以获得最大的输出信噪比，最后经过滤波器和视频放大后送至终端处理设备。

5.2.1.5　信号处理

信号处理的目的是消除不需要的信号及干扰，同时通过或加强由目标产生的回波信号。

信号处理是在做出检测判决之前完成的，它通常包括动目标显示（MTI）和脉冲多普勒雷达的多普勒滤波器，有时也包括复杂信号的脉冲压缩处理。

5.2.1.6　终端设备

接收机输出的信号由视频放大器放大后送到终端设备。最简单的终端设备是平面位置显示器（PPI），它可根据目标亮弧的位置，测读目标的距离和方位角。显示器除了可以直接显示由雷达接收机输出的原始视频外，还可以显示经过处理的信息。

平面显示器（PPI）是使用最广泛的雷达显示器，因为它能提供平面范围的目标分布情况，这种分布情况与常用平面地图是一致的。方位角以正北为基准（零方位角），顺时针方向计量；距离则沿半径计量；圆心是雷达站（零距离）。图的中心部分大片目标是近区的杂波所形成的，较远的小亮弧则是动目标，大的是固定目标。

平面显示器提供了360°服务区内全部平面信息，所以也叫全景显示器或环视显示器，简称 PPI 显示器或 P 型显示器，如图 5.6 所示。P 型显示器在必要时可移动原点，使其远离管制中心，以便在给定方向上得到最大的扩展扫描，这种显示器叫偏心 PPI 显示器。

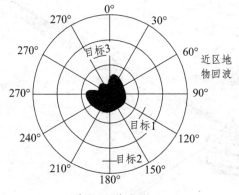

P型显示器的画面

图 5.6　P 型显示器的画面

在现代雷达系统中，微处理技术的出现使计算机图形显示得到普遍应用。很多现代雷达系统使用计算机作为信号处理器和图形显示器，现代雷达系统的图形显示已和计算机融为一体，计算机收集的信息经过处理可以用显示、绘图、打印等方法输出。

随着新航行系统在世界各地的逐步实施，空管系统的新技术、新设备也逐渐被使用。世界各地的空管中心的雷达系统也有飞速的发展，对新的空管显示系统也提出了一些要求：需要具有高性能的集成显示能力；同时显示飞行计划和雷达信号等信息；方便管制员之间的信息交换和协调能力；按照管制员的需要，使用彩色合理区分显示不同类型的飞行任务；精确地区分不同管制席位所承担的责任和任务；为管制员提供多种辅助根据，帮助解决实际问题或预警；能实现地-空数据链信息传输能力。

新一代空管系统的显示系统，采用了多雷达信息处理显示技术，以及电子式飞行进程单处理和触摸式信息录入和操作按钮等新技术，使管制员用起来更轻松。

5.2.2　雷达的工作原理

雷达是根据接收到目标的回波来发现目标和测定目标位置的。目标的空间位置可以用多种坐标来表示，有直角坐标系、极坐标系等。在雷达应用中，最为简便的是采用极坐标系，如图 5.7 所示。图中空间任意一目标 A 所在位置可用三个坐标来确定：如果定义雷达所在地为坐标原点 O，则目标 A 的坐标为斜距 r、方位角 β 和仰角 ε 三个量。如果需要知道目标的高度和水平距离，那么目标 A 可用方位角 β、水平距离 D 和高度 H 三个量表示。显然目标的高度 H、水平距离 D 和斜距 r 及仰角 ε 之间的关系为

$$H = r\sin\varepsilon \tag{5.1}$$

$$D = r\cos\varepsilon \tag{5.2}$$

所以，雷达测定目标的位置，实际上就是对目标进行测距和测角，即测定目标的斜距 r 和两个角度（ε 和 β）。

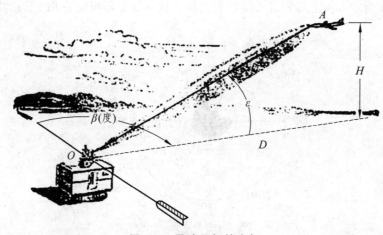

图 5.7　雷达目标的坐标

5.2.2.1　目标斜距的测量

雷达测距是基于无线电波在空间以等速直线传播这一物理现象。雷达工作时，发射机经天线向空间发射一串重复周期一定的高频脉冲。如果在电磁波传播的途径上有目标存在，那么雷达就可以接收到由目标反射回来的回波。由于回波信号往返于雷达与目标之间，它将滞后于发射脉冲一个时间 t_r，如图 5.8 所示。电磁波是以光速传播，如设目标的距离为 r，则

$$2r = ct_r \quad 或 \quad r = ct_r / 2 \tag{5.3}$$

由于光速很快，t_r 值一般很小，因此单位以微秒计。若 r 以米计，时间以微秒计，则

$$r = 150t_r \tag{5.4}$$

如果目标距离雷达 150 km，由上式可知，电波往返的时间 t_r 仅有 1 000 μs。可以看出，雷达测距过程极为短暂。

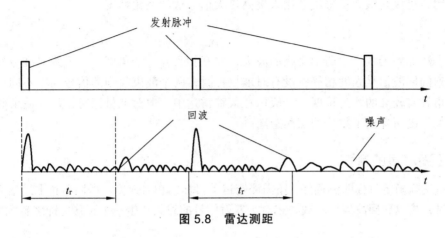

图 5.8　雷达测距

5.2.2.2　目标角位置的测量

目标角位置是指方位角或仰角。在雷达技术中，测量这两个角的位置基本上都是利用天线的方向性来实现的。雷达天线把发射的电磁波集中在一个狭窄的空间内，根据收到回波信号的幅度强弱来决定被测量目标的方向，这种方法通常被称为幅度法测角。幅度法测角可以分为最大信号法、最小信号法和等信号法三种。

1. 最大信号法

最大信号法是根据回波信号的最大值来确定角度的，如图 5.9 所示。雷达天线将电磁能量汇集在窄波束内，当天线波束轴对准目标时，回波信号最强；当目标偏离天线波束轴时，回波信号减弱。根据接收回波最强时的天线波束指向，就可确定目标的方向。该测角方法比较简单，但是精度较低，一般用在警戒雷达中。

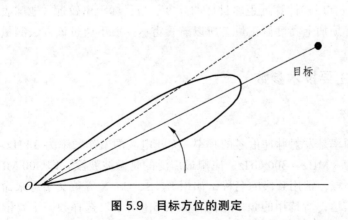

图 5.9　目标方位的测定

2. 最小信号法

最小信号法是按照信号最小值来确定角度，即当天线波束扫过目标时，其回波信号最小值的方向定为目标的方向。由于最小值附近信号强度变化很剧烈，因此这种方法从原理上测角精度很高。但由于接收机噪声的影响，使得最小信号无法接收，这实际上降低了测角精度。另外，在天线对准目标时，信号最小，甚至消失在噪声中，此时不能进行测距。该方法一般不单独使用，可以与最大信号法合用来提高最大信号法的测角精度。

3. 等信号法

这种方法需要天线产生两个交叠的波束，并互相叉开一个角度。当天线对准目标时，两个波束收到的回波信号强度相等；没有对准目标时，两个波束收到的信号强度不同。通过等信号法测角具有较高的测角精度，一般用在跟踪雷达中。但对准目标时，每一波束收到的信号不是最大，因而降低了雷达的探测距离。

5.2.2.3　目标速度的测量

有些雷达除确定目标的位置外，还需测定运动目标的相对速度。当目标和雷达站之间存在相对速度时，接收到回波信号的载频相对于发射信号的载频产生一个频移，即多普勒频移。

$$f_d = \frac{2v_r}{\lambda} \tag{5.5}$$

式 5.5 中，f_d 为多普勒频移（Hz）；v_r 为雷达与目标的径向速度（m/s）；λ 为载波波长（m）。

当目标向雷达站运动时，$v_r > 0$，回波载频提高；反之，$v_r < 0$，回波载频降低。雷达只要能够测量出回波信号的多普勒频移 f_d，就可以确定目标与雷达站之间的相对速度。

5.2.2.4　目标高度的测量

测定目标高度的原理是以测距和测仰角的原理为基础。因为目标的高度 H 与斜距 r、仰角 ε 之间有如下关系

$$H = r\sin\varepsilon \tag{5.6}$$

式 5.6 中，r 和 ε 可以通过测距和测角得到。

式（5.6）只适宜用来计算近距离目标的高度。当目标距离较远，地球表面弯曲的影响已不能忽略时，还必须加上高度修正量。所以航管雷达一般不通过该方法测量飞机的高度。

5.2.3　雷达的主要技术参数

5.2.3.1　工作频率

雷达的工作频率是发射脉冲信号的频率。无线电波的工作频率为 3 kHz ~ 300 GHz，其中雷达的工作频率为 3 MHz ~ 300 GHz，应用最广泛的是微波波段，即 300 MHz ~ 300 GHz。

在雷达技术领域，常用频段的名称，如用 L、S、C、X 等英文字母来命名雷达的工作频率。不同用途的雷达，所选用的频率不同，如表 5.1 所示。选择频率主要依据雷达功能、发射机功率管的功率容量、接收机的噪声系数、频段内的大气衰减系数、天线的尺寸、抗干扰能力等。

表 5.1　雷达频段与对应的雷达

频段名称	频率范围	雷 达 种 类
HF（高频）	3～30 MHz	超视距警戒
VHF（甚高频）	30～300 MHz	超远程警戒
VHF（超高频）	300～3 000 MHz	超远程警戒
L	1～2 GHz	远程警戒，空中交通管制
S	2～4 GHz	中程警戒，机场交通管制，远程气象
C	4～8 GHz	远程跟踪，机载气象观测
X	9～12 GHz	远程跟踪、导弹制导、测绘海用、机载截击
Ku	12～18 GHz	高分辨力地形测绘、卫星测高计
K	18～27 GHz	很少使用（水蒸气吸收）
Ka	27～40 GHz	极度高分辨力地形测绘，机场监视
毫米波（mm）	40～100 GHz	气象、低角跟踪、成像、导弹制导等

5.2.3.2　雷达的探测范围

雷达的探测范围是雷达对目标进行连续观测的空域，又叫威力范围，它决定于雷达的最小作用距离、最大作用距离、仰角和方位角。

5.2.3.3　分辨力

雷达的分辨力是指对两个邻近目标的区分能力，它包括距离和方位分辨力。如图 5.10(a)所示，距离分辨力是两个目标在同一方位线上可区分的最小距离。对于距离分辨力，脉冲宽度越小，距离分辨力就越好。所以，若需提高距离分辨力，需采用窄脉冲；若要通过信号处理来改善距离分辨力，则发射信号的带宽越大越好。如图 5.10(c)所示方位分辨力是同一距离上能区分的最小方位角。提高角分辨力的途径是缩短波长和增大天线孔径。

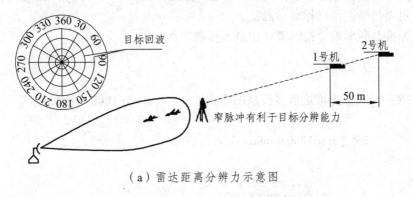

（a）雷达距离分辨力示意图

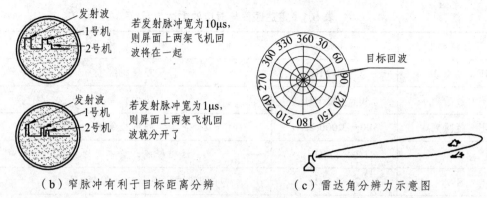

（b）窄脉冲有利于目标距离分辨　　　　　（c）雷达角分辨力示意图

图 5.10　雷达分辨力

5.2.3.4　发射功率

发射功率的大小影响其作用距离，功率越大则作用距离越大。发射功率分为脉冲功率和平均功率。雷达在发射脉冲信号期间所输出的功率称为脉冲功率，用 P_t 表示。平均功率是指在一个重复周期 T_r 内发射机输出功率的平均值，用 P_{av} 表示。它们的关系是

$$P_t \cdot \tau = P_{av} T_r \tag{5.7}$$

式中，τ 为脉冲宽度。

发射功率受器件、电源容量和效率等因素限制。一般米波雷达发射的脉冲功率为几百千瓦，厘米波雷达发射的脉冲功率较大。

5.2.3.5　脉冲重复频率和脉冲重复周期

发射脉冲信号每秒钟重复出现的次数叫作脉冲重复频率，用 f_r 表示。脉冲重复频率的倒数叫作脉冲重复周期，它等于相邻两个发射脉冲前沿的时间间隔，用 T_r 表示。

脉冲重复频率越低，则周期越长。重复周期的长短必须同雷达的探测范围相适应。脉冲重复频率过小（重复周期过大），单位时间从目标反射回来的回波数量就少，平面显示器上的回波，影响对远距离目标的观测；脉冲重复频率过高（重复周期过小），若重复周期小于最大探测距离的延迟时间，则雷达还来不及收到远目标的回波，而下一个脉冲已经发射出去，PPI将重新进行距离扫描，使目标显示混乱。

雷达脉冲重复频率需要根据雷达的最大探测距离设置。

$$D = v \times t \tag{5.8}$$

式中，$D = 2R_{max}$，R_{max} 为雷达信号传播的距离；$v =$ 光速 $= 161\,800$ n mile/s。

$$2R_{max} = 161\,800 \text{ n mile} \times \frac{1}{T_r} \tag{5.9}$$

$$R_{max} = 161\,800 \text{ n mile} \times \frac{f_r}{2} \tag{5.10}$$

所以，根据雷达的最大作用距离，雷达的脉冲重复频率 f_r 一般为 50 ~ 2 000 Hz（相应的 T_r 为 20 000 ~ 500 μs）。

5.2.3.6 脉冲宽度

发射脉冲信号的持续时间称为脉冲宽度，用 τ 表示。

脉冲宽度是影响雷达探测范围和距离分辨力的主要因素之一。增大脉冲宽度，发射脉冲能量增多，能扩大雷达的探测范围，但距离分辨力降低；反之，减小雷达探测范围，但距离分辨力提高。参见图 5.10（b），若发射脉冲宽度为 10 μs，则显示屏上两架飞机的回波将合在一起；若发射脉冲宽度为 1 μs，则显示屏上两架飞机的回波将分开。一般米波雷达脉冲宽度为 5 ~ 20 μs，厘米波雷达脉冲宽度为 0.5 ~ 2 μs，ATC 为 0.05 ~ 2 μs。现代有些雷达为兼顾探测范围和距离分辨力，采用宽脉冲发射、窄脉冲接收的技术。

5.2.3.7 脉冲波形

脉冲波形是雷达发射的脉冲高频振荡的包络。它影响雷达的探测距离、分辨力和测距精度，要求越接近矩形越好。

5.2.3.8 波瓣张角和波束形状

雷达发射无线电波均有方向性，方向性的好坏用波瓣张角来衡量。波瓣张角是指波瓣上两个半功率点之间的夹角，分为水平和垂直波瓣张角，如图 5.11 所示。水平波瓣张角是指在波束的水平截面图上两个半功率点之间的夹角；垂直波瓣张角是指在垂直波瓣张角图上两个半功率点之间的夹角。

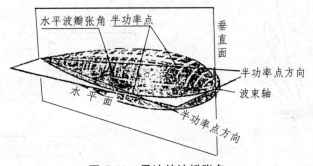

图 5.11 雷达的波瓣张角

波瓣张角太宽，能量不集中，方向性不好，角分辨力低，作用距离近；太窄，扫描范围太小。

无线电波束形状一般用水平和垂直面内的波束宽度来表示。波束形状有针状、扇形和余割平方形波束几种，如图 5.12 所示。图（b）为针状波束，图（c）为扇形波束，图（d）为余割平方形波束。

扇形波束的水平面和垂直面内的波束宽度有较大差别，主要扫描方式是圆周扫描和扇形扫描。

圆周扫描时，波束在水平面内作 360° 圆周运动，可观察雷达周围目标并测定其距离和方位角坐标。所用波束通常在水平面内很窄，故方位角有较高的测角精度和分辨力；波束在垂直面内很宽，以保证同时监视较大的仰角空域。

当对某一区域需要特别仔细观察时，波束可在所需方位角范围内往返运动，即做扇形扫描。

专门用于测高的雷达，采用波束宽度在垂直面内很窄而在水平面内很宽的扇形波束，故仰角有较高的测角精度和分辨力。雷达工作时，波束可在水平面内做缓慢圆周运动，同时在一定的仰角范围内做快速扇扫（点头式）。

针状波束的水平面和垂直面波束宽度都很窄。采用针状波束可同时测量目标的距离、方位和仰角，且方位和仰角两者的分辨力和测角精度都较高。其主要缺点是波束窄，扫完一定空域所需时间较长，即雷达的搜索能力较差。

根据雷达的不同用途，针状波束的扫描方式很多，有：螺旋扫描，在方位上圆周快扫描，同时仰角上缓慢上升，到顶点后迅速降到起点并重新开始扫描；分行扫描，方位上快扫、仰角上慢扫；锯齿扫描，仰角上快扫而方位上缓慢移动。

空管雷达垂直面内的波束形状通常是余割平方形，如图 5.12（d）所示，这样功率利用比较合理，使同一高度不同距离目标的回波强度基本相同。

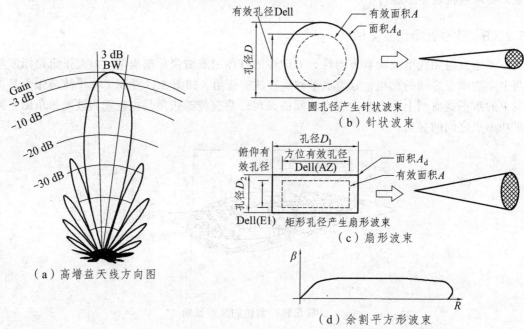

（a）高增益天线方向图

（b）针状波束

（c）扇形波束

（d）余割平方形波束

图 5.12　针状、扇形和余割平方形波束

其中，在高度 H 一定时，E 为一常量：

$$E = \frac{k}{R} F(\theta) = \text{const} \tag{5.11}$$

$$R = \frac{H}{\sin \theta} = h \csc \theta \tag{5.12}$$

$$F(\theta) = \frac{\text{const}}{k} H \csc \theta \qquad\qquad (5.13)$$

式（5.11）、（5.12）和（5.13）中：

k——比例常数；

R——作用距离；

θ——目标对雷达天线波束中心的仰角；

H——目标离地高度；

$F(\theta)$——雷达天线的垂直方向因素。

可见，为保持同一高度上各点的辐射场强都相等，天线的垂直方向因素须随仰角的余割而变化，辐射信号的强度随仰角余割的平方（$\csc^2 \theta$）变化。

5.2.3.9 天线增益和扫描方式

天线增益近似表示为

$$G = 4\pi A / \lambda^2 \qquad\qquad (5.14)$$

式中，A 为天线的有效截面积。天线的增益越大，雷达的作用距离就越远。如果收发共用一套天线，则发射和接收增益是相同的。

搜索和跟踪目标时，天线的主波瓣在雷达的探测空域内以一定的规律运动，称为扫描。它分为机械扫描和电扫描两大类。按照扫描时波束在空间的运动规律，扫描方式大致可分为圆周扫描、圆锥扫描、扇形扫描、锯齿形扫描和螺旋扫描等。常规的两坐标警戒雷达一般采用机械方式的圆周扫描。相控阵雷达是电扫描，波束指向由计算机决定，不要求阵列天线在空间做连续的机械运动。

5.2.3.10 接收机灵敏度

接收机的灵敏度是指雷达接收微弱信号的能力。它利用接收机在噪声电平一定时所能感知的输入功率的大小来表示，通常规定在保证 50%～90% 的发现概率的条件下，接收机输入端回波信号的功率作为接收机的最小可检测信号功率。该功率越小，接收机的灵敏度就越高，雷达的作用距离就越远。目前，接收机的灵敏度一般在 0.01～1 pW 之间（皮瓦）之间。

5.2.4 雷达方程

雷达最基本的任务是探测目标并测量其坐标。因此，作用距离是雷达的重要性能指标之一，它决定了雷达能在多远的距离上发现目标。作用距离的大小取决于雷达本身的性能，其中包括发射系统、接收系统、天线等的参数，同时又和目标及环境因素有关。

5.2.4.1 一次雷达方程

一次雷达是靠目标后向散射的回波能量来探测目标的。下面我们来讨论在理想无损耗，自由空间传播时的单基地雷达方程。

假设雷达天线将电磁能量全向发射，发射机的脉冲功率为 P_t（W），则在距离雷达天线 R 处的功率密度为

$$\rho_0 = \frac{P_t}{4\pi R^2} \quad (\text{W/m}^2) \tag{5.15}$$

由于雷达天线采用定向天线，它使发射功率的大部分能量集中在波束所指的方向上。设发射天线的增益为 G（G 表示在同样的输入功率条件下，定向天线在目标方向上功率与理想的全向天线辐射功率之比，可见 $G > 1$），则 R 处的波束内的功率密度为

$$\rho_1 = \frac{P_t}{4\pi R^2} G \quad (\text{W/m}^2) \tag{5.16}$$

如果目标的等效反射面积为 $\sigma(\text{m}^2)$，则目标的等效回波面积 σ 的散射功率 P_σ 为

$$P_\sigma = \frac{P_t G \sigma}{4\pi R^2} \tag{5.17}$$

假设 P_σ 均匀地辐射，则在接收天线处收到的回波功率密度为

$$\rho_1 = \frac{P_\sigma}{4\pi R^2} = \frac{P_t G \sigma}{(4\pi R^2)^2} \tag{5.18}$$

如果天线的横截面面积为 A_r，则在天线的有效接收面积内，接收到的功率 P_r 为

$$P_r = \frac{P_t G \sigma A_r}{16\pi^2 R^4} \tag{5.19}$$

将式 5.19 变换，可得

$$R = \sqrt[4]{\frac{P_t G \sigma A_r}{16\pi^2 P_r}} \tag{5.20}$$

根据天线理论可知，天线的增益 G_r 和有效横截面积 A_r 之间的关系为

$$A_r = \frac{G_r \lambda^2}{4\pi} \tag{5.21}$$

式中，λ 为所用波长。则接收机的回波功率可写成下面的形式

$$P_r = \frac{P_t G G_r \lambda^2 \sigma}{(4\pi)^3 R^4} = \frac{P_t G^2 \lambda^2 \sigma}{(4\pi)^3 R^4} \tag{5.22}$$

其中 $$G = G_r$$

或 $$P_r = \frac{P_t \sigma \cdot A_r^2}{4\pi \lambda^2 R^4} \tag{5.23}$$

由计算 P_r 的公式可以看出，接收机的回波功率 P_r 反比于目标离雷达站距离 R 的四次方，这是因为一次雷达中，反射功率经过往返的传输距离，能量衰减很大。

根据接收信号的理论，接收到的功率 P_r 必须超过最小可检测信号功率 $S_{r(min)}$，雷达才能发现目标。当 P_r 正好等于 $S_{r(min)}$ 时，就可得到雷达检测该目标的最大作用距离 R_{max}。超过这个距离，接收机的信号功率 P_r 将减小，就不能检测到目标。它们的关系式可表示为

$$P_r = S_{r(min)} = \frac{P_t \sigma A_r^2}{4\pi \lambda^2 R_{max}^4} = \frac{P_t G^2 \lambda^2 \sigma}{(4\pi)^3 R_{max}^4}$$

或 $$R_{max} = \left[\frac{P_t \sigma A_r^2}{4\pi \lambda^2 S_{r(min)}} \right]^{\frac{1}{4}} \tag{5.24}$$

或 $$R_{max} = \left[\frac{P_t G^2 \lambda^2 \sigma}{(4\pi)^3 S_{r(min)}} \right]^{\frac{1}{4}} \tag{5.25}$$

（5.24）和（5.25）两式是雷达距离方程的基本形式，它表明了作用距离 R_{max} 和雷达参数以及目标特性间的关系。式（5.24）中的 R_{max} 与 $\lambda^{1/2}$ 成反比，而在式（5.25）中，R_{max} 和 $\lambda^{1/2}$ 成正比。这是由于天线面积不变，波长 λ 增加时天线增益下降，导致作用距离减小；而当天线增益不变时，波长大时要求的天线面积也相应增大，有效面积增加，其结果是作用距离增大。

从式（5.24）和式（5.25）可见，当接收信号功率最小（为接收机门限）时，要使作用距离增加一倍，发射功率必须增加 16 倍；若发射功率增加一倍，作用距离只增加 19%。

5.2.4.2　一次雷达最小探测距离

一次雷达还存在一个最小探测距离，它由脉冲发射时间和回波检测时间之间的间隔决定。最小可探测距离以内的区域称为盲区。

由于脉冲雷达收、发共用一个天线，在发射脉冲时间 τ 内，接收机关闭，不能测距。发射脉冲过后，天线开关转换到接收状态，转换需要一段时间 t_0，在 t_0 时间内雷达同样不能测距。

因此，雷达的最小可探测距离为

$$R_{min} = \frac{1}{2} c \cdot (\tau + t_0) \tag{5.26}$$

对于最小作用距离，当然是希望越小越好，但要减小 R_{min}，需要减小发射脉冲的宽度。但减小发射脉冲的宽度，雷达的最大探测距离会减小。所以，要增大雷达的探测距离，就需

要增大发射脉冲的宽度，但发射脉冲宽度越长，最小探测距离就越大，雷达盲区就越大。

5.2.4.3　雷达信号检测

雷达的最大作用距离 $R_{\max}$ 是最小可检测信号功率 $S_{r(\min)}$ 的函数，见公式（5.24）、（5.25）。在雷达接收机的输出端，微弱的回波信号总是和噪声及其他干扰混杂在一起的。雷达接收机内部和周围辐射产生的随机噪声均称为"热噪声"，如图 5.13 所示。这些噪声包括：太阳和银河系噪声、大气噪声、地面噪声、人为噪声、天线和收发开关的噪声、接收机噪声等。

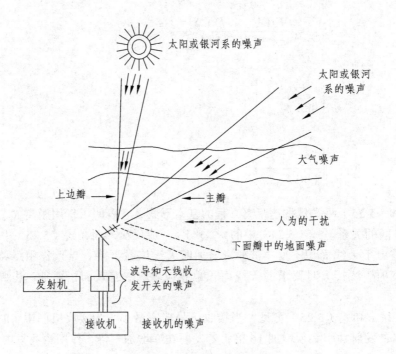

图 5.13　雷达噪声的来源

在一般情况下，噪声是限制微弱信号检测的基本因素。假如只有信号而没有噪声，任何微弱的信号在理论上都可以经过任意放大后被检测到。因此雷达的检测能力实质上取决于信号与噪声的比值，称为信噪比，用 S/N 表示。

最小可检测信号与最小信噪比的关系为

$$S_{r(\min)} = kT_0 B_n F_n \left(\frac{S}{N} \right)_{(\min)} \tag{5.27}$$

式中，N 为接收机的噪声功率；T_0 为标准室温（一般取 290 K）；B_n 为噪声带宽；F_n 为噪声系数；k 为常数。

对于信号和噪声，经接收机输出后，包络形状如图 5.14 所示。由于噪声的随机特性，接收机输出的包络会出现起伏。A、B、C 表示信号加噪声的波形，检测时设置一个门限电平，如果包络电压超过门限值，就认为检测到一个目标；反之，就认为检测不到目标。其中，如果噪声的包络电压超过门限值，这时检测到的目标是虚警目标。

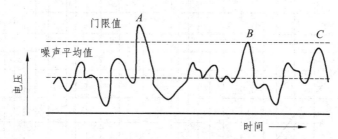

图 5.14　接收机输出典型包络

对于目标能够检测与否，可以用几个概率来进行说明：

① 发现概率 P_d：存在目标时，判断为有目标，这是一种正确判断。

② 漏报概率 P_{la}：存在目标时，判断为无目标，这是一种错误判断。

③ 正确不发现概率 P_{an}：不存在目标时，判断为无目标，这是一种正确判断。

④ 虚警概率 P_{fa}：不存在目标时，判断为有目标，这是一种错误判断。

四种概率之间的关系为

$$P_d + P_{la} = 1 \tag{5.28}$$

$$P_{an} + P_{fa} = 1 \tag{5.29}$$

每对概率只要知道其中一个就可以了，经常要讨论的是发现概率和虚警概率。

在信号检测中，为了改善发现性能，也就是说，为了减小虚警概率，可以采用积累的方法。即先对检波后的 n 个脉冲进行加权积累，然后将积累输出与某一门限电压比较，若输出包络电压超过门限则认为目标存在，否则认为没有目标。

积累可以简单理解为 n 个脉冲叠加起来的作用。早期雷达的积累方法是依靠显示器荧光屏的余晖结合人的工作经验完成的。而在自动门限检测时，则要用到专门的电子设备来完成脉冲积累，然后对积累后的信号进行检测判断。

对于一串 n 个脉冲的积累进行判断来说，积累可以有效地降低所需要的接收机输出信噪比，对雷达性能有明显的改善。实践表明，当接收一个脉冲信号时，检测概率只有 1.4%；而当积累脉冲数为 8 时，检测概率达到 90%；当脉冲积累数达到一定的数量时，检测概率是很高的，如图 5.15 所示。

雷达天线扫描时，可积累的脉冲数（收到的回波脉冲数）取决于天线波束的扫描速度以及扫描平面上天线波束的宽度。

积累分为相干积累和非相干积累。相干积累是在检波以前的中频上积累，信号间保持一定的相位，积累效果好；非相干积累是在检波后只保留幅度信息，信号没有保留相位关系，积累效果稍差，技术上易于实现。

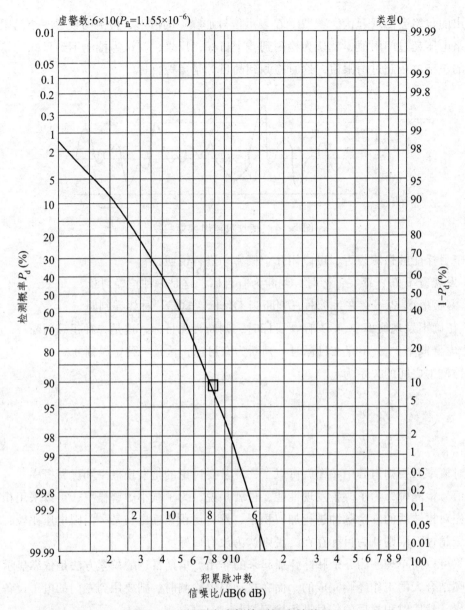

图 5.15　积累脉冲与检测概率的关系

5.2.4.4　电波传播过程中的影响因素

雷达电波在传输过程中，影响电波传输距离的因素有很多，主要包括大气传播影响、地面或水面对雷达探测范围的影响。

1. 大气对雷达作用距离的影响

大气对电波的传播影响主要包括大气传播衰减和折射现象两个方面。当有雨、雪等恶劣天气时，由于这些雨、雪的散射所引起的杂波，往往也会限制雷达的性能。

大气衰减是指电磁波能量被吸收后变成热能而损失。大气中的氧气、水蒸气是电波衰减的主要原因。衰减程度与工作频率有关，频率越高，衰减越大。当工作波长短于 10 cm 时必须考虑大气衰减。高度越高，衰减越小，所以探测时仰角越大，衰减越小。

大气的成分随着时间、地点而改变，而且不同高度的空气密度也不相同，因此大气是非均匀介质。电磁波在大气中传播时将产生折射，所以传播路径不是直线。大气折射对雷达的影响有两个方面，如图 5.16 所示。一是改变雷达的测量距离，产生测距误差；二是引起仰角测量误差。

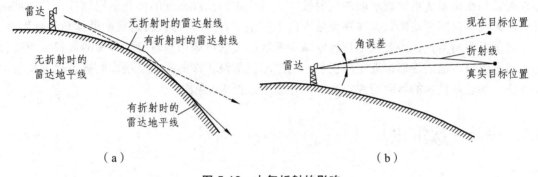

（a）　　　　　　　　　　　（b）

图 5.16　大气折射的影响

正常大气条件下的传播折射，常使电波射线向下弯曲。这是因为，大气密度随高度变化的结果使折射系数随高度增加而变小，从而使电波的传播速度随着高度的增加而变大。电波射线向下弯曲的结果是增大了雷达的直视距离。

$$a_{\mathrm{e}} = \frac{4}{3}a = 8\,490\ (\mathrm{km}) \tag{5.30}$$

$$d_0 = \sqrt{(a_{\mathrm{e}} + h_1)^2 - a_{\mathrm{e}}^2} + \sqrt{(a_{\mathrm{e}} + h_2)^2 - a_{\mathrm{e}}^2}$$
$$\approx 4.1\left(\sqrt{h_1(\mathrm{m})} + \sqrt{h_2(\mathrm{m})}\right) \tag{5.31}$$

可见，雷达的直视距离是由地球表面的弯曲所引起的，它由雷达天线架设高度 h_1 和目标高度 h_2 决定，而与雷达本身的性能无关，如图 5.17 所示。如雷达天线高度为 30 m，飞机飞行高度为 8 100 m，则直视距离为 391 km。

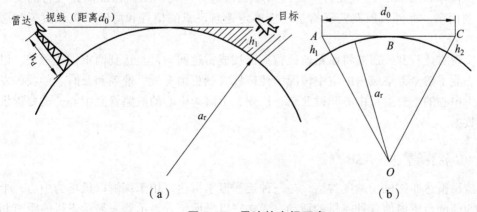

（a）　　　　　　　　　　　（b）

图 5.17　雷达的直视距离

2. 地面或水面反射对作用距离的影响

地面或水面反射是雷达电波在非自由空间传播时所受到的最主要的影响。在许多情况下，地面或水面反射可近似认为是镜平面反射。架设在地面或水面的雷达，当它们的波束较宽时，除直射波外，还有地面或水面的反射波存在，这样在目标处的电场就是直射波和反射波的干涉结果。

直射波和反射波是天线向不同方向所产生的辐射，加之它们的路程不同，因而两者之间存在振幅和相位差。地面或水面的反射使雷达的作用距离随目标的仰角呈周期性变化。地面反射使天线方向图呈花瓣状，并在仰角方向上产生"盲区"，导致雷达观测低仰角目标困难。

对于近距离雷达，需要减小盲区。减少盲区的方法可采用垂直极化和短的波长。当波长小到厘米级时，地面反射接近于漫反射，可忽略反射波干涉的影响。场面监视雷达就是采用该方法，如浦东机场的场面监视雷达的工作频率选择 Ku 频段。

5.3 民航一次雷达

5.3.1 民航一次雷达的分类

一次监视雷达（Primary Surveillance Radar, PSR）就是通过一次发射即可获得目标距离和方位的雷达，简称一次雷达。一次雷达属于非协作独立监视系统，可应用于航路、终端和机场场面监视。

整个民航空中交通管理系统中使用的一次雷达，按其使用区域来划分，一般可分为航路监视雷达、机场监视雷达、精密进近雷达和场面监视雷达。

5.3.1.1　航路监视雷达（RSR）

航路监视雷达是一种远程搜索雷达，它的作用距离为 300～500 km，主要用于监视连接各个机场的航路和航路外的飞机活动情况，为管制部门随时提供在其管辖范围内的飞机活动情况。航路监视雷达一般供区域管制之用。

管制人员根据空中情况，监视飞机之间的安全间隔，检查是否有发生两机相撞的可能。如发现有危险事故征候，则对飞行员发出指令，以避开冲突，从而保证航路飞行的安全，提高航路利用率。此外，航路监视雷达还能确定迷航飞机的位置和协助飞机绕过天气恶劣的区域。

为了实现雷达管制，需要将航路监视雷达连接成雷达网，甚至达到两重雷达覆盖，以便各管制中心能了解全部空域内的空中情况，使区域管制更加有效、准确和及时。如我国发展的以北京为中心的空管运行中心和以北京、广州、上海为中心的航路管制中心，需要提供联网的雷达数据。

5.3.1.2　机场监视雷达（ASR）

机场监视雷达亦称机场调度雷达，是一种近程搜索雷达，用于探测以机场为中心，半径为 100～150 km 范围内的各种飞机的活动。通常它以平面位置显示器来显示飞机的距离和方位，一般都与二次雷达配合使用。

管制人员根据机场监视雷达所提供的情况，并根据飞机的请求和各飞机之间应该保持的安全间隔，实施机场区域的交通管制和导航。在能见度很差的情况下，利用机场监视雷达可大大减少飞机起飞和着陆的时间间隔，提高起飞和进场着陆的效率，提高机场飞行密度，保证飞行安全。

5.3.1.3 精密进近雷达（PAR）

地面雷达引导着陆系统（Ground Controlled Approach, GCA）可以引导飞机实施精密进近。地面雷达引导着陆系统包括一部波长 10 cm 的机场监视雷达和一部波长为 3 cm 的着陆雷达（又称精密进近雷达 PAR），再加上地-空通信系统。这种着陆系统利用架设在机场跑道附近的两种雷达，测出飞机的位置参数（距离、方位、仰角），再由地面管制人员通过地-空通信链指挥引导飞机进场着陆。精密进近雷达是一个三坐标雷达，作用距离为 40～60 km，它可以同时测出着陆飞机的方位、距离和仰角。

由管制员判断着陆飞机是否处在正确的下滑线上，如有偏差，立即经地-空通信系统向驾驶员下达命令，使飞机按要求的下滑线进入跑道端上空，进行目视着陆。

地面雷达引导着陆系统的主要优点是：适应性强，机上不需要增加任何设备，任何飞机都可以利用，地面雷达对场地要求不高。其缺点是：地面引导，驾驶员被动，引导效率低，大雨时衰减大，作用距离近。

1. 精密进近雷达的组成

精密进近雷达和其他一次雷达一样，也由天线、发射机、接收机和显示器四大部分组成，并通过收发开关、天线转换开关和波导馈电系统将各部分连接起来，如图 5.18 所示。

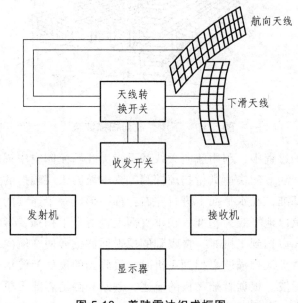

图 5.18 着陆雷达组成框图

精密进近雷达天线系统由航向天线、下滑天线和天线传动机构等组成。航向天线产生方位扫描波束，用以测定着陆飞机在水平面内的方位和距离；下滑天线产生仰角扫描波束，用以测定着陆飞机在垂直面内的仰角和距离。

为了提高雷达的测角精度和分辨力，天线辐射的波束必须很窄。为此，着陆雷达的航向和下滑天线均采用了反射面远远大于工作波长的抛物面反射体和喇叭辐射器。航向天线辐射波束的水平宽度为 0.8°，垂直宽度为 2.5°；下滑天线辐射波束的垂直宽度为 0.7°，水平宽度为 3°。

2. 精密进近雷达的工作原理

精密进近雷达又称着陆雷达。它的特点是：控测范围小，定位精度高，天线扫掠快，能同时测出目标的方位、仰角和距离。为了能够精确测定目标偏离着陆航线的位置，雷达作用距离只需 16 km，但距离鉴别率应达 150 m，角鉴别率应达 0.8°。为了给出航向面和下滑面，需要两套天线系统，每副天线都必须有一个窄的方向性图。航向天线的方向性图在方位方向上宽度为 0.8°，在仰角方向（垂直方向）上宽度为 2.5°；下滑天线的方向性图在仰角方向上宽度为 0.7°，在方位方向上宽度为 3.0°。根据需要，航向天线的波束应在水平面的 20° 扇形区域内摆动，下滑天线波束应在垂直面上 9° 左右的扇形区域内摆动（摆运速度为每分钟为 30 次）。为了搜索在波束外飞行的飞机，航向天线还需要在垂直面上用人工方法移动 9° 的扇形区，下滑天线在水平面内移动 20°的扇形区。其天线波束扫描方式如图 5.19 所示。

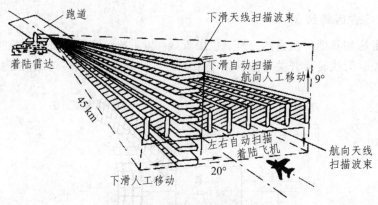

图 5.19　下滑、航向扫描波束

在引导飞机下滑的过程中，利用航向天线和下滑天线轮流向空中辐射一个很窄的波束，这两个波束对准跑道着陆方向快速进行扫掠探测。其中航向天线辐射的无线电波束以跑道中心延长线的平行线为基准，在水平面上进行左右扫描，形成一个连续的水平扫描波束。下滑天线辐射的无线电波束以地平线为基准，在垂直面上进行上下扫描，形成一个连续的垂直扫描波束。当航向天线波束扫到飞机时，接收到的反射回波信号便在航向显示器画面上显示出一个目标回波；当下滑天线扫描波束扫到飞机时，接收到的反射回波信号便在下滑显示器画面上显示出一个目标回波。根据着陆飞机的航迹，判断和测定着陆飞机偏离正常下滑道的情况，并通过甚高频电台，向下滑着陆飞机通报着陆点的距离、航向和高度偏差情况，或下达修正命令，指挥引导飞机安全着陆。

3. 精密进近雷达在进近中的应用

精密进近雷达主要用于复杂气象条件下保障飞机安全着陆。因此，在没有其他着陆设备，且要进行复杂气象飞行的机场，应当普遍配置使用精密进近雷达。通常精密进近雷达和机场近程导航设备配合工作，共同完成保障飞机安全着陆的任务。

① 与监视雷达配合实行全雷达引导。

当着陆机场配有机场监视雷达时，飞机的进场着陆引导过程是：先根据监视雷达在显示器上的目标显示，识别进场着陆飞机，然后引导飞机直接进入着陆航线或精密进近雷达作用区。当飞机进入精密进近雷达作用区，精密进近雷达显示器上发现目标回波后，即可根据下滑、航向画面的飞机回波，将飞机引导到规定高度或看见跑道，最后转入目视着陆。

② 与其他导航设备配合实行半雷达引导。

当机场配有 ILS 系统时，飞行员以机上仪表指示为主，用 ILS 系统引导飞机进场着陆。此时，精密进近雷达作为监视设备，监视飞机按仪表进入下滑着陆的情况。当 ILS 系统发生故障和误差很大时，精密进近雷达应立即接替引导任务。

③ 精密进近雷达与双导航台配合工作。

当机场配有远、近导航台时，精密进近雷达一方面监视飞机利用双导航台按仪表飞行进场；另一方面，又要准备直接引导飞机进场着陆。由于双导航台着陆设备引导精度低，仪表指示不稳定，要求的气象标准较高，因此，在低气象条件下飞行，在飞机进近下降进入远台这一段，飞行员应以机上仪表指示为主，同时应参考精密进近雷达引导。此时，精密进近雷达主要起监视作用，只有当飞机偏离下滑航迹较大时，才进行引导，并定时向飞行员通报距离、航向和高度数据。当飞机通过远台，向近台飞行时，由于无线电罗盘指示不稳或误差较大，特别不易保持要求的下降率，因此这一段应以精密进近雷达引导为主，仪表指示为辅，一直将飞机引导到决断高度（或最低下降高度），然后转入目视着陆时为止。

④ 作为辅助设备，实行雷达监视进近。

如果机场配备有 VOR/DME 时，飞行员可以利用机场近程导航设备引导来进入机场，通过远台引导进入着陆航线。当飞机进入精密进近雷达的有效作用区后，由精密进近雷达引导下降，直至转入目视着陆。

5.3.1.4　场面监视雷达

场面监视雷达是一种近距离的监视雷达，用于监视机场场面的飞机和车辆的活动。它工作于 Ku 波段，其工作频率为 15.7 ~ 16.7 GHz，远远高于 X 波段雷达的工作频率（9.0 ~ 9.5 GHz）。Ku 波段雷达比 X 波段雷达更不易受干扰，在大雨、大雪的天气情况下仍然有良好的效果。另外，Ku 波段雷达的垂直波束俯角比 X 波段雷达的大，Ku 波段雷达有较好的俯视角可以覆盖更近的区域。

场面监视雷达显示器上显示的不再是一个个目标点，它通过与外来数据的相关处理，不仅可以使管制员从荧光屏上区分飞机和车辆，而且可以辨别运行航班号、飞机机型、速度、将停靠的登机桥等。所以场面监视雷达具有监视功能、控制功能、引导功能和路线控制功能。

监视功能：能对跑道、滑行道及停机坪上活动的飞机和车辆定位并挂牌。

控制功能：能检测控制区域内潜在的冲突并报警。

引导功能：能通过管制员控制滑行道中心线、停止线灯光等引导飞机和车辆。

路线控制功能：能手工或自动调整滑行道的分配，从而提高滑行道的利用率，增加机场容量。

5.3.2　民航一次雷达的特点

上面介绍的几种民航一次雷达，都可在雷达显示器上用光点提供飞机的方位和距离，不管飞机是否装有应答机，都能正确显示且提供的方位精度和距离精度都很高，故仍为空中交通管制不可缺少的设备。

一次雷达虽然具有各种不同的作用，起到各种监视功能，但仍然存在许多缺点：

① 必须辐射足够大的能量电平，才能收到远距离目标的反射信号。一次雷达的作用距离正比于发射功率的四次方根，当发射功率增加一倍时，作用距离仅增加 19%，因而雷达站造价高。

② 除了飞机以外的其他固定目标（含地物目标）也将得到显示，这样，将干扰有用目标的显示。但现在的雷达很多采用了动目标显示（MTI）和动目标检测（MTD）技术，可以滤去固定杂波而取出运动目标的回波，大大提高雷达的抗干扰能力。

③ 不能对飞机进行识别，除非要求飞机做特技飞行。管制员利用一次雷达对目标进行管制时，其识别方法是：航空器起飞后，其雷达目标距起飞跑道末端 2 km 内被发现；观察到仅有一个雷达目标在雷达视屏图上显示的航空器位置与航空器报告的位置一致，观察到的航空器航迹与航空器报告的航迹相符；观察到仅有一个雷达目标按照指示做不小于 30°的识别转弯。可见，一次雷达对目标的识别有很多限制条件。

④ 不能显示飞机当时的高度。一次雷达虽可以测量目标高度，但只在小范围内可用，对于管制来说，需要确切掌握飞机的实时高度，一次雷达测量的高度不能使用。

⑤ 回波存在闪烁现象。

一次雷达回波强度与目标有效反射面积有关，目标大小不同，回波强弱不同；同一目标的姿态不同，回波强弱也不同。飞机反射雷达信号时，由于飞机并不是规则体，能够引起整个回波波束有较大变化的，不是机头也不是机尾。飞机作机动飞行时，角度的变化引起的回波功率变化可达 30 倍或更多；ICAO 规定的标准目标是 15 m^2，但这个值的变化较大。可见反射面积的变化很大，回波功率变化就会很大，从而在显示器上会出现闪烁现象。

⑥ 飞机完全处于被动发现状态，不能建立必要的数据链。

5.4　民航二次雷达

二次雷达是针对一次雷达而言的。二次雷达由地面询问雷达发射一定模式的询问信号，装在飞机上的应答机收到这个模式询问信号后，经过信号处理、译码，然后由应答机发回编码的回答信号。地面雷达收到这个回答信号后，经过信号处理，把装有应答机的飞机代号、高度、方位和距离显示在平面位置显示器上。这种经过两次程序（一次是询问，一次是应答）

发射的雷达，就被命名为二次雷达（Secondary Surveillance Radar, SSR）。美国通称这种二次雷达为空中交通管制雷达信标系统（简称航管雷达信标系统"ATCRBS"），本书简称为二次雷达。

航管雷达由两部分组成，一部分是二次雷达，另一部分是一次雷达。天线也由两部分组成，一部分是为一次雷达 X 波段用的，另一部分是供二次雷达 L 波段用的。两个天线装在一起同步旋转并向同一方向发射，如图 5.20 所示。之所以要把一次雷达加入二次雷达同步工作，是考虑到有些飞机没有装应答机，或者虽然装有应答机，但当应答机故障时，这些飞机仍然可以受到航管雷达的监视。

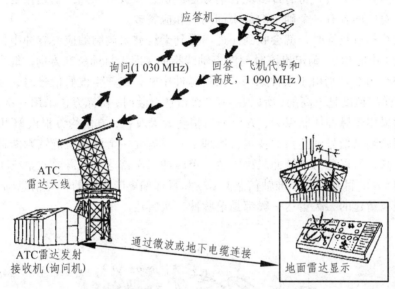

图 5.20　二次雷达系统组成图

一次雷达用来监视和跟踪在管制区域内的所有飞机，二次雷达用来识别出装有应答机的飞机。一次雷达和二次雷达接收到的信息，在航管雷达的平面显示器上显示出来，除了能够探测和监视到所有飞机的距离和方位信息之外，还可以识别出装有应答机的飞机的代号和飞行高度及速度等信息。

由此可见，航管二次雷达系统可以获得的信息主要有：飞机的距离与方位信息；飞机代码；飞机的气压高度；一些紧急告警信息，如飞机发生紧急故障、无线电通信失效或飞机被劫持等。

5.4.1　二次雷达探测原理

5.4.1.1　测距原理

二次雷达与目标的距离也是通过测量电磁波的传播时间来测量的。询问机发射询问信号，应答机解码，根据询问再编码并回答，脉冲串信号被询问机接收，询问机测量电波的传播时延为 t，从而测距。即

$$R = \frac{1}{2}c(t - \Delta t) \qquad\qquad (5.32)$$

式中，R 是二次雷达距目标的距离；c 是光速；t 是地面站收发时间间隔；Δt 是机载应答器相应延迟时间。

5.4.1.2　方位角测量原理

常规二次雷达利用滑窗法检测飞机和测量飞机的方位角。雷达天线以 360°全方位搜索扫描，当主波瓣照射到飞机，将有许多应答信号返回雷达并被检测到。雷达设定一个起始窗和一个结束窗，对应的各有一个确定的最小询问数和应答数。

当雷达天线扫过目标时，就会收到一连串受到天线波束调制的应答脉冲串信号，找出脉冲串的最大值（中心值），确定出该时刻波束轴线指向，即为目标所在方向。最大信号法的方位精度为 0.25°~ 0.5°。当由于某种原因，出现脉冲中断，或产生虚假信号时，方位误差可达到 1°以上。这样的精度是不高的，所以在一/二次雷达合装时，目标方位采用一次雷达的数据。

二次雷达采用单脉冲体制以后，方位测量精度大大改善，方位均方根误差可达 0.07°。单脉冲是一种精确测试信号到达角的技术，原理上它只需要一个脉冲就能够判断目标的方位，而且精度非常高，所以称为单脉冲二次雷达。单脉冲二次雷达测角需要测量三个参数：天线瞄准轴的方向（θ），目标偏离瞄准轴信息（$\Delta\theta$）和目标偏离瞄准轴的符号信息($\pm$)，如图 5.21 所示。所以现在新建的二次雷达一般都是单脉冲二次雷达。

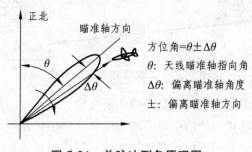

图 5.21　单脉冲测角原理图

单脉冲体制分为幅度和差和相位和差两种体制。幅度和差体制多用于单个目标的跟踪雷达。它利用差通道获得目标偏离天线轴的角误差信号，通过伺服系统驱动天线，实现对单个目标的跟踪。而相位和差单脉冲体制可以实现对单个目标的跟踪，也可以对全空域搜索，测出每个目标的方位、距离。同时对多个天线扫描周期雷达数据的处理，实现对所有目标位置的跟踪，这就是所谓的边扫描边跟踪体制。航管单脉冲二次雷达从使用要求来说适宜采用相位和差体制，从系统设计合理性来说也适于采用相位和差体制。

5.4.2　二次雷达的雷达方程

二次雷达的工作原理与一次雷达不同，其雷达方程也是不同的。二次雷达信号发射两次，所以有询问方程和应答方程两个距离方程。

5.4.2.1 询问方程

设雷达发射功率为 P_t，发射天线增益为 G_t，则在距离 R 处的功率密度为

$$S_1 = \frac{P_t G_t}{4\pi R^2} \qquad (5.33)$$

若目标上应答机天线的有效面积为 A_τ，则其接收功率为

$$P_r = S_1 A_\tau = \frac{P_t G_t A_\tau}{4\pi R^2} \qquad (5.34)$$

引入关系式 $\qquad A_\tau = \frac{\lambda^2 G_r'}{4\pi}$

式中，G_r' 为应答机的天线增益。则可得

$$P_r = \frac{P_t G_t G_t' \lambda^2}{(4\pi R)^2} \qquad (5.35)$$

当接收功率 P_r 达到应答机的最小可检测信号 $P_{r(min)}'$ 时，二次雷达系统可能正常工作，即当 $P_r = P_{r(min)}'$ 时，二次雷达询问机的最大作用距离为

$$R_{min} = \left[\frac{P_t G_t G_t' \lambda^2}{(4\pi)^2 P_{r(min)}'} \right]^{\frac{1}{2}} \qquad (5.36)$$

5.4.2.2 应答方程

应答机检测到雷达信号后，即发射其回答信号，此时雷达处于接收状态。设应答机的发射功率为 P_t'，天线增益为 G_t'，雷达的最小可检测信号为 $P_{r(min)}$，则可得应答机工作时的最大作用距离为

$$R_{max}' = \left[\frac{P_t' G_t G_t' \lambda^2}{(4\pi)^2 P_{r(min)}} \right] \qquad (5.37)$$

为了保证雷达能够有效地检测到应答器的信号，必须满足

$$R_{max}' \geqslant R_{max}$$

实际上，二次雷达系统的作用距离由 R_{max}' 和 R_{max} 两者中的较小者决定，因此设计中应使二者大体相等。

二次雷达的作用距离与发射机功率、接收机灵敏度的二次方根分别成正、反比关系，所以在探测距离相同的条件下，其发射功率和天线尺寸较一次雷达明显减小。

对于航线监视二次雷达，它的作用距离一般为 200 n mile 左右；对于机场终端区域，它的作用距离一般为 140 km 左右。

二次监视雷达的信号在大气传播的过程中，由于高度不同、气压不同，传播的路径会引起折射。这种折射使二次雷达信号传播朝向地面弯曲，以至于可以收到远距离低于水平面的信号。

异常的传播也可暂时增加雷达的作用距离，如大气的逆温或潮湿空气紧贴海平面都能增加无线电波的折射以致电波紧贴地球表面传播。在这种情况下，能看到水平面以下距雷达站 250 n mile 的目标。

5.4.3　二次雷达系统的组成

二次雷达系统由两部分组成：地面询问雷达和机载应答机。

5.4.3.1　地面询问雷达

1. 组成及功用

地面雷达询问机主要由二次雷达天线、发射机、接收机、信号处理设备和雷达显示终端组成（参见图 5.20）。

二次雷达的天线的水平尺寸一般是 8 ~ 10 m，如图 5.22 所示，在该尺寸范围内天线增益超过 23 db，雷达作用距离可达 250 n mile 以上。在极端的天气条件下，冰雪会以电介质的形式填充天线，改变天线的电气性能，需要使用雷达天线罩将天线封装起来。天线罩通常是一个中空半球，它依靠内部空气压力或自身结构的强度来支撑，安装在铁塔的顶部，它完全把天线封装起来，在里面天线可以旋转。

图 5.22　二次雷达天线

雷达显示终端有不同的类型，如图 5.23 所示为一种雷达显示器。下面按照图中的标号分述如下：

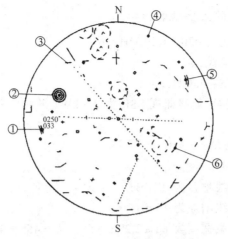

图 5.23　雷达荧光屏显示图

① 当应答机所选的飞机代号与航管雷达所选编号一致时，飞机目标显示有两个弧段。在目标旁显示的字母或数字是混合显示，表示飞机的代号（如 0250）和飞机当时的飞行高度（033，以 100 ft 为单位）。

② 当飞行员按压识别按钮（IDENT）时，回答信号中多发一个识别信号（SPI），导致显示器上显示出那架飞机目标从中心向外扩散的一系列同心圆，以突出显示该飞机目标当时所在位置。

③ 附加在荧光屏上的航线图。

④ 对未装应答机的飞机（或装有应答机但其工作失效时），由一次雷达回波显示，在显示器上显示没有弧段的亮点标志。

⑤ 当应答机所选的飞机代号与航管雷达所选编号一致时，显示有两个弧段。

⑥ 当应答机所选飞机代号与航管雷达所选编号不一致时，这架飞机的目标就只有一个弧段。

随着民航新技术等的飞速发展，现在的雷达终端系统是空中交通管理自动化系统的显示终端，采用了多雷达信息处理显示技术，以及电子式飞行进程单处理和触摸式信息录入和操作按钮等新技术。如图 5.24 所示为当前的一种空管自动化系统的显示终端，它包括了格式区、空域显示区和功能区几个部分。其中，空域显示区能显示飞机标牌、航路、航路点、扇区边界等信息。

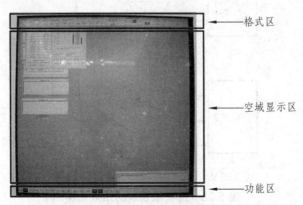

图 5.24　空管自动化系统显示终端

2. 地面询问雷达系统的主要性能指标

① 发射机的询问频率为(1 030 ± 0.2) MHz；

② 询问模式为 A、C 模式；

③ 询问重复频率为 150 ~ 450 Hz；

④ 询问功率(脉冲功率)：航线监视 SSR 为 2.5 kW(平均功率)，终端监视 SSR 为 500 ~ 1 000 W (平均功率)；

⑤ 接收机的频率为 1 090 ± 3 MHz；

⑥ 天线为垂直极化方式；

⑦ 航线监视 SSR 的天线增益为 23 dB；

⑧ 终端监视 SSR 的天线增益为 19 dB；

⑨ 航线监视 SSR 的波束宽度为 $\theta_H \leq 2.2° \pm 0.5°$，$\theta_V = 45° \pm 4°$；

⑩ 终端监视 SSR 的波束宽度为 $\theta_H \leq 4.4° \pm 0.5°$，$\theta_V = 45° \pm 4°$；

⑪ 天线转速为 6 ~ 15 r/min。

目前，民航地面引进的 MSSR 型单脉冲二次雷达的性能如下：

探测范围：256 n mile。

距离精度：1/64 n mile。

方位精度：100 n mile 范围 0.05°，200 n mile 范围 0.07°。

最小探测范围：0.1 n mile。

5.4.3.2 机载应答机系统

1. 机载应答机系统的组成和功能

民用飞机通常装备有两套相同的应答机，以保证对询问信号的可靠应答。两套应答机共用一个控制盒，由控制盒上的系统选择电门决定由哪一套应答机产生应答信号。机载应答机系统主要由应答机、控制盒、天线等组成，如图 5.25 所示。

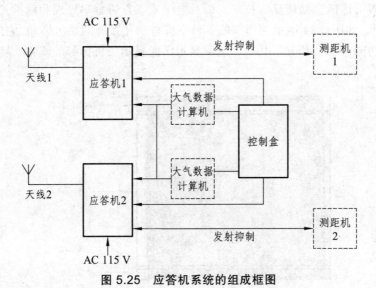

图 5.25　应答机系统的组成框图

应答机用来接收地面二次雷达发来的询问信息，并自动向地面发回代表飞机代号和高度的应答脉冲信息。二次雷达与飞机上的 DME 询问机工作于同一 L 频段，其天线可以互换。控制盒用来选择系统的工作模式，选择飞机代号，报告飞行高度及对系统的有关控制，高度源于大气数据计算机系统，如图 5.26 所示。

图 5.26 中，系统选择开关（ATC）有"1""2"和"STBY"三个位置。在"1"位时，接通第一部应答机收发组；在"2"位时，接通第二部应答机收发组；"STBY"（预备）位为应答机加热准备位，开关置于此位时，两部应答机均不发射应答信号。滑行时，系统选择开关一般置于此位。

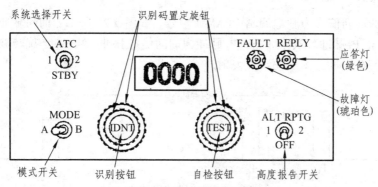

图 5.26　机载应答机控制面板

模式开关（MODE）：有 A、B 两个位置，我国现有的 ATC 系统，使用 A 模式。系统选择开关在"STBY"位，系统即可打开预热，然后将模式选择开关置于 A，选择 A 模式工作，与电门询问模式应一致。

代码显示窗：有 4 个代码显示窗，每个窗所显示数字从 0 ~ 7 进行选择，并显示应答机代码。

代码选择钮：用来选择代码显示窗所显示的数字。

高度报告电门：当地面管制雷达询问机以 C 模式询问时，接通此开关，应答机即以大气数据计算机 ADC 输来的高度编码作回答。置于"1"位时，高度来自第一部 ADC；置于"2"位时，高度来自第二部 ADC。

识别按钮（IDENT）：按下该按钮，可以在应答脉冲上增加识别脉冲（SPI），以便地面二次雷达显示器所显示该架飞机的信息更加清楚。

测试电门（TEST）：按压 TEST 按钮，对系统进行自测，以便了解系统的工作情况。

应答灯（REPLY）：应答机发射应答信号时，该灯亮，表明系统正常应答。

故障灯（FAULI）：灯亮，表明系统有故障。

2. 机载应答机系统的主要性能指标

目前民航 B737、B757、空中客车等飞机安装的应答机的主要性能指标如下：

① 发射机工作频率为 1 090 ± 3 MHz，发射功率为 250 ~ 1 000 W。

② 接收机工作频率为 1 030 ± 0.2 MHz。

③ 转发时间，即 P3 前沿到达与 F1 发出时刻之间的延迟，为 3 ± 0.5 μs。

④ 应答模式为 A、C 模式。

⑤ 天线采用垂直极化方式，在水平面内全向辐射，在垂直方向上波束宽度至少为 30°。

⑥ 编码能力：A 模式为 4096 码，C 模式的高度报告为 1 000 ~ 126 000 ft（增量为 100 ft）。

5.4.4 二次雷达的询问信号

5.4.4.1 询问信号的结构

二次雷达的询问信号为脉幅调制（PAM）信号，如图 5.27 所示。询问脉冲由三个脉冲组成，即 P_1、P_2 和 P_3 脉冲。其中，P_1、P_3 脉冲为询问信息脉冲，由 360° 旋转波束定向发射；P_2 脉冲为抑制旁瓣脉冲，由全向天线发射。

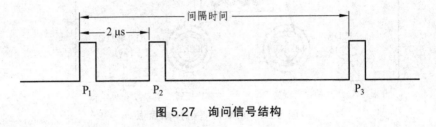

图 5.27　询问信号结构

5.4.4.2 询问信号的工作模式

传统二次雷达有 6 种询问模式，分别是 1、2、3/A、B、C 和 D 模式。其中，1、2 两种模式专门用于军用识别；3/A 模式简称 A 模式，可用于军用和民航识别，如表 5.2 所示。下面介绍 A、B、C、D 四种工作模式。四种模式由 P_1 和 P_3 之间的时间间隔决定，如图 5.28 所示。它们分别是：

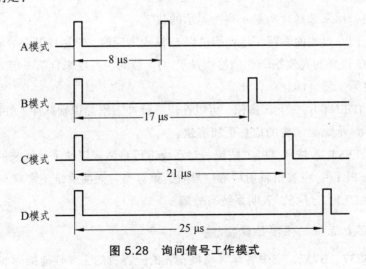

图 5.28　询问信号工作模式

A 模式：时间间隔为 8 μs，用来识别空中飞机代号。

B 模式：时间间隔为 17 μs，用来识别民航飞机代号。

C 模式：时间间隔为 21 μs，用来识别飞机高度。

D 模式：时间间隔为 25 μs，尚未分配。

近代民航的航管雷达，一般只用 A 模式和 C 模式轮流询问，这样，在航管中心荧光屏上就能同时在目标旁显示出飞机的代号和高度，该二次雷达称为 A/C 模式二次雷达。询问时，根据需要可以只发出一个模式的询问信号，也可以两种模式交替询问。交替询问时，两种模式以 1∶1 或 2∶2 或 2∶1 的比例交替询问。

表 5.2　询问模式的时间间隔和作用

模式	P_1 到 P_3 的时间间隔	作用	用途
1	3 μs	识别	军用
2	5 μs	识别	军用
3/A	8 μs	识别	军用/民用
B	17 μs	识别	民用
C	21 μs	高度	民用
D	25 μs	未制定	民用

询问机天线（包括一次、二次雷达天线）每次扫掠的最大询问速率，虽然每秒可达 450 次，但为了避免非同步窜扰，询问速率尽可能低一些为好。对一个目标每次扫掠询问一般以每秒 20 ~ 40 次为宜（取决于波束宽度和 360° 天线旋转所需的时间。一般波束宽度约为 3°，天线旋转一周时间约为 10 s）。

5.4.4.3　旁瓣抑制

目前国际上航管雷达询问机所发射的询问信号采用三脉冲抑制方式，即除了由询问机 360° 旋转的方向性天线主波束发射强大功率的 P_1 和 P_3 脉冲之外，另由全向性天线在 P_1 脉冲前沿之后 2 μs 以较小功率发射 P_2 脉冲，这个 P_2 脉冲用来抑制应答机对旁波瓣询问的回答。如图 5.29 所示，1 为雷达方向性天线主波束发射的 P_1 和 P_3；2 为方向性天线的旁波瓣；3 为全向天线发射的旁瓣抑制脉冲 P_2。采用这种三脉冲抑制方式，是考虑到地面雷达询问机定向发射天线除了发射强大功率的主波束之外，还不可避免地产生旁波瓣。当飞机接近询问机时，飞机上的应答机不单只收到主波束询问作回答，而且还可能收到旁波瓣的询问作回答，因而使地面雷达荧光屏上显示一大片目标，以致分不清飞机目标所在的方位和距离。

P_2 是旁瓣抑制脉冲，它由全向性天线在 P_1 之后 2 μs 发射出去，其方向性图是一个圆，该场强把旁瓣覆盖着。P_2 脉冲的辐射功率电平是在方向性天线主波束额定峰值功率电平

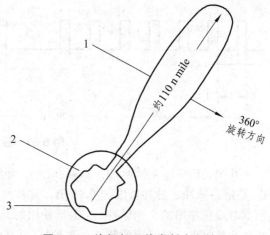

图 5.29　询问机天线发射方向性图

18 dB 以下，所以当飞机处于主波束方位上时，应答机接收到 P_1 和 P_3 的脉冲幅值大，而所接收到的 P_2 脉冲幅值小于 P_1 和 P_3 的幅值；反之，飞机若处在旁瓣方位上，接收到的 P_2 脉冲幅值会大于 P_1 幅值。飞机上的应答机有一个比较 P_1 和 P_2 脉冲幅值的电路，如图 5.30 所示。如果 P_1 幅值大于 P_2 幅值 9 dB 以上，则应答机可以进行译码和作编码回答；如果 P_1 幅值小于或等于 P_2 幅值时，则应答机受抑制 29 μs，不能译码和回答；至于 P_1 和 P_2 的差值在 9 dB 以内，应答机可能受抑制或回答，其回答概率由 P_1 和 P_2 的差值大小而定。

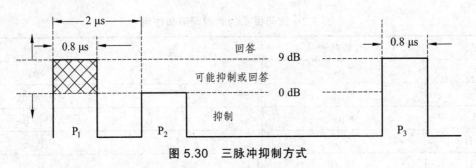

图 5.30　三脉冲抑制方式

5.4.5　二次雷达的应答信号

应答机接收到地面二次雷达的有效询问信号后，机载应答机就产生相应的应答信号。对于识别询问，应答机所产生的是识别代码应答信号；对于高度询问，应答机则回答飞机的实时气压高度编码信号。

5.4.5.1　应答信号的脉冲结构

当飞机上的应答机收到来自地面航管雷达主波瓣发射的有效询问时，在 P_3 之后 3 μs，应答机即发出回答编码信号。回答信号的编码格式是按照询问信号的模式以飞机的代号或高度来确定的。回答信号的编码由八进制的四组（A、B、C 和 D）和 X 脉冲共 13 个脉冲组成（即 C_1　A_1　C_2　A_2　C_4　A_4　X　B_1　D_1　B_2　D_2　B_4　D_4）。这 13 个脉冲排列在帧脉冲 F_1 和 F_2 之间的 20.3 μs 间隔中，其排列顺序如图 5.31 所示。

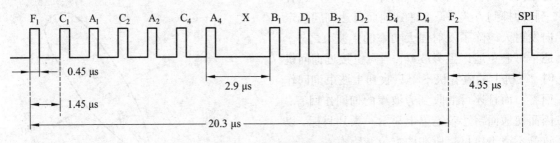

图 5.31　脉冲信号排列图

其中，$F_1 \rightarrow F_2$ 是帧脉冲（框架脉冲），是应答信号标志，时间间隔为 20.3 ± 0.1 μs；$A_1 \rightarrow D_4$ 是信息脉冲，脉冲宽度为 0.45 μs，脉冲间隔为 1.45 μs。它们以字母带尾标来表示，仅表示空对地脉冲串的个别脉冲，它与所使用的询问模式无关，其标号即为该脉冲所代表的权数。X 脉冲是将来扩展时用的脉冲。这种特殊的脉码调制（PCM）由固定的不同组合数字按规定次序的二进制编码信号对载波进行调制，其优点是抗干扰能力强。

在帧脉冲 F_2 之后 4.35 μs 发射的脉冲是特殊位置的识别脉冲（SPI），即通常所说的指出飞机位置的脉冲（I/P）。这个脉冲的发射是由装在飞机驾驶舱内的应答机控制盒上的识别按钮来控制的，参见图 5.26。当对 A 模式询问作回答时，飞行员根据地面要求短时按下此按钮，则应答机在回答编码中加发这个识别脉冲 15～30 s，从而使地面航管中心显示屏上该飞机标志特别亮（或显示以该飞机标志为中心向外扩散的同心圆环），给管制人员获得该飞机当时位置的特别提示。

5.4.5.2 应答信号的编码格式

1. 飞机代号的编码格式

飞机代号的编码格式如表 5.3 所示。

表 5.3 飞机代号的编码脉冲

A 组脉冲				B 组脉冲				C 组脉冲				D 组脉冲			
千位数	A_4	A_2	A_1	百位数	B_4	B_2	B_1	十位数	C_4	C_2	C_1	个位数	D_4	D_2	D_1
0	0	0	0	0	0	0	0	0	0	0	0	0	0	0	0
1	0	0	1	1	0	0	1	1	0	0	1	1	0	0	1
2	0	1	0	2	0	1	0	2	0	1	0	2	0	1	0
3	0	1	1	3	0	1	1	3	0	1	1	3	0	1	1
4	1	0	0	4	1	0	0	4	1	0	0	4	1	0	0
5	1	0	1	5	1	0	1	5	1	0	1	5	1	0	1
6	1	1	0	6	1	1	0	6	1	1	0	6	1	1	0
7	1	1	1	7	1	1	1	7	1	1	1	7	1	1	1

回答信号的编码格式，是由询问模式（A 或 C）来确定的。当询问飞机代号（A 模式）时，则回答信号编码脉冲是由飞机的代号来确定的，每架航班飞机单独有一个专用的指定代号。而飞机的代号是由装在飞机上的应答机的控制盒中的两个同心旋钮分别在 4 个显示窗中选择 4 个数字来确定的，参见图 5.26。每个数字可以选择 8 个数字（即 0～7），而每个数字则由一组编码脉冲控制。左边第一个数字（即千位）由 A 组脉冲（即 A_4、A_2 和 A_1）编码组成，第二位（即百位）由 B 组脉冲（即 B_4、B_2 和 B_1）编码组成，第三个数字（十位）由 C 组脉冲（即 C_4、C_2 和 C_1）编码组成，最后一个数字（个位）由 D 组脉冲（即 D_4、D_2 和 D_1）组成。这样，每组脉冲都可以有三个信息脉冲，用这三个信息脉冲表示八进制数，即可以得到 0、1、2、3、4、5、6、7 共 8 个八进制数。因此，飞机四位数识别码上的每一位数字只可能是 0～7 中的一个，而不可能出现 8 和 9 这两个数字。

所以，具体编码顺序是 ABCD，分别由四组（A_1、A_2 和 A_4），（B_1、B_2 和 B_4），（C_1、C_2 和 C_4），（D_1、D_2 和 D_4）编码表示，各组编码脉冲的选择，如表 5.2 所示。每组脉冲内标有字母的尾标 4、2 和 1，尾标数字相加之和，就是所选的数字。如 A 脉冲为 7 时，$7 = 4 + 2 + 1$，所以需要发射 A_1、A_2 和 A_4 三个脉冲。如飞机代号是 3342 时，第一位选择为 3，则 A 组

编码有 A_2 和 A_1；第二位选择为 3，则 B 组编码有 B_2 和 B_1；第三位选择为 4，则 C 组编码有 C_4；而第四位选择为 2，则 D 组编码有 D_2。

故编入的脉冲串为：F_1　A_1　A_2　C_4　B_1　B_2　D_2　F_2

编码脉冲串如图 5.32 所示。

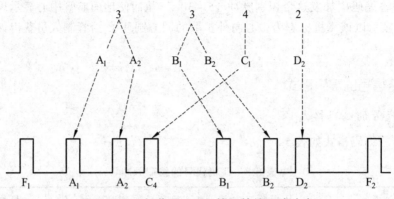

图 5.32　飞机代号 3342 的回答编码脉冲串

由于四组编码脉冲中每一组具有 8 个数字，故可给出 $8^4 = 4\,096$ 个综合组成编号（故称 4096 编码）。其中有几个是国际民航组织规定作为特殊情况下在 A 模式使用的。例如：7700 用于飞机故障，7600 用于飞机通信设备失效，7500 用于飞机受到非法干扰（例如劫机）。其他还有：2000 不用于空中交通管制，0000 为通用码。

2. 飞机高度的编码格式

飞机高度的编码格式见表 5.4。当应答机接收到 C 模式询问，且应答机控制盒的"报告高度"开关在接通位时，则应答机将自动回答飞机当时的气压高度信息，而与控制盒所选的模式和飞机的代码无关。

表 5.4　10 位高度格雷码的编排

高度增量 8 000 ft			高度增量 500 ft				高度增量 100 ft		
D_4	A_1	A_2	A_4	B_1	B_2	B_4	C_1	C_2	C_4

气压高度信息由飞机上的中央大气数据计算机提供。高度编码脉冲串也是帧脉冲 F_1 和 F_2 之间的信息脉冲组合，但编码格式则与飞机的识别代号格式不同。高度编码采用 10 个脉冲（即 A_1、A_2、A_4、B_1、B_2、B_4、C_1、C_2、C_4 和 D_4），以格雷码格式编排，并且脉冲组只编成三组，其编排顺序为：

$$D_4\ A_1\ A_2\qquad A_4\ B_1\ B_2\ B_4\qquad C_1\ C_2\ C_4$$

飞机的飞行高度编码是由国际民航组织规定的，其原高度范围是 $-1\,000 \sim 126\,700$ ft。考虑到气压高度的精度有限，规定高度编码的增量为 100 ft，这样只需 1 278 个编码就够了，而用 A、B、C、D 四组编码，可达 4 096 个编码，这样有很大的冗余量。而民航飞机的实际高度为 $-1\,000 \sim 62\,700$ ft 就足够了，故把 10 个高度编码分为三组，其中，D_4、A_1、A_2 脉冲组成每 8 000 ft 高度增量的 8 个格雷码；A_4、B_1、B_2、B_4 脉冲组成每 500 ft 增量的 16 个格雷码；

C_1、C_2、C_4脉冲组成每 100 ft 增量的 5 个"五周期循环码"。这样就可得到 $8 \times 16 \times 5 = 640$ 个高度编码，可以从 $-1\,000 \sim 62\,000$ ft 高度范围内，按照 100 ft 高度增量的高度编码，如表 5.5、5.6 所示。

表 5.5　高度增量 500 ft 格雷编码

A4　B1　B2　B4 （高度增量 00 ft）	D4　　A1　　A2（高度增量 8 000 ft）							
	000	001	011	010	110	111	101	100
0000	$-1\,000$	14 500	15 000	30 500	31 000	46 500	47 000	62 500
0001	-500	14 000	15 500	30 000	31 500	46 000	47 000	62 000
0011	0	13 500	16 000	29 500	32 000	45 500	48 000	61 500
0010	500	13 000	16 500	29 000	32 500	45 000	48 500	61 000
0110	1 000	12 500	17 000	28 500	33 000	44 500	49 000	60 500
0111	1 500	12 000	17 500	28 000	33 500	44 000	49 500	60 000
0101	2 000	11 500	18 000	27 500	34 000	43 500	50 000	59 500
0100	2 500	11 000	18 500	27 000	34 500	43 000	50 500	59 000
1100	3 000	10 500	19 000	26 500	35 000	42 500	51 000	58 500
1101	3 500	10 000	19 500	26 000	35 500	42 000	51 500	58 000
1111	4 000	9 500	20 000	25 500	36 000	41 500	52 000	57 500
1110	4 500	9 000	20 500	25 000	36 500	41 000	52 500	57 000
1010	5 000	8 500	21 000	24 500	37 000	40 500	53 000	56 500
1011	5 500	8 000	21 500	24 000	37 500	40 000	53 500	56 000
1001	6 000	7 500	22 000	23 500	38 000	39 500	54 000	55 500
1000	6 500	7 000	22 500	23 000	38 500	39 000	54 500	55 000

表 5.6　高度增量 100 ft 格雷编码

尾数 1 000 ft			高度增减量（ft）	尾数 500 ft		
C1	C2	C4		C1	C2	C4
1	0	0	$+200$	0	1	1
1	1	0	$+100$	0	1	1
0	1	0	0	0	1	0
0	1	1	-100	1	1	0
0	0	1	-200	1	0	0

如某高度的尾数在每 $1\,000 \pm 200$ ft 范围内，则用表 5.6 的尾数每 1 000 ft 栏来编码。例如：28 200 ft，则编码为

$$28\,000 + 200 = 28\,200$$

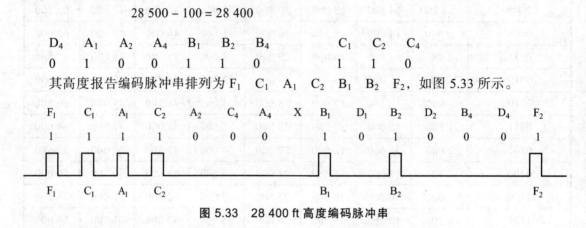

D_4	A_1	A_2	A_4	B_1	B_2	B_4	C_1	C_2	C_4
0	1	0	0	1	1	1	1	0	0

其高度报告编码脉冲串排列为：F_1 C_1 A_1 B_1 B_2 B_4 F_2

如某高度的尾数在每 500 ± 200 ft 范围内，则用表 5.6 的尾数每 500 ft 栏来编码。例如：28 400 ft，则编码为：

$$28\,500 - 100 = 28\,400$$

D_4	A_1	A_2	A_4	B_1	B_2	B_4	C_1	C_2	C_4
0	1	0	0	1	1	0	1	1	0

其高度报告编码脉冲串排列为 F_1 C_1 A_1 C_2 B_1 B_2 F_2，如图 5.33 所示。

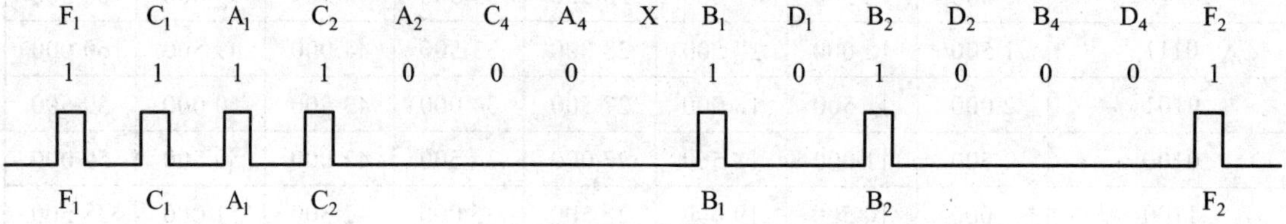

图 5.33　28 400 ft 高度编码脉冲串

5.4.6　A/C 模式二次雷达的特点

A / C 模式二次雷达在工作中，经过两次发射信号，其接收到的信号比一次雷达回波信号强得多；应答脉冲还包括飞机的代号和高度信息，因此较一次雷达有很多优点。

5.4.6.1　A/C 模式二次雷达的优点

① 由于目标有效反射面积的限制，回答脉冲比一次雷达回波信号强很多，便于录取信号和进行自动跟踪。

② 询问与回答信号的格式和频率是不同的，消除了地面杂波和气象反射的干扰。

③ 能够用事先编排好的代号对多达 4 000 多架飞机进行准确的识别和特殊位置的识别。

④ 能够提供准确的飞机即时飞行高度。

⑤ 接收询问信号和发射回答信号之间有一个固定的短时时延（3 μs）间隔，在收到旁瓣抑制（SLS）信号时，抑制应答机的回答，避免荧光屏上出现假目标。

⑥ 能够提供特殊代码信息。

5.4.6.2　A/C 模式二次雷达的缺陷

现用的航管虽然经过多次改进，大大增强了工作性能，但仍然存在许多缺陷，特别是在空中交通密度大大增加的情况下，尤为严重。

① 有效作用区内，应答机均可作近似同步的回答，可能造成显示屏信号重叠紊乱，同时增加应答机工作负荷。

② 机动飞行时，由于遮蔽效应，可能造成回波瞬时中断。

③ 同步窜扰。当飞机上应答机接收到询问信号时，回答信号脉冲串的持续时间最少为 20.3 μs（如加发识别脉冲，持续时间为 24.7 μs），因而发送应答脉冲串信号将占据空间的距离为 $3 \times 10^8 (m/s) \times 20.3 \times 10^{-6}(s) = 162\,000(n\ mile/s) \times 20.3 \times 10^{-6}(s) = 3.28\ n\ mile$。如果两架飞机处在询问波束同一方位上或波束范围内，设两机的高层差大于 300 m，当两机的斜距少于 1.64 n mile 时（如图 5.34 所示的 A 机和 B 机），则地面询问机的接收机将接收到间隔重叠的两机的回答信号，因而互相干扰，这种干扰称为同步干扰，这就大大降低了分辨率。

④ 非同步窜扰。当飞机处在两个以上地面询问机共同作用范围内时，每个地面询问机除了对本站所询问飞机的回答脉冲同步接收外，还会收到因其他地面站询问飞机而引起的非同步回答，因此，就会在显示屏上形成非同步回答的窜扰。如图 5.35 所示，询问机 1 向 A 机询问（A 机的识别飞机代号是与询问机 1 所选飞机代号是同步的），而询问机 1 的主波束宽度范围内的远处又有一架 B 飞机，但不是询问机 1 所选的识别飞机代号，而 B 机又正好受询问机 2 的询问（B 机回答的识别飞机代号与询问机 1 不同步，而与询问机 2 是同步的）。由于该机应答天线是全方向性的，故 B 机向询问机 2 作回答时，也向询问机 1 作回答。这种不需要的非同步回答，使询问机 1 的荧光屏上出现多个亮点，画面不清晰，或者占据了询问机 1 的译码动作，混扰了对 A 机询问的回答译码，这种混扰称为非同步窜扰（FRUIT，直译为水果效应）。

现在，这种非同步窜扰在地面台可采用非同步窜扰抑制电路来消除。其方法是将视频回答信号存储一个周期的时间，使其与第二次询问的回答进行比较。如果是重合的，则视频信号是相干的，就显示该识别目标的飞机代号；如果不重合，则这个回答是不相干的，信号被消除，因而不会显示出这个目标。

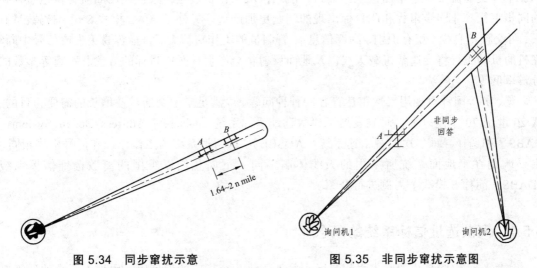

图 5.34　同步窜扰示意　　　　　图 5.35　非同步窜扰示意图

⑤ 多路径反射（形成虚假目标）。发射机和接收机之间存在不止一条信号路径，如图 5.36 所示，在这些路径中，只有一条是发射机和接收机的直达路径。此外，还存在其他路径，如由于地物和建筑物之类反射形成的信号路径。由于二次雷达采用短脉冲串，直射信号和反射信号在时间上形成交错或完全分开，其时间差会改变应答脉冲的视在数目，而导致解码错误或错误地检测为存在多架飞机。

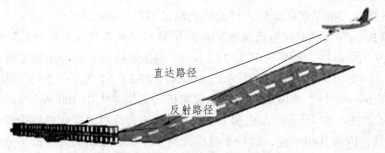

图 5.36　二次雷达多路径反射

⑥ 目标分辨力差。同步审扰和非同步审扰及固定目标的反射等，大大降低了目标的分辨力。同时，航管雷达判断目标的方位是采用滑窗检测的办法，这种方法测得的方位精度相当低，其方位误差达到 ±1° 左右。如果加上应答机被占据或受到其他干扰，测得方位的精度就更低了。

⑦ 飞机必须要安装应答机，限制了其在某些地区的使用。

⑧ 二次雷达方位精度比一次雷达差。

⑨ 可编飞机代码少（4 096）。根据应答机编码原理，A/C 模式二次雷达只有 $8^4 = 4096$ 个编码，这就导致不能为每一飞机分配一个唯一的编码，只能根据不同的飞行任务和飞行区域分别分配。

5.5　S 模式二次雷达

空中交通流量日益增加，航路拥挤，航站区域工作量过重，致使现用的航管雷达所存在的同步审扰、非同步审扰和假目标出现的问题更加严重。另外，A / C 模式 SSR 编码数量有限，可交换信息少（仅有识别、高度信息）；管制员的工作负荷大，目标容易丢失或信号中断；飞机的机动飞行将会遮蔽机载天线以及地面反射将会产生盲区；目标的方位、距离等参数的分辨率低等。

英、美等国针对现用二次雷达存在的种种问题，以满足空中交通日益增长的需要为目的，从 20 世纪 70 年代以来，研制发展了离散选址信标系统（Discrete Address Becon System，DABS）和选择寻址二次监视雷达系统（ADSEL）。这两类系统的工作原理和信号格式相同，主要区别在于地面系统所采用的天线体制不同。下面我们以美国的离散选址信标系统（DABS，简称 S 模式）为例进行介绍。

5.5.1　离散选址信标系统的概念

离散选址信标系统的基本思想是赋予每架飞机一个指定的地址码，由地面系统的计算机控制进行"一对一"的点名问答。即它的地面询问是一种只针对选定地址编码的飞机专门呼叫的询问。它与现用的 A / C 模式 SSR 的根本区别是，装有离散选址信标系统 S 模式应答机的飞机，都有自己单独的地址码，即编有地址的飞机对地面的询问也用本机所编的地址码来回答，因而每次询问都能指向所选定的飞机。但为了不使现存系统完全被淘汰，机载 S 模式应答机设计成与现在的系统兼容并用，简称这种兼容 A / C 模式和 S 模式应答机为 ATC / S

模式应答机，即 ATC 应答机也能回答 A/S 模式和 C/S 模式全呼叫的询问，而 S 模式应答机也能作 A 模式和 C 模式的应答。

5.5.2　S模式二次雷达系统的组成

S 模式二次雷达系统由地面 S 模式航管雷达询问机和机载 ATC/S 模式应答机组成。整个系统采用"问—答"方式。询问频率为 1 030 MHz，回答频率为 1 090 MHz，与 A / C 模式二次雷达系统一样，因此两个系统能够兼容并用。整个系统的组成如图 5.37 所示。在传统 A/C 模式二次雷达的基础上，其中询问机主要增加了 DABS 计算机，天线采用单脉冲天线，而机载应答机具有数据通信能力。

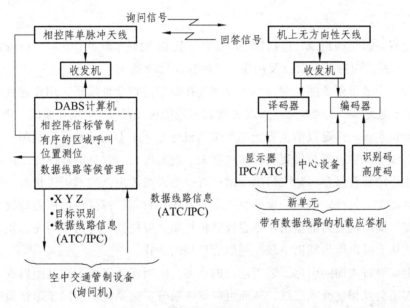

图 5.37　离散选址信标系统的组成

1. 单脉冲天线

单脉冲天线的方位辐射如图 5.38 所示。图中给出了主扇形波束（和数，其波束宽度约为 2.5°），单脉冲差数方向性图扇形波束对，以及旁瓣抑制全向方向图。这三个辐射图具有相同的垂直辐射形状。其特点都是在水平以下的波瓣迅速截止，并可借助电子控制方法将垂直波束锐截止的位置提升 2°～4°，这就使扇形波束在方位扫掠时越过机场附近的高大建筑物，减少因建筑物反射而出现的假目标。

单脉冲天线采用单脉冲处理技术，使得该系统根据应答机的一次回答信号便可定出飞机的方位，从而使应答量大大减少，而不必像现用航管雷达那样需要整个波束宽度扫掠的全部应答。该天线辐射的和数方向性图和差数方向性图同时接收每个应答机的回答信号。在接收机中利用和数方向性图和差数方向性图收到的能量之比，采用比相或比幅的方法，可以精确定出飞机与天线轴的方位和大小，精确定出目标的方位。

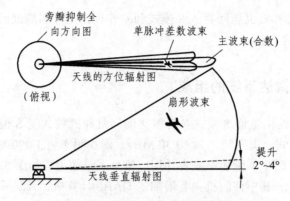

图 5.38　单脉冲天线方位辐射图

2. 询问机

询问机由双通道结构组成，包括固态发射机、比相/比幅单脉冲接收机、航管雷达应答和相关处理器、S 模式应答处理器以及用途广泛的性能监视器。

询问机的一个最重要功能是对目标飞机预先按规定进行地址编码，用作选择性的询问。S 模式系统用于地址编码有 24 位，所以 S 模式系统能够提供 2^{24} 个地址编码，即有 1 600 多万个飞机地址识别码，这足以给世界上的每架飞机分配一个专用的地址识别码。S 模式的地面站利用这些地址识别码能与每架飞机单独联系，询问机只向它负责监视的飞机进行 S 模式询问。它利用跟踪装置保存每架飞机的预测位置，等天线波束指向所需飞机时，发出询问，这样询问次数减少。另外，询问的速率也不是恒定的，它随扫掠区域内所需监视飞机数目的多少灵活改变。询问机发射的输出功率受计算机控制，以便使辐射功率与飞机距离和应答机灵敏度匹配，从而可以作为辅助手段控制航管环境的干扰。

选择性询问对各次询问引进了适当定时的点名，因而多架飞机不论其距离或方位如何靠近，其应答都不会互相重叠或窜扰，从而可以解决航管雷达系统中的同步窜扰和应答机过载等问题。因此，S 模式航管雷达系统得到的位置数据将比现用航管雷达系统准确和可靠，将为空管人员提供比较平滑而且前后一致的目标航迹。

3. 数据处理系统提供的通信

由于 S 模式是单独对所选飞机询问，因而它分别与每架飞机联系，这就有可能建立双向（地对空、空对地）数字数据通信。这项功能与对空监视功能结合在一起，可以避免在地面或飞机上安装单独的数据通信收、发信机。充分利用询问和应答信号的数据块结构，当应答机与其他机载设备交连后，可以接纳一整套飞行信息（天气报告、起飞许可、高度许可、新通信频率确定、最低安全高度告警、驾驶员对管制员批准的致谢等），然后以文字形式显示给飞行员，可以减少飞行员的通信联系工作。另外还可以通过监测各飞机飞行航路上的天气，提供效率极高的气象服务。由于避免了安装单独的数据通信收发机，从而减少了飞行中的通信负荷，有效地提高了地对空的监视功能。另外，数据通信的功能还用于空中交通警戒与防撞系统（TCAS）、广播式自动相关监视（ADS-B）。

5.5.3　S模式二次雷达系统的工作方式

S模式二次雷达系统同样采用"问—答"方式，但询问是用具有选择性的S模式工作。为了使A/C模式和S模式兼容并用，A/C模式应答机应能回答S模式的询问；而S模式应答机也应能回答A/C模式的询问。为了适应A/C模式和S模式的询问，DABS地面询问机对其所管辖范围内的所有飞机做一个"全呼叫"的询问，以便所有飞机都能对"全呼叫"的询问做回答。这个"全呼叫"的询问就叫作A/C模式/S模式全呼叫询问。随后再针对应答机不同的模式分别做不同的询问和应答。

1. S模式的询问信号

S模式地面询问信号的频率也是1 030 MHz。为了适应A/C模式和S模式的兼容并用，地面询问机发送两种类型的询问信号：一种是为兼容而设的S模式脉幅调制（PAM）询问脉冲信号，其频率的精度较低，为$(1\ 030 \pm 0.2)$ MHz；另一种是专为S模式使用的二进制差动相移键控（DPSK）询问信号，这是一种等幅载波（在P_6信息时间内），其频率精度要比脉幅调制信号高出20倍，达到$(1\ 030 \pm 0.01)$ MHz，这是为了在解调中不产生相位模糊现象而要求的。这种DPSK询问信号不单只询问飞机代号和高度，还可作上传输报文通信A和加长报文通信C的数据通信之用。

（1）脉幅调制询问信号

S模式的脉幅调制询问信号是为了使A/C模式和S模式应答机兼容并用而设的询问信号，它只对A/C模式和S模式应答机作监视、询问飞机代号或飞行高度，不能作数据通信使用。

脉幅调制询问信号共分为6种，如图5.39所示。

A模式：与普通航管雷达所用的A模式相同，P_1和P_3脉冲的间隔为8 μs，旁瓣询问P_2是在P_1前沿之后2 μs发射的，如图5.39（a）所示。这种询问信号询问飞机代号以识别目标飞机，A/C模式应答机和S模式应答机均能响应这个询问而作A模式回答。

C模式：与普通航管雷达所用的C模式相同，P_1和P_3脉冲的间隔为21 μs，旁瓣询问P_2是在P_1前沿之后2 μs发射的，如图5.39（b）所示。这种询问信号询问飞机高度，A/C模式应答机和S模式应答机均能响应这个询问而作C模式回答。

A模式/S模式全呼叫：该询问信号是在普通航管雷达A模式询问信号的基础上，在P_3脉冲前沿之后2 μs增加了一个脉幅为P_3幅值± 1 dB、脉冲宽度为1.6 μs的P_4脉冲，如图5.39（c）所示。如A/C模式应答机收到此询问信号，则只对P_1和P_3译码，而对P_4脉冲不予识别，译码成功后，以A模式的4096码飞机代号作回答；如果S模式应答机接收到此询问信号，从P_1、P_3和P_4脉冲中识别出是A/S模式全呼叫的询问，则S模式应答机以带本飞机离散地址（24位）的"S模式全呼叫回答"。如果收到P_4脉冲的幅值在P_3脉冲幅值6 dB以下，则这个询问就是A模式询问，S模式应答机对A模式询问所响应的回答和上述A模式相同。

C模式/S模式全呼叫：该询问信号是在普通航管雷达C模式询问信号的基础上，在P_3脉冲前沿之后2 μs增加了一个脉幅为P_3幅值± 1 dB、脉冲宽度为1.6 μs的P_4脉冲，如图5.39（d）所示。如A/C模式应答机收到此询问信号，则只对P_1和P_3译码，对P_4脉冲不予识别，译码成功后，以C模式的高度码作回答；如果S模式应答机接收到此询问信号，从P_1、P_3和P_4脉冲中识别出是C/S模式全呼叫的询问，则S模式应答机以带有本飞机离散地址（24

位）的"S模式全呼叫回答"。如果收到 P_4 脉冲的幅值在 P_3 脉冲幅值 6 dB 以下，则这个询问就是 C 模式的询问，S 模式应答机对 C 模式询问所响应的回答和上述 C 模式相同。

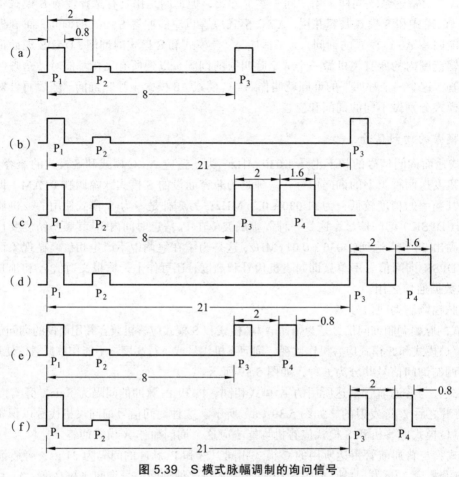

图 5.39　S 模式脉幅调制的询问信号

　　仅 A 模式全呼叫：这种询问信号是在普通航管雷达的 A 模式询问信号的基础上，在 P_3 脉冲前沿之后 2 μs 增加了一个脉幅为 P_3 幅值 ±1 dB、脉冲宽度为 0.8 μs 的 P_4 脉冲，如图 5.39（e）所示。"仅 A 模式全呼叫"询问信号，仅对询问机管辖范围内的全部 A / C 模式应答机作回答，而不要求引出 S 模式应答机作回答。若是 A / C 模式应答机收到"仅 A 模式全呼叫"询问，则以各自的 A 模式的 4096 码飞机代号作回答；若是 S 模式应答机收到这"仅 A 模式全呼叫"询问，由于 P_4 脉冲宽度仅为 0.8 μs，它抑制 S 模式应答机不作回答。如果 P_4 脉冲在 P_3 脉冲幅值 6 dB 以下，则这个 P_4 脉冲起不到抑制 S 模式应答机的作用，这样 A / C 模式应答机和 S 模式应答机均能响应此询问，以 A 模式的 4096 码飞机代号作回答。

　　仅 C 模式全呼叫：这种询问信号是在普通航管雷达的 C 模式询问信号的基础上，在 P_3 脉冲前沿之后 2 μs 增加了一个脉幅为 P_3 幅值 ±1 dB、脉冲宽度为 0.8 μs 的 P_4 脉冲，如图 5.39（f）所示。"仅 C 模式全呼叫"询问信号，仅对询问机管辖范围内的全部 A / C 模式应答机作回答，而不要求引出 S 模式应答机作回答。若是 A / C 模式应答机收到"仅 C 模式全呼叫"询问，则以各自 C 模式的高度码报告高度来回答；若是 S 模式应答机收到这"仅 C 模式全呼叫"询问，由于 P_4 的脉冲宽度仅为 0.8 μs，它抑制 S 模式应答机不作回答。如果 P_4 脉冲在 P_3 脉冲幅值 6 dB 以下，则这个 P_4 脉冲起不到抑制 S 模式应答机的作用，这样 A / C 模式应答机和 S 模式应答机均能响应此询问，以 C 模式的飞机高度作回答。

（2）差动相移键控询问信号

S 模式二进制差动相移键控询问信号是一种利用正弦波射频载波询问变化来传送数据的方法，是在"A / C 模式 / S 模式全呼叫"询问之后，地面询问机接收到 S 模式应答机的 S 模式"全呼叫回答"，已获得了该飞机位置（方位、距离和高度）和该飞机地址码，并以带有该飞机地址字段作 S 模式点名式的询问时使用。全部 S 模式点名询问信号（包括"仅 S 模式全呼叫"询问信号）均是二进制差动相移键控信号，其发射频率的精度要求较高，为 (1 030 ± 0.01) MHz。

S 模式二进制差动相移键控询问信号由 P_1、P_2 和 P_6 脉冲组成，如图 5.40（a）所示。P_6 前沿的 P_1 和 P_2 脉冲宽度均为 0.8 μs，且 P_1 和 P_2 脉冲幅值相等，这就和普通二次航管雷达系统的旁瓣抑制情况相同。因此，如果是 A / C 模式应答机，一收到 S 模式点名式的询问时，其询问信号的头两个 P_1 和 P_2 脉冲就可以抑制 A / C 模式应答机并使之在 29 μs 内不作回答，可用于防止由于 A / C 模式应答机的随机触发而导致的同步窜扰。

P_6 是在 P_1 脉冲前沿之后的 3.5 μs 以 (1 030 ± 0.01) MHz 发射的等幅波，经 1.25 μs 后，把等幅波的相位倒相 180°。此后 0.5 μs 的倒相等幅波作为第一码元前的起始基准相位。串行的"码元"把信息存在 P_6 之内，第一码元开始产生在同步倒相之后的 0.5 μs 处。一个"码元"就是一个持续 0.25 μs 的等幅波射频间隔，每一码元应有 (257.5 ± 0.002 5) Hz。

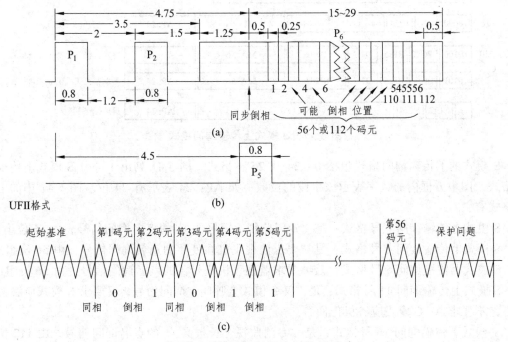

图 5.40　S 模式差动相移键控询问信号（单位：s）

在 P_6 之内有 56 个或 112 个"码元"，在最后一个"码元"之后有一个 0.5 μs 宽的保护间隔。一个码元就是在可能发生倒相位置之后的一个持续 0.25 μs 的等幅波载波间隔。如果该码元开始没有倒相，即按正弦波继续前进，可视为与前一码元同相，定为逻辑 0；如果该码元开始有倒相，则该码元定为逻辑 1。如图 5.40（c）中，以 S 模式全呼叫标志码 01011 为例，画出了逐个码元的波形图，图中仅以 2.5 Hz 代表 257.5 Hz 的相位关系。

图 5.40（b）中的 P_5 脉冲是 S 模式旁瓣抑制信号，在任何 S 模式的询问中，P_5 脉冲可能覆盖在离 P_6 同步倒相位置两边的 0.4 μs 的间隔内。P_6 中的同步倒相位置被 P_5 掩盖时（在所有的仅 S 模式全呼叫询问中，当扫掠波束不正对目标时，P_6 才可能被 P_5 所覆盖），在所要求的时间间隔中，应答机将不会在同步倒相位置上识别到此触发信号，因而应答机将不会作回答。

在 P_6 内的 56 位短报文或 112 位长报文，其中最后字段为 24 位飞机地址和奇偶校验位，其余的位作为信息使用。这些位按照发送次序来编号，开始发射的为第一位。再以位的组来编码的数叫作字段，发射的头一位称为最高有效位。在各字段中，信息编码至少用一位组成。字段内的二进制编码的记数作为字段功能的指示符。S 模式每次点名发送两个基本字段：一个是格式描述符，是在报文开始的字段，经常是 5 位，以二进制编码数来记格式号；另一个是 24 位的飞机地址和奇偶字段，编排在报文的末端。

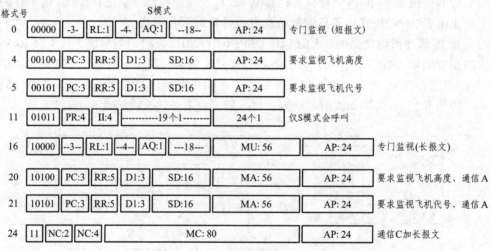

图 5.41 S 模式上传输询问格式

S 模式的上传输询问格式包括 0～24 共 25 种格式。图 5.41 列出了部分 S 模式上传输询问格式，图中方框内的数字表示该字段的位数，如 AP：24 表示有 24 位。图 5.41 中的上传输格式有：

S 模式上传输询问 0 号格式：是"专门监视（短报文）"的点名询问信号，由 56 位组成。

S 模式上传输询问 4 号格式：是"要求监视飞机高度"的点名询问信号，由 56 位组成。

S 模式上传输询问 5 号格式：是"要求监视飞机代号"的点名询问信号，由 56 位组成

S 模式上传输询问 11 号格式：是"仅 S 模式全呼叫"询问信号，仅要求 S 模式应答机作回答，不要求 A / C 模式应答机作回答。

S 模式上传输询问 16 号格式：是"专门监视（长报文）"的点名询问信号，由 112 位长报文组成。

S 模式上传输询问 20 号格式：是"要求监视飞机高度，通信 A"的点名询问信号，它是在 4 号格式"要求监视飞机高度"的基础上加上通信 A 报文，由 112 位长报文组成。

S 模式上传输询问 21 号格式：是"要求监视飞机代号，通信 A"的点名询问信号，它是在 5 号格式"要求监视飞机代号"的基础上加上通信 A 报文，由 112 位长报文组成。

S 模式上传输询问 24 号格式：是"通信 C 加长报文"点名的询问信号，与点名飞机作上传输的通信 C 使用，由 112 位长报文组成。

下面以 0 号格式为例，加以说明，如图 5.40 所示。

第 1 ~ 5 位是格式描述符，表明这个上传输 0 号格式是专门监视（短报文）的询问格式。它要求报告飞机的空速和高度，以二进制数 00000 为标志。

第 6 ~ 8 位为 3 个空位，以-3-表示（即全部为逻辑 0）。

第 9 位为 RL 字段，作为回答长度用。这一位的 RL 字段如为逻辑 0 时，命令被点名的飞机用下传输 0 号格式作短报文的 56 位回答；如 RL 位为 1 时，则命令飞机用下传输回答 16 号格式作长报文 112 位回答。

第 10 ~ 13 位为 4 个空位（即全部为逻辑 0）。

第 14 位为 AQ 字段，该字段作为专门搜索上传输 0 号和 16 号格式的标志，要求应答机接收后，以下传输 0 号或 16 号格式作回答。AQ 为 1，则命令飞机用下传输回答 16 号格式回答；AQ 为 0，以 0 号格式回答。

第 15 ~ 32 位为 18 个空位（即全部为逻辑 0）。

第 33 ~ 56 位为 AP 字段，包括被点名飞机的离散地址和奇偶校验位。

2. S 模式的回答信号及下传输回答格式

（1）S 模式的回答信号

S 模式应答机所发射的回答信号，主要有两种，如图 5.42 所示。若是响应 A / C 模式的询问，则以 A / C 模式的脉码调制回答信号作回答；若是响应 A / C 模式/S 模式全呼叫、S 模式选址询问或 S 模式全呼叫，则以 S 模式的脉位调制回答信号作回答。

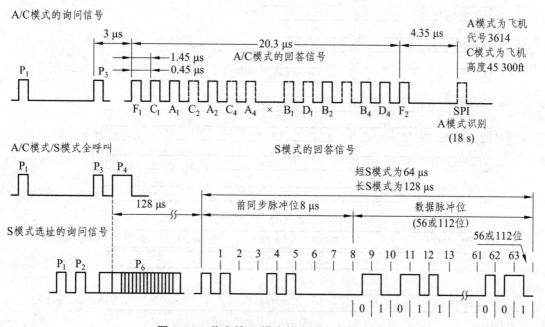

图 5.42　兼容的 S 模式的询问和回答信号

S 模式回答的脉位调制信号由前同步脉冲和数据脉冲组成，如图 5.43 所示。前同步脉冲由起始的 8 μs 内两组 0.5 μs 宽的脉冲对形成。回答数据是由脉位调制的，其脉冲位置随调制信息的二进制数而变化，所有脉冲幅度和宽度不变，有 56 位和 112 位两种。在每位 1 μs 间隔的前半周 0.5 μs 内发射脉冲时，表示逻辑电平 1；而在后半周 0.5 μs 内发射脉冲时，表示逻辑电平 0。图中回答数据脉冲对应位的顺序为 01011…001。

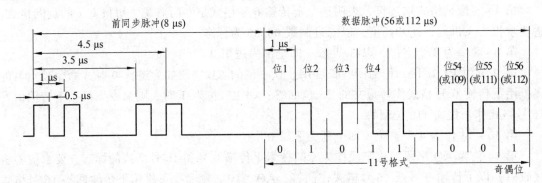

图 5.43　S 模式回答脉冲波形

（2）S 模式下传输回答格式

对于 S 模式的询问信号，当 S 模式应答机采用脉位调制回答时，其下传输回答格式有 0~24 共 25 种格式。如图 5.44 所示为机载防撞系统和二次雷达使用的几种格式。随着广播式自动相关监视（ADS-B）的发展，其采用的数据链 1090 ES 的数据格式是 S 模式下行传输格式 DF17、DF18 和 DF19（军用），如图 5.45 所示。

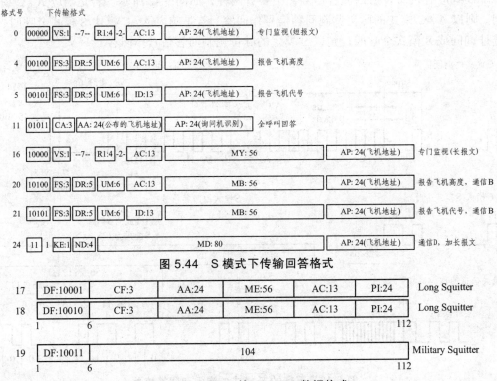

图 5.44　S 模式下传输回答格式

图 5.45　ADS-B 的 1090ES 数据格式

S 模式下传输回答 0 号格式：是"专门监视（短报文）"的回答信号，由 56 位组成。它是响应上传输 0 号格式的询问而作的回答（报告飞机的空速和高度）。

S 模式下传输回答 4 号格式：是"报告飞机高度"的回答信号，由 56 位组成。它是响应 S 模式上传输 4 号格式"要求监视飞机高度"的点名询问而作的回答。

S 模式下传输回答 5 号格式：是"报告飞机代号"的回答信号，由 56 位组成。它是响应 S 模式上传输 5 号格式"要求监视飞机代号"的点名询问而作的回答。

S 模式下传输回答 11 号格式：是"全呼叫回答"的回答信号，它是响应 S 模式上传输 11 号格式的"仅 S 模式全呼叫"而作的回答。该格式除了报告本应答机的能力之外，实际上全是报告本飞机的地址，由 56 位组成。在与 TCAS 配套时，该回答信号作为断续发送信号，大约每秒发射一次。

S 模式下传输回答 16 号格式：是"专门监视（长报文）"的回答信号，它是响应 S 模式上传输 16 号格式的"专门监视（长报文）"的点名询问而作的回答。该回答信号由 112 位组成，包括高度、空对空通信。

S 模式下传输回答 20 号格式：是"报告飞机高度，通信 B"的回答信号，它是响应 S 模式上传输 20 号格式的"要求监视飞机高度，通信 A"的点名询问而作的回答。它是在下传输 4 号格式的"报告飞机高度"的基础上加上通信 B 报文字段，该回答信号由 112 位组成。

S 模式下传输回答 21 号格式：是"报告飞机代号，通信 B"的回答信号，它是响应 S 模式上传输 21 号格式的"要求监视飞机代号，通信 A"的点名询问而作的回答。它是在下传输 5 号格式的"报告飞机代号"的基础上加上通信 B 报文字段，该回答信号由 112 位组成。

S 模式下传输回答 24 号格式：是"通信 D 加长报文"的回答信号，由 112 位组成。它是响应 S 模式上传输 24 号格式的"通信 C 加长报文"的点名询问而作的回答。

下面以 0 号格式为例，加以说明，参见图 5.43（0 号格式）。

第 1～5 位是格式描述符，表明这个下传输 0 号格式是"专门监视（短报文）"的回答格式。它要求报告飞机的空速和高度，以二进制 00000 为标志。

第 6 位是 VS 字段，这一位的垂直状态（VS）字段指出飞机在空中（0）或飞机在地面（1）。

第 7～13 位为空位。

第 14～17 位为 RI 字段。这 4 位是空对空回答信息字段，是报告被点名询问的飞机回答空速的性能和类型，如表 5.7 所示。

表 5.7　空对空回答信息编码

编　码	回　答　信　息（RI）
0～7	表示这个下行传输是未收到空对空询问而作的回答
8～15	表示这个下行传输是收到空对空询问而作的回答
8	表明没有最大的有效空速数据
9	空速达 75 kn
10	空速在 75～150 kn
11	空速在 150～300 kn
12	空速在 300～600 kn
13	空速在 600～1 200 kn
14	大于 1 200 kn
15	尚未安排

第 18 ~ 19 位为空位。

第 20 ~ 32 位为 AC 字段。这 13 位的含有飞机高度编码的字段是报告飞机的高度。高度以前面介绍的 C_1、A_1、C_2、A_2、C_4、A_4、X、B_1、D_1、B_2、D_2、B_4、D_4 的顺序来表示。

第 33 ~ 56 位为地址/奇偶（AP）字段。这 24 位的 AP 字段包括飞机地址和奇偶位。

5.5.4　S 模式的特点

S 模式二次雷达是针对 A/C 模式二次雷达存在的缺陷而研制出来的，通过以上对 S 模式二次雷达的分析，可见它有其自身的优点。主要表现在以下几个方面：

① 有选择地询问，可防止信号范围内的所有飞机同时应答所引起的系统饱和、混叠发生。

② 拥有 24 位地址代码，可实现一机一码，防止询问信号窜扰其他飞机。

③ 为 ATC 服务提供数据链能力，为 VHF 话音通信提供备份。

④ 实现对飞机状态的跟踪监视。

⑤ 使用单脉冲技术有效地改善了角度分辨力，提高了方位数据的精度。

⑥ 是防撞的可靠手段。TCAS 是利用 SSR 应答器的信号来确定邻近飞机的距离和高度，利用 S 模式数据链功能，可确切知道对方的坐标位置，有利于选择正确的回避措施。

⑦ S 模式数据链是当前 ADS-B 商用飞行广泛使用的数据链，S 模式的下行 D17、D18 格式的扩展数据链，即 1090 ES（1090 Extended Squitter）数据链是 ICAO 推荐采用的用于 ADS-B 系统的数据链。

5.6　自动相关监视（ADS）

ICAO 监视方案中的关键是发展自动相关监视（Automatic Dependent Surveillance, ADS），这是一种将监视服务扩展到海洋空域、边远陆地区域和雷达覆盖不到地区的监视手段。

对 ADS 的解释是：“自动”表明无须机组人工发送飞机位置；“相关”表明地面依赖于飞机的报告得知飞机的位置，信息来自飞机，不是地面站；“监视”即飞机的位置得到监视。ADS 是应用于空中交通服务的监视技术，是由飞机将机上导航和定位系统导出的数据通过数据链自动发送。这些数据至少包括飞机识别、四维位置和所需附加数据。

ADS 分为 ADS-A/C 和 ADS-B 模式。ADS-A(Automatic Dependent Surveillance-Addressed) 和 ADS-C（ Automatic Dependent Surveillance-Contract ）是比较类似的概念，ADS-A 是寻址式自动相关监视，ADS-C 是合同式自动相关监视，ADS-B（ Automatic Dependent Surveillance-Broadcast ）是广播式自动相关监视。

5.6.1　ADS–A/C

ADS-A/C 是基于 ADS 协议的一种点到点的监视应用。ADS-A/C 模式是航空器与管制单位之间提前建立点到点的通信连接，建立联系之后，根据契约约定，航空器上的导航设备自动地将航空器上相关信息发送给地面空中交通管制部门，同时地面空中交通管制部门也可以给航空器发送上行数据信息。

ADS-A 与 ADS-C 的区别在于建立起地-空数据链通信之后，该航空器向下通信报告的方式不同。ADS-A 模式是根据契约约定好的事项向下发送报告信息，这个契约可以是一定的时间间隔和过特定航路点等，在这些契约满足时就能自动下行传输信息。ADS-C 模式传输信息是根据地面管制单位的询问来进行应答下传相关信息。

5.6.1.1 ADS–A/C 的组成及各部分的功能

ADS-A/C 的组成要素包括机载 ADS 系统、地-空数据链传输系统、地面通信网络和地面空中交通服务设备，如图 5.46 所示。

1. 机载 ADS 系统

机载 ADS 设备的功能主要是将飞机的有关信息自动传输给空中交通管制部门。机载 ADS 系统由机载电子设备和控制显示设备组成。其中机载电子设备用来从飞机导航系统和飞行管理系统（FMS）收集有关的导航资料，编成需要的格式发送到通信系统中。同时，它还接收上行电报，这些电报用于确定报告频率、选择发送区和提供通信联络等功能。飞行控制显示设备（多功能控制显示器 MCDU）用来显示 ADS 信息，让飞行员监控系统的工作，并能在紧急情况下与管制员直接进行话音通信。

2. 地–空数据链传输系统

地-空数据链传输系统用于地面和飞机的数据、话音传输。其主要传输方式有 VHF 数据链、HF 数据链和航空移动卫星通信数据链。每种数据链都应用在不同的空域：在海洋和边远陆地区域可采用卫星数据链和 HF 数据链；在极地附近，使用 HF 数据链来实施 ADS 航路。

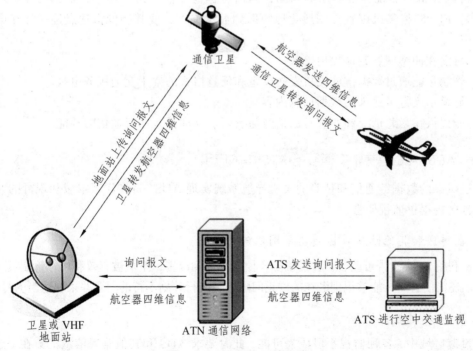

图 5.46　ADS-A/C 的组成

一个标准的接口，无论上行或下行电报网络和机载电子设备都将选择最合适的路径，这个选择是根据环境、费用、延迟等因素决定的。如在海洋空域，卫星数据链通信最合适；而在陆地空域，则 VHF 或 SSR S 模式数据链较为合适；在一些地方也可以使用 HF 数据链来实施，如极地附近，在我国也有使用 HF 数据链来实施 ADS 航路的设想。

3. 地面通信网络

地面通信网络可将航路飞行的自动相关监视信息送到有关的空中交通服务单位；也可将空中交通服务单位的信息送到发射单元。这主要是通过地面通信网络和卫星通信网络传输，它们是整个航空电信网（ATN）的一部分。

4. 地面空中交通服务设备

地面设备包括飞行数据处理系统（FDPS）和地面管制员席位上的操纵和显示设备。

FDPS 可以自动实现很多功能，具体是：

① 飞行数据验证（对从飞机上引入的航路点数据和放行的飞行剖面数据进行比较，发现差错）。

② 符合性验证（对飞机实际意向位置和放行的飞行剖面数据进行比较，发现偏离）。

③ 自动跟踪、显示飞行轨迹。

④ 空中交通冲突的检测和解脱。

⑤ 显示有关数据。

地面管制员席位上的操纵和显示设备的功能主要是：

① 显示所有空中交通情况，使管制员花费尽量少的精力就能监视扇区内的交通。其显示格式可以和雷达监视屏幕所用的相同，因而可称为"伪雷达"或"仿雷达"显示。该显示方式是 FDPS 将飞机位置点图形化地映射到显示屏上，使其能像雷达点迹一样在屏幕上显示出来。

② 对潜在冲突向管制员提出警告。

③ 管制员能通过数据链向飞机发送固定和任意格式的空中交通服务电报。

④ 能显示飞行员送来的数据信息内容。

⑤ 能提供在紧急情况和非正常通信时与飞行员立即插入话音通信的功能。

5.6.1.2　ADS–A/C 在空中交通服务(ATS)中的应用

通过可靠的数据链通信和精确的飞机导航系统实现 ADS，将在洋区空域和现行的非雷达管制服务区内提供监视服务。

1. 在洋区和其他陆基雷达覆盖范围以外的区域

ATS 利用 ADS 报告可改善位置的确定，使安全得到改善，空域被有效利用，管制员工作效率提高，还能使管制员能够识别潜在的侵犯间隔或与飞行计划不符的问题并采取适当的行动。

2. 在 ADS 过渡区域

在过渡区域中，各种监视手段成为可能，此时要求 ADS 和其他监视信息汇集在一起，如二次雷达信息，使之成为 ADS/SSR 融合数据。

3. 在雷达应用范围内应用 ADS

ADS 将在雷达覆盖范围区域内用作辅助或备份手段。

ADS/SSR 集成技术的主要目标是在雷达监视覆盖的区域以及从雷达到 ADS 单一覆盖之间的过渡区域采用 ADS 的监视方案。在 ADS/SSR 空域内不要求完整的雷达覆盖，因为外边界的水平限制是正常重合的。

在已经有多重雷达覆盖区域利用 ADS/SSR 集成将使雷达覆盖空域内的跟踪特性尽可能均匀，这样就克服了雷达残留的缺陷。ADS/SSR 集成将增强现存雷达环境以及雷达覆盖范围以外空域的监视性能，还将为冲突检测和一致性监视提供更可靠的数据，从而降低虚警概率。

综合 ADS 在各种环境下的应用，ADS 能帮助 ATS 完成以下功能：

① 位置监视。地面系统处理获取的 ADS 信息，证实其有效性并与原先保存的飞机信息进行比较。

② 一致性监视。ADS 报告的位置与当时飞行计划期望的飞机位置进行比较。纵向偏差超过预计容限时，将在后续定位时用来调整预达时间；水平和垂直偏差超过预计容限时，将发出不一致告警，并通知管制员。

③ 冲突检测。地面系统利用 ADS 数据能自动识别违反最小间隔的问题。

④ 冲突解脱。自动化系统利用 ADS 报告对检测到的潜在冲突提出可能的解脱方法。

⑤ 超障证实。将 ADS 报告中的数据与当时的超障净空进行比较并确认之间的差异。

⑥ 跟踪。跟踪功能是根据 ADS 报告对飞机的当时位置进行外推。

⑦ 风的估计。ADS 报告中有关风的数据能用来更新风的预报和到下一个航路点的预计到达时间。

⑧ 飞行管理。ADS 报告能帮助自动化设备产生最合适的无冲突超障净空来支持可能的节油技术，例如飞行员要求的巡航爬升。

5.6.1.3　ADS-A/C 信息类型和提供的信息

1. ADS-A/C 提供的信息类型

为满足 ADS 空-地之间的通信协议，在飞机上的 ADS 接口组件（ADSU）和地面 ATC 单位的飞行数据处理系统（FDPS）之间可以有一个合同或一组合同。这些合同规定，在什么情况下将起始 ADS 报告，报告中将包括哪些信息。合同包括周期性合同（periodic contract）、事件合同（Event contract）、请求合同（demand contract）和紧急合同（Emergency contract）。

（1）周期性合同

周期性合同是按固定报告率提供 ADS 报告，以便支持对飞机进程和飞行计划符合性的监督。一个周期性合同可以由 FDPS 的申请来建立。合同申请应包括对基本 ADS 信息组的周期性报告率，增加选择哪些附加信息组及其报告率。报告率由周期（即再发报告之间的时间间隔）决定。

一旦周期性合同有效，它将维持到该合同撤销或用另一个周期性合同替代为止。一个周期性合同建立后，飞机应立即起始第一个报告，然后周期性地重发更新报告。

某个地面终端周期性合同的申请将替代该地面终端的原有周期性合同，但一个单发报告的申请不会影响原有的 ADS 合同。

（2）事件合同

当遇到下面类型的事件时，会起始 ADS 事件报告：地理事件，即飞机通过某个航路点、指定经纬度、指定高度、指定飞行情报区边界或某个特定点时；偏离事件，即偏离放行航路的侧向或高度，超过指定阀值；变化事件，即飞机的航迹角、航向、高度、升降率或速度的变化超过指定阀值，以及飞机改变计划剖面。

其中，一个事件合同可以包含几种类型的事件，并且事件合同不影响任何周期性合同。

（3）请求合同

请求合同的内容同周期性合同，是根据要求立即发送的合同。

（4）紧急合同

紧急合同状态是由飞机自动进入的一种状态，地面 ADS 系统无法命令飞机进入或取消紧急合同状态，它只能要求飞机更改紧急位置报告的内容和发送频率。系统转换到紧急合同模式，报告速率将改变，信息内容不改变；所有的周期合同将停止；请求合同和事件合同不受影响。

每架飞机的 ADSU 应能同时与几个（最多 4 个）地面终端系统的 FDPS 建立合同。每架飞机可支持对每个地面系统建立一个周期性合同、一个事件合同和随时可以再申请加发一个单发报告合同（应急方式 ADS 报告）。地面系统对 ADS 信息排队时，信息将按应急方式 ADS 报告、事件报告、周期性报告的顺序处理。

2. ADS-A/C 合同的申请和中止

（1）合同的申请和确认

合同的申请由地面终端系统 FDPS 发出，申请合同时至少应声明 ADS 申请标号（报告形式）和 ADS 合同号。对周期性合同可指明报告率的标号、标度因子和报告率基数，对事件合同应指明事件的类型标号、阀值参数。

当飞机上的 ADSU 接收到合同申请时，在合同申请验证后应立即送出合同确认信息，确认信息中应包括确认标号和合同号。

如果对合同申请验证不符，便发出不符通知。不符通知中应包括不符的通知标号和合同号，有几个不符的信息组出现及每个信息组的标号，哪些参数不符和不符的理由。

如果检测到合同申请中有差错，就发出否认通知。否认通知中应包括否认通知的标号、合同号、差错原因。

（2）合同的中止

合同的中止有两种形式，一是撤销一个指定的合同，另一个是撤销和某个地面终端之间的全部合同。

撤销一个指定合同时，地面终端的 FDPS 向飞机发出的合同中止申请中应包括撤销合同标号、合同号（指定被撤销的）。撤销全部合同时，地面终端的 FDPS 向飞机发出全部合同中止申请。

3. ADS-A/C 信息

ADS 的信息包括基本 ADS 信息和供选的 ADS 信息。

基本 ADS 信息包括飞机的三维位置（纬度、经度和高度）、时间和位置数据信息的精度指示。

供选择的 ADS 信息除了基本 ADS 信息外，还包括下列任意一组或全部信息：飞机标识、地速矢量、空速矢量、计划剖面、气象信息、短期意向、中间意向和扩展计划剖面。

ADS 地速矢量信息的组成：航迹角、地速、上升或下降率。

ADS 空速矢量信息的组成：航向、马赫数或指示空速、上升或下降速率。

ADS 计划剖面信息的组成：下一个航路点，下一个航路点的预计高度、预计时间；再下一个航路点，再下一个航路点的高度、预计时间。

ADS 气象信息的组成：风向、风速、温度、颠簸、结冰。

ADS 短期意向信息的组成：计划点的纬度、经度、高度、预测时间。

如果可以预测在飞机当时位置和计划位置之间发生的高度、航迹角或速度的变化，那么，对短期意向数据将提供附加信息而成为中间意向，包括当时位置到变化点的距离、航迹角、高度、预计时间。

ADS 扩展计划剖面信息的组成：下一个航路点，下一个航路点的预计高度、预计时间；再下一个航路点，再下一个航路点的预计高度、预计时间；后续航路点，后续航路点的预计高度、预计时间。后续航路点可重复到第 130 个航路点。

5.6.1.4 数据链的初始化

在飞机终端 ADSU 和地面终端 FDPS 之间实现 ADS 申请和报告之前，首先要入网联机。在卫星通信链路上要将飞机地球站（AES）和地面地球站（GES）连接起来，在地面 AFTN 网路上要把 GES 和 ATC 机构的通信终端连接起来，从而形成飞机上的 ADSU 与地面终端系统的 FDPS 之间端到端的连接。

1. 卫星通信的入网过程

由飞行员起始入网程序，通过 AES 送出带有飞机标识号的申请。地面 GES 收到申请后，查询响应，向飞机发出入网批准信息，并指定通信信道。飞机 AES 收到入网批准后发出答谢。地面 GES 收到答谢后向飞机发出确认信息，这样入网过程完成。

2. 地面通信的联机过程

地面 GES 和 ATC 单位的通信终端接通后，由地面 ATC 部门向飞机申请飞行计划中的数据，包括全部飞行剖面的航路点和高度层数据，飞机的 ADS 能力。飞机下传飞行计划数据、飞机标识、位置信息。地面 ATC 单位验证飞行计划，从而建立起地面 ATC 的 FDPS 和飞机上的 ADSU 之间的端到端的连接。

3. 建立 ADS 合同

地面 FDPS 向该飞机（具有 ADS 能力）上传 ADS 合同申请信息，飞机收到申请后下传确认通知并发出第一个 ADS 报告，此时 ADS 合同已建立。以后按报告率周期性地发送更新的 ADS 报告。

4. 移　交

由于一架飞机的 ADSU 允许同时和几个 ATC 机构之间建立 ADS 合同，邻近 ATC 部门在飞机尚未进入以前，早已建立 ADS 合同，收到了 ADS 报告。同样可以利用地理事件合同申请的办法，当飞机飞临管制区边界时自动触发移交管制和通信。在没有发出撤销 ADS 合同的申请以前，ATC 部门对脱离本管制区的飞机仍能收到 ADS 报告。

5. 断开连接

飞机着陆后，起落架上的蹲地电门发生作用，从而撤销所有的 ADS 合同。

6. ATN 网路中的开放式互联功能

由于 ADS 数据链对 ATN 网路中的几种链路媒质（卫星链路 AMSS、VHF 链路、HF 链路、S 模式链路）是兼容的，飞机上的通信管理组件和地面 ATC 的通信终端内都有 ATN 路由选择器，可以选择利用不同的链路媒质。例如，在海洋飞行中利用卫星链路，当接近陆地能接收到陆地 VHF 信号后，能自动转换到 VHF 链路；进入雷达覆盖区后，也可以转换到通过 SSR S 模式链路接收 ADS 报告；在极地区域，其他通信手段失效的情况下，可以通过 HF 链路接收 ADS 报告。

5.6.1.5 ADS–A/C 的效益和局限性

1. ADS–A/C 的效益

① 实施 ADS 监视下的数据链管制与话音通信下的程序管制相比，大大减小了间隔，增加了空域容量，从而也大大增强了飞行安全。

② 地面设施投资大大低于 SSR，可用于无 SSR 信号覆盖的区域，并能提供 ATM 所需的数据，如预计航路、性能因数、事件报告等。

③ 机组不再依靠话音通信报告飞机位置，增加了灵活性，管制员可更多地响应飞机飞行申请。这种灵活性可以节约部分飞行运营成本。

④ 在洋区、边远陆地和无雷达区域采用 ADS，可实现和雷达空域类似的空中交通服务，大大增强了飞行安全。

⑤ S 模式和 ADS 结合可促进全世界统一的监视服务，并可在高交通密度区域提供高精度、抗干扰的监视。

2. ADS–A/C 的局限性

ADS 在使用过程中，同样存在许多不足的地方，如：飞机处理信息需要时间长（FANS-1至少 64 s）；通信滞后（飞机到地面需用时 45~60 s）；要求使用相同的基准（基于 GNSS 的时间和 WGS-84 坐标系统），否则精度变差；设备安装的过渡期内，机载设备混乱。

5.6.1.6 ADS–A/C 的应用

当前的 ADS-A/C 监视主要用于海洋和边远陆地区域。在世界各国对 CNS/ATM 的建设过程中，规划和建立了一些 ADS-A/C 航路，例如，ADS-A/C 南大西洋、挪威、俄罗斯、加拿大、太平洋和中国西部航路上的应用。

其中，在太平洋地区的应用包括北太平洋和南太平洋的应用。在北太平洋，ADS 和 CPDLC 应用到中国台北、日本东京到美国西海岸航路。在南太平洋，ADS 和 CPDLC 应用于澳大利亚和新西兰飞美国洛杉矶的海洋航路上，其最小间隔减小到 30 n mile。我国西部也建立了一条 ADS 航路，航路名称为"中国欧亚新航行系统航路"（简称西部航路），航路代号为 L888。该航路历经昆明、成都、兰州、乌鲁木齐 4 个高空管制区，分别在 4 个地方设有 ADS 工作站。地面 ADS 工作站由卫星网连接，数据信息通过北京网控中心传给卫星数据网并上传到卫星，然后由卫星传输给飞机，飞机必须安装 FANS A/1 设备。L888 航路宽度为 56 km(30 n mile)，同航向、同高度飞行的最小纵向水平间隔为 10 min，航路最小垂直间隔为 600 m；飞行高度为西行 9 600 m 或 10 800 m，东行 10 200 m 或 11 400 m。

5.6.2 广播式自动相关监视（ADS–B）

5.6.2.1 ADS–B 概述

随着自动相关监视技术的发展，人们提出并发展了广播式自动相关监视(Automatic Dependent Surveillance-Broadcast, ADS-B)。ADS-B 与 ADS-A/C 最大的区别在于它并非是点到点的通信方式，而是采用对外广播的形式传输信息。ADS-B 是一种协作相关的监视系统，它采用机载导航系统获得飞机精确的位置和速度等信息，利用机载 ADS-B 设备广播飞机的位置信息和其他一些参数。通过空-地数据链，ADS-B 地面站接收这些信息，并传输到空中交通管制中心，可以实现管制中心对飞机位置的监视。

ADS-B 采用全向广播方式，主要采用空对空报告，供空对空自我监视，起到了延伸驾驶员肉眼视程的作用，有利于实施"见到后避让"原则，不论在运输航空或通用航空都行之有效。美国 FAA 认为 ADS-B 将是实施自由飞行的奠基石，欧洲虽然并不提倡前景遥远偏于理想的和概念上较为模糊的"自由飞行"，但也提出了"自由航路"概念，而 ADS-B 也将是促进实施自由航路的可行手段之一。

5.6.2.2 ADS–B 系统的组成

ADS-B 系统由航空器机载系统、传输系统和接收系统构成，如图 5.47 所示。

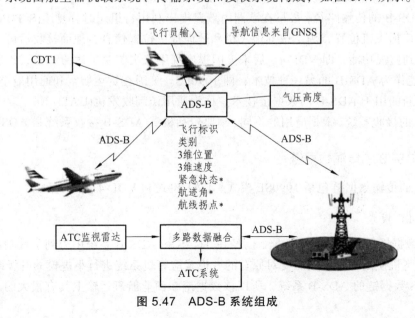

图 5.47 ADS-B 系统组成

机载 ADS-B 系统是一个集通信与监视于一体的信息系统，它由信息源、信息传输通道和信息处理与显示三部分组成。

ADS-B 信息源的主要种类包括航空器的 4D 位置信息（经度、纬度、时间和高度）和其他可能附加信息（航空器驾驶员输入信息、航线拐点、航迹角冲突、告警信息等）以及航空器的识别信息和航空器类型信息，如图 5.48 所示。当然，如果系统允许，可以包含一些其他信息，如空速、航向、风向、风速和航空器表面温度等。这些信息主要来源于以下机载电子设备：

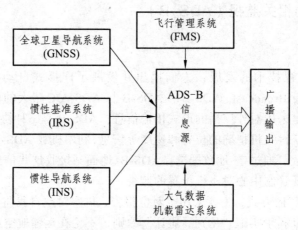

图 5.48　机载 ADS-B 的数据源

① 全球卫星导航系统（GNSS）；

② 飞行管理系统（FMS）；

③ 惯性基准系统（IRS）；

④ 惯性导航系统（INS）；

⑤ 其他机载传感器系统，如大气数据系统、机载雷达系统等。

对于 ADS-B 的传输路径，最早在欧洲由瑞典提出利用自组织时分复用(S-TDMA)VHF 数据链技术来广播飞机位置，为空中其他飞机和地面提供位置信息，地面接收后可了解空中交通情况，起到监视功能，即 VDL-4。后来美国提出利用二次监视雷达的 S 模式扩展自发报告（ES）的功能作为 ADS-B 的另一种技术，即 1090ES。美国在货运航空和通用航空的试用中，又提出一种新的用于 ADS-B 的数据链技术，称为通用访问收发机(UAT)。

ADS-B 的接收系统，根据应用的不同，主要包括机载 ADS-B 接收系统和 ADS-B 地面站。

5.6.2.3　ADS-B 的传输数据链

ADS-B 的传输数据链包括 1090SE 模式、UAT 模式和 VDL-4 模式三种。

1. 1090SE 模式

S 模式数据链所具有的特殊性能，已经在 TCAS 和 ADS-B 系统中得到了成功的应用，其中大型商用飞机使用该系统只需要对原有的 S 模式应答机系统进行小规模的升级改造就可以成为 1090ES 数据链的 ADS-B 系统，所以该数据链在商业航班运输上具有很大的潜力。

1090ES 数据链采用脉冲位置调制（PPM）编码，发射信息包括一个报头和一个数据块，采用随机的方式接入 1 090 MHz 链路。ADS-B 消息数据块应该在第一个传输脉冲开始后的 8 μs 开始，包括 112 个数据位脉冲。其中用于 ADS-B 的数据格式包括 DF17、DF18 和 DF19。其中 DF17 格式用于 S 模式应答机发射的 ADS-B 消息，DF18 格式用于非 S 模式应答机发射的 ADS-B 消息或 TIS-B 消息，DF19 格式仅仅用于军事应用系统。

2. VDL-4 模式

VDL-4 模式是由自组织式时分复用多路（STDMA）方式实现监视的方式，使 VDL-4 的运行不需要任何地面设施，能支持空-空和空-地的通信和应用，最初是计划开发应用于 ADS-B 系统为主，适当考虑了 FIS-B 和 TIS-B。VDL-4 模式是唯一在发展时期就将 FIS-B 和 TIS-B 的发展考虑在内的通信模式。

STDMA 是一种将通信波道按照时间划分成一系列的时间片段，不同的使用者将信息置于不同的时间片段中传输，由此同一通信波道就可以处理不同的用户请求，同时传输信息也不会互相干扰，不会影响地面基站使用者和空中航空器使用者，它们都以同一个 UTC 时间为标准。

3. UAT 模式

UAT 模式是 1995 年美国研制的多种用途的地-空数据链通信系统。UAT 模式支持 CNS/ATM 的各项通信标准要求，包括 ADS-B 的广播通信和 ATN，所要求的硬件设备较为简单，不需要高昂的费用，能够满足绝大部分功能，能够在各种空域和各种地形的机场场面运行。

UAT 模式为宽频数据链，频宽为 1 ~ 2 MHz 之间，工作于 L 频段，通信频率范围在 960 ~ 1 215 MHz，如美国的阿拉斯加使用 978 MHz 频率，且使用的是数字信号技术，使得其具备更强的高速通信能力，地-空通信范围能够覆盖 200 n mile。

4. 三种数据链的比较

目前三种数据链技术都已比较成熟，三种数据链有不同的性能特点，其数据特性比较如表 5.8 所示。

表 5.8　3 种 ADS-B 链路的数据特性比较

链路类型	频率	信道比特率	传输率（每架）	调制方式	信息长	速率
1090ES	1090 MHz	单信道 1 Mb/s	6s	PPM	112 bit	1 Mb/s
UAT	978 MHz	978 MHz	1 次/秒	CPSFK	246 bits 短），372 bits（长）	1.04167 Mb/s
VDL-4	118 ~ 137 MHz	每 25 kHz 信道 19.2 kb/s	1 ~ 20s 可选	GFSK/FM	192bits	19.2 Mb/s

另外，三种数据链在改造、抗干扰性、空-空监视和容量等方面也有区别：

① 在改装上：1090ES 改良自 TCAS 的系统，仅需要升级现在已经有的 S 模式应答机软件，再加装上一条 GPS 连线即可改装完成。其他两种数据链都需加装新的机载设备。

② 在抗干扰性上：1090ES 数据链使得 ADS-B 与二次雷达都使用 1090 MHz 频段，会造成链路的拥塞。VDL-4 的传输将对现有的 VHF 话音和数据通信造成无法接受的干扰。UAT 是专门为 ADS-B 设计的数据链，不存在频段干扰现象。

③ 在空-空监视范围上：UAT 可达 125 n mile，而 VDL-4 为 70 n mile，1090ES 为 40 ~ 50 n mile。

④ 在通信容量上：UAT 最高，VDL-4 介于 UAT 和 1090 ES 之间，1090ES 最低。

5.6.2.4 ADS-B 可传送信息类型

具有 ADS-B 能力的飞机可对外发送各类监视信息，包括标识号、状态矢量、状态和意图信息。

1. 标识号（ID）

ADS-B 所传递的基本标识信息包括以下三种：

① 呼号（CALL SIGN）：由 7 个字母数字组成。不接受 ATS 服务的飞机或车辆以及军用飞机，不需要此类信息。

② 地址（ADDRESS）：用以唯一标识飞机的 24 位地址。

③ 类型（CATEGORY）：由国际民航组织定义的描述航空器类别的标识，如轻型机、中型机及滑翔机等。

2. 状态矢量

移动目标的状态矢量包括在全球统一参考系统下的三维位置和速度等信息。状态矢量包括以下元素：

① 三维位置：在传输数据的格式上要求不损失精度、完好性，几何位置元素使用 WGS-84 坐标系。

② 三维速度：包括水平速度矢量和垂直速度，几何速度信息使用 WGS-84 坐标系。

③ 飞机转向标示：左转、右转、直飞。

④ 导航精度和完好性分类：导航精度和完好性包括 NIC(Navigation Integrity Category)、NAC(Navigation Accuracy Category)和 SIL(Surveillance Integrity Level)，其中 NAC 包括 NAC_P (Navigation Accuracy Category for Position) 和 NACv (Navigation Accuracy Category for velocity)。NIC 有 0 ~ 11 共 12 个等级；NAC_P 有 0 ~ 11 共 12 个等级，NACv 有 0 ~ 4 共 5 个等级；SIL 有 0 ~ 3 共 4 个等级。

3. 状态和意图信息

主要用于支持 ATS 和空-空应用，包括：

① 紧急/优先状态（Emergency/Priority）：用于标识紧急或优先级状态的相关信息，如非法侵入告警、油量供应不足等。

② 当前意图信息（Current Intent）：当前需要发布的飞机意图状态，包括目标高度、所期望的航迹等。

③ 航路意图信息（Trajectory Change Point）：提供航路发生改变的相关意图信息，如当前航路改变意图信息（TCP）、未来航路改变意图信息（TCP+1）。

④ 分类号：用于标识参与者支持特定服务类别的能力，如基于 CDTI 的交通显示能力、冲突避免、精密进近等。

⑤ 其他信息：ADS-B 技术能够传送实施监视一方所需要的任何信息，随着技术的发展和各种新应用的引入，将需要更多种类的监视信息，ADS-B 技术将通过相应软硬件配置实现对任何所需信息的广播。

5.6.2.5 ADS-B 的应用

ADS-B 作为广播式自动相关监视技术，飞机自动向周围的飞机、车辆和地面接收台发射自身的位置等信息，所以可以实现多方面的功能。其功能是空中飞机与飞机之间就能自动识别对方的位置，可以自我保持间隔；地面 ATC 对终端和航路飞行的飞机进行监控和指挥；机场场面活动的飞机和飞机及车辆之间保持间隔，起到场面监视作用；地面航空公司对飞机运行进行监控和管理。其应用主要包括地基监视应用、机载监视应用和其他应用。

1. 地基监视的应用

地面 ADS-B 接收站接收到 ADS-B 信息后，经处理后送往空中交通管理中心，通过飞行数据处理和监视数据处理，可获位置精确的飞机点迹供管制员使用，如图 5.49 所示。其地基监视的应用包括雷达覆盖空域的 ATC 监视、非雷达覆盖空域的 ATC 监视、机场场面监视、为地基 ATM 工具提供航空器生成的数据等。

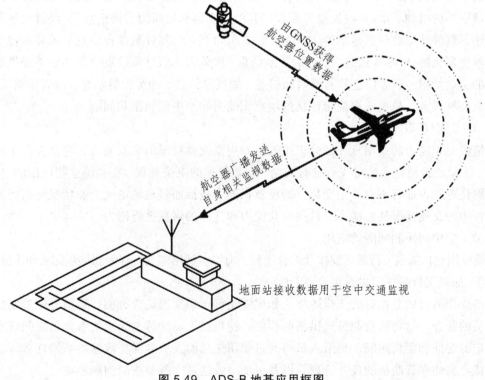

图 5.49 ADS-B 地基应用框图

（1）雷达覆盖空域的 ATC 监视

ADS-B 监视可以加强目前由雷达提供的航路空域的 ATC 监视，主要是可以提供附加的航空器生成的数据，它可以加强监视数据的处理。在单一雷达覆盖区域的监视，如在 SSR 的区域，ADS-B 可以作为备份系统，以及通过提供附加的位置报告作为雷达位置更新的补充；在使用 PSR 的区域，ADS-B 可以提供附加数据，例如航空器识别及气压高度。

（2）非雷达覆盖空域的 ATC 监视

ADS-B 在非雷达覆盖区域提供 ATC 监视服务,其目的是加强交通信息服务和间隔服务。甚至在已经使用 ADS-C 的区域，ADS-B 可以提供更为快速的位置更新报告，从而促进进一步缩小最小间隔标准的可能性。

（3）机场场面监视

在机场，ADS-B 可以提供新的机场监视信息的来源，使机场的地面活动管理更为安全和高效；可以给机场相关地面机动车辆装备 ADS-B 系统，并与航空器一起显示在终端情况显示器上。另外，ADS-B 能够支持地面冲突探测系统，通过提供更加频繁的有关航空器和机动车辆的位置更新，加强对航空器和机动车辆的监控，防止侵入跑道。

（4）为地基 ATM 工具提供航空器生成的数据

ADS-B 可向 ATC 地面系统提供附加的航空器生成的数据，例如状态向量和意图数据，从而发展或加强自动辅助工具，如一致性监控、冲突预报、冲突探测、最低安全高度警告、接近危险地区警告和交通排序。

2. 机载监视应用

航空器机载 ADS-B 系统把收集到的导航信息通过 ADS-B 的广播式通信设备发送出去，其他航空器的机载 ADS-B 收发设备在收到其他航空器和地面的广播信息后，经过处理器处理后传输到驾驶舱综合信息显示器(CDTI)，如图 5.50 所示。驾驶舱综合信息显示器获得地面和其他航空器机的 ADS-B 信息、自己的导航信息、机载雷达信息后给航空器驾驶员提供航空器周围的交通情报、态势信息和其他附加信息（如气象信息、冲突告警信息、避碰策略），从而可完成多种任务。机载监视应用包括情境意识能力和空中的间距和间隔。

（1）情境意识能力

情境意识能力的应用意在加强机组人员对周围交通状况的觉察能力，包括在空中和机场场面，从而改善机组人员对飞行进行安全、有效管理的决策过程。在实施这些应用的过程中，对间隔任务和责任将不会产生变化。情境意识能力包括加强机场场面交通情况觉察能力、飞机运行中的交通情况觉察能力、目视捕获能力和连续的目视进近能力。

（2）空中间距和间隔的应用

该应用包括加强飞行顺序安排及汇合飞行、海洋空域尾随飞行程序和加强交叉和飞越飞行。

① 加强飞行顺序安排及汇合飞行。

该应用的目的是在有关飞行顺序（如尾随飞行）和交通汇合方面，重新分配管制员和机组人员的任务。这将给管制员提供新的程序，使机组人员能够与指定的航空器之间建立和保持一定的时间和距离间隔。机组人员将通过使用先进的人机界面完成这些新的任务。这些预期的优点将加强管制员的任务管理，以及更加一致地遵守所要求的间隔距离。

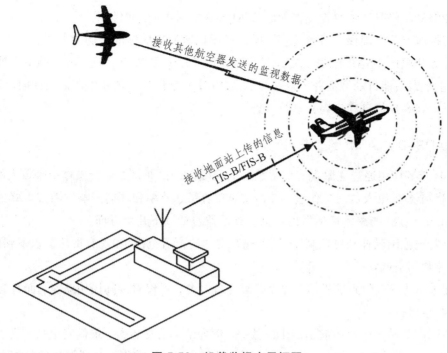

接收其他航空器发送的监视数据

接收地面站上传的信息
TIS-B/FIS-B

图 5.50 机载监视应用框图

② 海洋空域尾随飞行程序。

在非雷达覆盖的海洋空域的尾随飞行程序将允许装有 ADS-B 尾随飞行设备的航空器在彼此的飞行高度层进行爬升或下降。现有的基于距离的最低间隔标准不可能在航空器之间实行纵向间隔。这项应用的目的是通过快速改变飞行高度层提高海洋空域的利用率，从而实现更高的飞行效率。

③ 加强交叉和飞越飞行。

其目的是在交叉和飞越指定的交通时，重新划分管制员和机组人员的任务。这将给管制员提供新的程序，使得机组人员可以在管制员的指令下，机动飞行并与指定的航空器保持规定的间隔距离。机组人员将借助先进的人机界面完成这些新任务。这项应用的主要优势在于通过任务的重新分配，提高管制员工作的有效性。

3. 其他应用

① 航空公司应用。在航空公司运行控制部门，ADS-B 的应用主要体现在：ADS-B 以秒为单位更新飞机信息，包括位置、高度、地速、航向、爬升下降率，不仅可以取代 ACARS 位置报，还可获取更准确的航迹；可对飞行全过程的油量进行更准确的推测；叠加实时气象雷达图，辅助运控部门决策；航路航线与机场图定期更新，确保数据准确可用；记录全程飞行数据，并可历史回放；告警提示，包括航迹偏离，五边航迹监控；可和 ACARS、航班动态等数据融合，在 ADS-B 系统中查看航班的相关信息。

② 促进数据的收集，以便于在边远地区的航空收费。

③ 允许飞行学校监控无经验飞行员的进展，例如，单飞导航。

④ 能够显示临时性障碍物，例如装备 ADS-B 发射器的工地起重机。

⑤ 监控航空器，确保飞行航迹符合噪声敏感地区的环境标准（例如宵禁）。

⑥ 搜寻和救援（SAR）、紧急定位发报机（ELT）、应急反应。航空电子设备应被特别设计为在发生坠毁后能自动激活并广播适当的 ADS-B 航空信息。数字编码的 ADS-B 信息可以通过普通的 ADS-B 信息广播媒介进行广播。

5.6.2.6 ADS-B 对 ATM 的改进和效益

ADS-B 及其应用通过克服现有监视系统的局限性，预期将给运行操作带来重大的改善，优化调整管制员/机组人员的工作量，并给安全、容量、效率和环境影响方面带来好处，从而将为实现 CNS/ATM 的总体目标做出贡献。其效益包括以下几个方面：

① 将监视范围延伸到更低高度（低于现有雷达的覆盖范围）和现有雷达覆盖不到的区域，更加有效地利用空域。

② 促进"从登机门到登机门"的无缝隙完备服务，不仅对国际民用航空，而且应包括通用航空和军事运行。

③ 在不同的系统中使用航空器生成数据，例如地基防撞告警、最低安全高度警告、接近危险区域警告、自动辅助工具、监视数据的处理和发布以及使管制员能够使用状态参数（状态向量参数）。

④ 能够改善机组人员对情况的了解能力和促进使用空中间隔辅助系统的空中监视能力。

⑤ 通过提供机场场面监视，提高机场的安全和容量，特别是在低能见度的条件下，同时防止侵入跑道。ADS-B 还能够识别和监控机场的相关机动车辆和航空器。

⑥ 改进的监视技术能够提供更高效的航路，从而改革空域扇区的划分和航路结构。

⑦ 降低基础设施的成本。特别是在所有航空器都具备 ADS-B 装置的空域，可以退役一些雷达设备。在目前仍需要多重监视覆盖的区域，可以通过雷达传感器和 ADS-B 的最有效混用达到监视基础设施的最优化。因此，ADS-B 的覆盖将会减少对雷达传感器的需求数量。

⑧ 与安装、维护和扩展现有的以雷达为基础的监视系统相关的周期性支出相比，使用 ADS-B 为基础的监视系统将会达到节省费用的目的。

5.6.2.7 国外 ADS-B 发展情况

1. 美国 ADS-B 进展情况

由于美国国内空管设施完善，运输航空一般都处于雷达覆盖范围之内，FAA 决定在通用航空领域首先推行 ADS-B。FAA 从 2000 年开始在阿拉斯加实施 CAPSTONE 项目，对 ADS-B 进行试验和评估。该地区通用航空非常发达，但地理环境和气象条件恶劣，不利于雷达站的建设。大约 180 架飞机由国家拨款加装了基于 UAT 的 ADS-B 设备。2001 年 1 月，FAA 批准在西阿拉斯加无雷达覆盖区为加装 ADS-B 设备的飞机提供"类雷达"服务。截至 2003 年，阿拉斯加的飞行事故率降低了 86%，死亡事故率降低了 90%。

现在，FAA 将 ADS-B 确定为下一代空中交通运输系统（NextGen）监视系统的基石之一，以期减少航班延误，提高系统运行的安全性。在数据链选择上，FAA 要求运输航空使用 1090 ES，通用航空使用 UAT 数据链。

2. 欧洲 ADS-B 进展情况

2006 年，由 EUROCONTROL 牵头开展了一项名为 CRISTAL 的 ADS-B 试验。试验基于一个安装在图卢兹机场的 1 090 ES 地面站，结果显示 ADS-B 对 200 n mile 甚至 250 n mile 内的飞机监视效果良好。欧洲由于雷达覆盖比较完善，对 ADS-B 发展的态度并不十分积极，首先试验将 ADS-B 应用于机场场面监视。

3. 澳大利亚 ADS-B 进展情况

澳大利亚的高空空域项目（UAP），完成了 28（+3）套 ADS-B 1090 ES 地面站的安装部署，能完成澳大利亚全境的 ADS-B 监视覆盖，在 FL300 以上为飞机提供 5 n mile 间隔服务已得到授权。该 ADS-B 系统已经集成到空管系统的飞行数据处理系统、ATC 培训模拟器以及记录和分析工具，通过 3 年的运行，现已投入到日程的管制运行中。

5.6.2.8　我国 ADS-B 进展情况

国际民航组织于第十一届航行大会确定 ADS-B 技术为全球新航行技术的主要发展方向。我国民航高度重视新航行技术的应用与实施，不断加强 ADS-B 技术的研究与应用，在技术政策与规章标准制定、机载设备加改装、地面设备研制生产、技术验证与试验运行等方面开展了大量工作，为 ADS-B 地-空监视（ADS-B OUT）的实施奠定了基础。

1. 规章标准体系初步建立

我国民航结合国内外 ADS-B 发展情况，制定了监视技术应用政策，在飞行标准、航空器适航、空中交通管理等方面颁布了相关规章和技术标准，提出了机载及地面设备技术要求，明确了适航与运行规范，制定了空管运行规程，规章标准体系初步建立。

2. 机载设备加改装工作稳步推进

目前国民航在册运输航空器 1900 余架，部分已完成 1 090 MHz 扩展电文（1090 ES）ADS-B OUT 机载设备加改装。在册通用航空器 1100 余架，除部分用于航空教学训练的航空器已完成 978 MHz 通用访问收发机（UAT）ADS-B 机载设备加改装外，1 090 MHz 扩展电文（1090 ES）ADS-B 机载设备加改装工作正在稳步推进。

3. ADS-B 试验和验证工程成功实施

我国民航在西部高原地区实施了 B213 航路（成都—拉萨）ADS-B 试验工程和试验运行，并缩小了航路间隔；在 B330 成都—九寨航路、南中国海开展了 ADS-B 试验验证工作。民航在地面站建设、数据传输、数据处理、管制运行等方面积累了经验，为 ADS-B 的推广应用奠定了基础。

4. 工业界 ADS-B 设备产业化能力基本具备

国内外多家生产厂商已研发生产出各种类型的 ADS-B 机载和地面设备。其中国内工业界积极开展 ADS-B 技术研究和产品研发，在部分航路和机场成功进行了国产 ADS-B 地面站系统的应用实验。在民航局政策与标准引导下，工业界已基本具备 ADS-B 设备产业化能力。

5. 中国民航飞行学院的 ADS-B 应用

中国民航飞行学院 2005 年在广汉分院两架西门诺尔飞机上验证了 ADS-B 的使用情况，其 ADS-B 使用 UAT 系统。

从 2006 年开始，中国民航飞行学院实施 ADS-B 建设安装，至今已完成的建设项目包括：多种机型多架飞机的机载设备加装；新津、广汉、洛阳、绵阳、遂宁、南充共六个地面基站的建设；在广汉机场安装两台网络数据采集服务器和一台数据验证服务器，将 6 个 ADS-B 地面基站通过连接成一个庞大的监视网络，实现了川内各训练航线无监视盲点；安装了约 110 台监视客户端，除塔台、调度室用于飞行指挥外，学院、各分院飞行值班领导以及空管、机务、安监等部门都可以通过网络实时了解全院的飞行情况。

ADS-B 在飞行学院的使用，其意义表现在：以低成本投资实现了跨越式提高空管监控水平，进一步为飞行安全提供了保证，为学院节约了数亿元的二次雷达投资；有效扩大了飞行容量，提高了空域和机场的利用率，为学院创造了直接经济效益；学院飞行员的年培训量从以前的 500 人，增加到 2013 年的年招收能力 2 400 多人；地面设备国产化为国家节约经费605.2 万元人民币；为我国低空开放，大力发展通用航空事业打下了坚实的物质基础。

6. 我国 ADS-B 技术政策

我国发展 ADS-B 的四个优先基本原则：无雷达覆盖地区优先，优先在西部及部分边境地区无雷达覆盖区域建设和运行 ADS-B，东部雷达覆盖盲区和雷达单重覆盖区域建设 ADS-B 系统，实现雷达/ADS-B 运行；支线机场优先，优先开展支线机场（含高原机场）以及部分通用航空机场 ADS-B 系统建设，解决其迫切监视需求；高空优先，优先实现 8 400 m（含）以上高空 ADS-B 运行，提高重点航路航线监视保障能力；洋区优先，在南中国海地区以及海上通航重点服务区域优先开展 ADS-B 系统建设，提高保障能力和服务水平。

我国发展 ADS-B 的总体目标：大力推进监视系统技术变革，努力构建天、空、地一体化ADS-B 运行体系，积极推动 ADS-B 建设与运行，在"十二五"末，基本完成 ADS-B 地面设施布局，开始初始运行；到"十三五"末，全面完成机载设备加改装和地面 ADS-B 网络建设，构建完善的民航 ADS-B 运行监视体系和信息服务体系，为空中交通提供全空域监视手段，为航空企业全面提供 ADS-B 信息服务，从整体上提高民航安全水平、空域容量、运行效率和服务能力，为实现民航强国提供强大技术支撑。

5.6.3 两种自动相关监视的比较

ADS-A/C 和 ADS-B 在很多方面具有不同的特点，下面主要通过表 5.9 对两种自动相关监视进行比较。比较的内容有：工作方式、作用距离、连接方式、采用数据链、主要功能、适应环境、数据链最低能力要求、机载设备、地面设备、标准文件和具体能完成的功用等。

表 5.9　两种自动相关监视的比较

对比项目	自动相关监视（ADS-A/C）	广播式自动相关监视（ADS-B）
主要工作方式	飞机和空中交通管制单位之间建立端到端合同进行数据通信，飞机位置报告及附近数据按约定周期自动发送，也能由事件触发发送	飞机广播式自发位置报告，飞机之间可互相接收而知道对方位置
作用距离	远程	近程
连接方式	空—地	空—空、空—地、地—地
采用数据链	以卫星数据链为主，也可采用其他物理链路	1090ES、UAT 和 VDL-4
主要功能	海洋管制单位利用飞机位置报告实现对海洋航路上飞行的飞机监视，也可用于边远地区陆地航路及终端监视	空中飞机与飞机之间自我保持间隔；地面管制单位对终端和航路飞行的飞机监视；机场场面活动的飞机和车辆之间保持间隔，起到场面活动监视作用；其他应用
适用环境	海洋空域为主，兼顾其他空域	多种空域，兼顾场面活动
数据链最低能力要求	双向数据链	机载单向广播，地面单向接收
机载设备	ADSU＋卫星通信	ADS-B OUT 机载设备，IN 设备可配合驾驶窗交通信息显示器（CDTI）或交通姿态显示器（TSD）
地面设备	卫星通信地网接口＋FDPS＋PPI	VHF S-TDMA 收发机或 S 模式收发机＋FDPS＋PPI
标准文件	ICAO ADS 专家组正在制定 ADS 的 SARP，已公布的 ADS 指导材料； RTCA DO-212 ARINC 745 规范	ICAO ADS 专家组正在制定 ADS-B 的标准，已公布支持 ADS-B 的指导材料；RTCA SC-186 正在制定 ADS-B 的 MASPS 和 MOPS；EUROCAE-WG51 正在制定 ADS-B 的 MASPS 和 MOPS
功用	相关监视，依赖飞机报告；完全依靠机载导航信息源；可实现对海洋区域的监视；可对 SSR 取代或补充；	可取代 TCAS；可取代 SSR；可取代场面监视系统；可在驾驶窗内提供交通信息显示和冲突警告；为自由飞行创造条件

5.7　空中交通警戒和防撞系统

1956 年，在科罗拉多大峡谷上空两架客机相撞，受这一事件的刺激，航空界开始了防撞概念的研究。飞机上的机载防撞系统，美国航空体系称之为空中交通警戒和防撞系统（Traffic Alert and Collision Avoidance System, TCAS），欧洲航空体系称之为机载防撞系统（Airborne Collision Avoidance System, ACAS），两者实际上的含义、功能是一致的。

机载防撞系统是不依赖地面空中交通管制系统为飞机提供防撞保护的机载设备。它是独立于空中交通管制之外的空中分隔保证的方法，从而提供空中分隔保证或防避碰撞。防撞系统通过接收、处理其他飞机应答机的回答信号，可显示飞机周围的情况，并在需要时提供语音告警，同时帮助驾驶员以适当机动方式躲避危险，这些都有助于避免灾难性事故的发生。

TCAS 能提供两类信息：交通警戒信息（Traffic Advisory, TA）和决策咨询信息（Resolution

Advisory, RA）。交通警戒信息，在对方飞机进入警戒区时发布，交通情况显示器上用一橙色实心圆表示该飞机，并发布声音信息"TRAFFIC-TRAFFIC"。

决策信息 RA，在对方飞机进入警告区时发布，交通情况显示器上用一红色实心方块表示该飞机，同时 VSI 上或 PFD 上出现避让措施通告，并伴有相应的语音通告。

根据功能的不同，TCAS 分为四类：TCAS 1、TCAS 2、TCAS 3 和 TCAS 4。

TCAS1 仅仅提供接近警告，用以帮助飞行员目视搜寻对方飞机。该类设备主要用于通勤航空器和通用航空器上。

TCAS2 既提供交通警戒信息，也推荐在垂直方向的避让措施（决策信息），以避开可能出现冲突的交通目标。航线运输飞机、较大的通勤飞机和公务飞机将使用 TCAS2。

TCAS3 由于技术原因，已停止发展。

TCAS4 目前还在开发之中，为避开可能出现冲突的飞机，将提供交通警戒信息，并推荐在垂直方向和水平方向的避让措施。

5.7.1　TCAS2 的组成

TCAS 2 的组成包括 S 模式应答机、TCAS 计算机、天线、ATC/TCAS 控制面板和显示器，如图 5.51 所示。

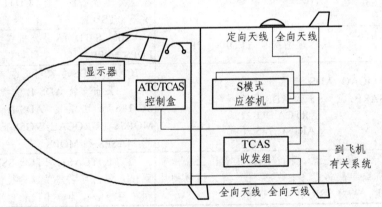

图 5.51　TCAS2 组成图

S 模式应答机的功用是执行现有 A 模式和 C 模式应答机的正常 ATC 功能，以及用于装有 TCAS 飞机之间的空中数据交换，以保证提供协调的、互补的决策信息。

TCAS 计算机用的功用是监视邻近空域中的飞机，获取所跟踪飞机的数据，进行威胁评估计算，产生交通咨询或决断咨询等。

天线包括应答机的上、下天线和 TCAS 上、下方向天线，其中 TCAS 天线是方向性天线，工作于 L 波段，每部天线均可用于发射和接收。

ATC/TCAS 控制面板是 TCAS 和应答机共用的，如图 5.52 所示。其中包括应答机选择开关、高度源选择开关、代码选择旋钮、应答机代码显示窗、应答机失效灯、应答机模式选择开关等。

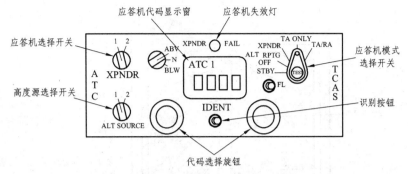

图 5.52　S 模式应答机和 TCAS 控制面板图

其中，应答机模式选择开关用于选择应答机和 TCASⅡ 的工作方式与功能。

① STBY（准备）：工作方式开关置于 STBY（准备）位时，应答机和 TCAS 发射机均不发射，但能接收。此时系统处于准备状态。

② ALT RPTG OFF（不报告高度）：工作方式开关在 ALT RPTG OFF 位时，应答机系统处于模式 A 方式，可以正常应答模式 A 的询问，但不会对模式 C 的询问做出应答。TCAS 发射机仍处于准备状态。

③ XPNDR（应答机）工作方式开关置于 XPNDR（应答机）位时，应答机处于全功能状态，可以正常应答模式 A 和模式 C 的询问。

④ TA（交通咨询）工作方式开关在 TA 位时，在应答机正常工作的基础上，TCAS 也正常工作，可在需要时产生交通咨询，但仍不能产生解脱咨询。

⑤ TA/RA（解脱咨询）工作方式开关置于 TA/RA（解脱咨询）位时，应答机和 TCAS 均处于全功能状态。

不同控制盒的形式以及工作方式开关的设置、名称、顺序均可能与此有所不同，但其基本功能是相同的。

⑥ 监视范围选择开关有的 TCAS 控制盒上设置有一个监视范围选择开关，用于选择监视范围为正常（N）、上方（ABOVE）或下方（BELOW）。

在驾驶舱中，TA / RA 的显示取决于飞机类型。有的飞机上，使用垂直速度/交通情况组合的显示器，TCAS 没接通时，该显示器作为一个升降速度表用；TCAS 接通时，将综合显示 TA 和 RA 信息，如图 5.53 所示。在有的飞机上，TA 和 RA 信息显示在 EFIS 上，如图 5.54 所示。

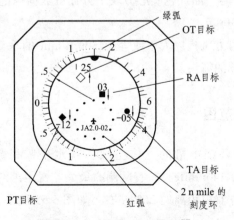

图 5.53　VSI/TA/RA 显示器

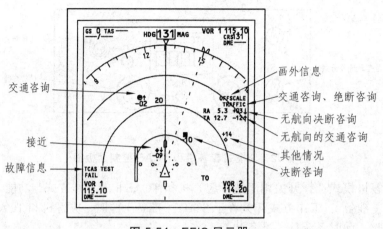

图 5.54　EFIS 显示器

在驾驶舱中的 TCAS 交通情况显示器上，用 4 种不同的符号分别代表对飞机不同级别的威胁。每一种符号的含义如下：

① ■　——　红色实心方块，代表进入警告区的飞机，称为 RA 目标。

② ●　——　橙色实心圆，代表进入警戒区的飞机，称为 TA 目标。

③ ♦　——　蓝色或白色实心菱形，代表相对高度小于 1 200 ft 或距离小于 6 n mile 的飞机，称为接近交通目标（PT 目标）。它对自身飞机不构成威胁。但在某些情况下，它可能变为 TA 或 RA 目标。显示接近交通目标可以增强处境意识。

④ ◊　——　蓝色或白色空心菱形，代表相对高度大于 1 200 ft 或距离大于 6 n mile 的飞机，称为其他交通目标（OT 目标）。它对自身飞机完全不构成威胁。

⑤ 数据标记——当对方飞机报告高度信息时，在符号的上面或下面将出现一数据标记。数据标记由两位数和一个"＋"或"－"号组成，颜色与符号同色。两位数代表自身飞机与对方飞机间的垂直间距，单位为百英尺。如果对方飞机在自身飞机上面，数据标记将位于符号的上面，且前面加一个"＋"号；如果对方飞机在自身飞机下面，数据标记将位于符号的下面，且前面加一个"－"号。如红色实心方块下方标有数据标记"－03"，表示该飞机在自身飞机下方，垂直间距为 300 ft。

⑥ "↑""↓"——当对方飞机以大于或等于 500 ft/min 的垂直速度爬升或下降时，符号右侧将出现一个向上或向下的箭头。

5.7.2　TCAS2 的监视范围

TCAS 的监视空域为环绕本机的立体空域。其水平监视范围为本机前方距离可达 30 n mile，通常监视距离为 14 n mile。左右两侧的最大监视距离约为前方监视距离的 65%，后方最大监视距离则为前方监视距离的 25%左右，如图 5.55 所示。

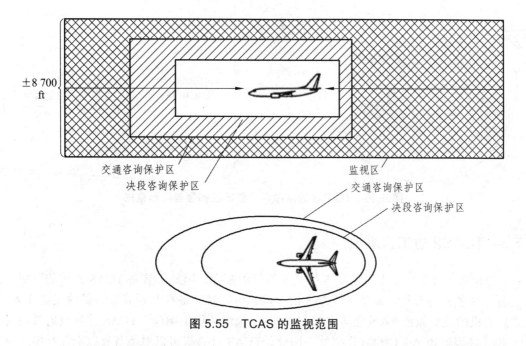

图 5.55　TCAS 的监视范围

TCAS 的高度跟踪范围在正常情况下为本机的上下 2 700 ft。有高度跟踪范围选择开关的：在"ABOVE"位时监视的空域为+9900 ~ −2 700 ft；在"BELOW"位时监视的空域为+2700 ~ −9900 ft。

TCAS 计算机中所进行的监视与跟踪计算的基础，是基于对入侵飞机接近率的连续监视，是基于一定的提前时间而发出交通咨询 TA 和决断咨询 RA 的，这个提前时间，就是 TCAS 中的 τ（"TAU"）。在 TCAS 计算机发出交通咨询 TA 并进而发出决断咨询 RA 后，从飞行员意识到潜在的危险并按照决断咨询 RA 采取机动回避措施，到使飞机改变当前的飞行高度而脱离危险，是需要一定的时间的。

τ 为到达最接近点（CPA）的时间。τ 取决于目标的距离接近率与距离，其关系如下：

$$\tau = 距离 / 距离接近率$$

为了更好地理解 TCAS2 的工作原理，引入了碰撞区（CPA）、警戒区和警告区的概念，如图 5.56 所示。其中碰撞区（CPA）是由 TCAS2 定义的一个三维空域，其大小随接近速度而变。设计 TCAS2 碰撞区的目的就是防止其他飞机进入该区域。警戒区是指离碰撞区边缘还有 20 ~ 48 s 的一段空域，即目前所确定的 TCAS2 的 TA 门限为 20 ~ 48 s。警告区是指离碰撞区边缘还有 15 ~ 35 s 的一段空域，即目前所确定的 TCAS II 的 RA 门限为 15 ~ 35 s。从 TCAS 计算机发出交通咨询 TA 到发出决断咨询 RA 的间隔时间为 15 s 左右。

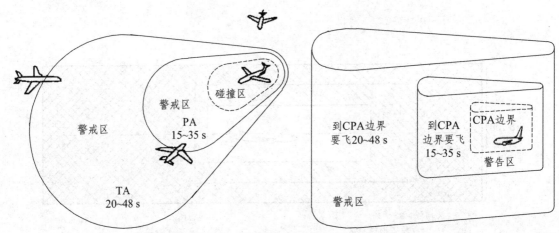

图 5.56 TCAS2 的碰撞区、警戒区和警告区示意图

5.7.3 TCAS2 的工作原理

　　TCAS 系统要正常工作，需要 S 模式应答机的配合，因此，装备 TCAS 系统的飞机，必定装备了 S 模式应答机。装备了 TCAS 的飞机，可以对装备有 S 模式应答机的飞机或 A、C 模式应答机的飞机做出 TA（交通咨询）或 RA（决断咨询）响应。TCAS 计算机内部同时具有 S 模式译码器和 A、C 模式译码器。因此，TCAS 计算机可以对装备有以上几种模式应答机的飞机的应答信号做出判断。

　　首先，TCAS 系统会自动监听本机附近空域中装备有 S 模式应答机的飞机的发射信号。不论是否收到询问信号，S 模式应答机都会每隔一秒，向外发射 S 模式编码信号，该信号包括本机的 24 位地址码等信息。当 TCAS 系统收到 S 模式编码信号后，将该机的 24 位地址码加入到询问列表中，稍后 TCAS 会逐个地询问列表中的飞机。此外，TCAS 还使用耳语-大喊方案，对周围空域中没有装备 S 模式应答机的飞机进行询问。TCAS 会主动询问周围空域中装有 A 或 C 模式应答机的入侵飞机，因为 A、C 模式应答机必须在收到询问信号后才能进行应答，并且它们的应答信号中没有 24 位地址码，只有飞机编码或飞行高度等信息。对于 S 模式信息和 A、C 模式信息，TCAS 计算机会使用与各模式相应的译码器进行译码，获得计算所需的入侵飞机高度、高度变化率等信息。通过测量询问信号发出到接收到应答信号的时间间隔，计算出入侵飞机的距离。通过方向性天线的定向性，获得入侵飞机的方位信息。这样就获得了计算入侵飞机飞行轨迹的全部所需信息，为进一步的计算做好准备。

　　其次，本机的其他机载系统会连续地向 TCAS 计算机提供本机的飞行参数，如位置、俯仰角、横滚角、飞行高度、最大空速等信息。TCAS 计算机在对入侵飞机的参数和本机的参数进行综合计算后，得到本机与入侵飞机的相对高度和速度。进一步通过计算判断出本机与入侵飞机的飞行轨迹是否具有相互冲突的可能。根据入侵飞机对本机的威胁状况，将入侵飞机分别归类为无威胁等级组、接近威胁等级组、TA（交通咨询）威胁等级组和 RA（决断咨询）威胁等级组，四个威胁级别组。

　　最后，TCAS 向驾驶员适时地发出目视警告和音响警告。四个威胁等级组内的飞机是以不同符号显示在 EHSI 上的：无威胁等级组是以白色空心菱形表示，接近威胁等级组是以白色实心菱形表示，TA（交通咨询）威胁等级组是以黄色实心圆形表示，RA（决断咨询）威胁等级组是以红色方块表示。只有当出现 TA（交通咨询）威胁等级或 RA（决断咨询）威胁等级时，TCAS 才会发出对应的音响警告信息。

一旦飞机脱离危险，TCAS 将发布语音信息"CLEAR OF CONFLICT"（冲突解除），以肯定这次遭遇结束，并且 RA 撤销，即显示器上红色实心方块变成其他符号。措施通告消失（红、绿区消失），此时机组应将飞机返回冲突发生前的许可剖面。

在实际的飞行空域环境中，由于对方飞机所装备的 TCAS 和应答机的类型不同，TCAS2 对不同类型系统的响应也不同。

1. 对装备 TCAS2 飞机的响应

在相遇飞机的应答机为 S 模式应答机且装备 TCAS 的情况下，本机的 TCAS 计算机即可与该机建立基于 S 模式数据链的空-空协调关系。空-空协调关系建立后，双方的 TCAS 计算机即可确定由哪一方来控制回避机动，并保证所发出的垂直避撞机动咨询为互补性的。其工作过程如图 5.57 所示。例如，某一架飞机针对威胁选择了"爬升"RA，在其协调询问中它将向对方发出通知，限制对方的 RA 只能是"下降"。

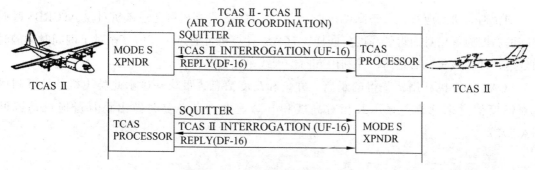

图 5.57 对 TCAS2 飞机的响应

2. 对模式 S 应答机的响应

如相遇飞机的应答机为模式 S 应答机，由于 S 模式应答机具有选择地址进行通信的特性，对于装有 S 模式应答机的飞机，TCAS 的监视功能相对简单。S 模式应答机以每秒约 1 次的速率，断续发送间歇振荡信号，该信号中含有发射者的 S 模式地址。装有 TCAS2 的飞机在监视范围内将接收这些断续发送的强振荡信号并对装有 S 模式应答机的飞机发出 S 模式询问。根据回答信号可确定该 S 模式飞机的距离、方位和高度，以及高度变化率和距离变化率。因此，TCAS 计算机可计算出对方飞机的轮廓线和飞行的预计航迹是否将会导致与自己相撞或接近相撞，然后 TCAS 在自身飞机轮廓线的基础上，给出合理的避撞措施 RA。

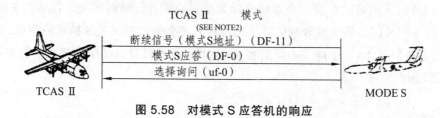

图 5.58 对模式 S 应答机的响应

3. 对模式 A 应答机的响应

相遇飞机的应答机只具备模式 A，而不具备高度报告能力。对于这样的飞机，TCAS 计算机只能通过 ATCRBS 全呼叫询问。TCAS 计算机利用模式 A 应答机的识别应答信号，计算该飞机的距离，并利用方向性天线来测量其方位。

由于 A 模式应答机的应答中不包含高度信息，TCAS 计算机只能将其视为处于同一高度的飞机来对待，无法做出垂直避撞机动咨询（只有 TA）。上述信息可用于跟踪和显示此类飞机。

图 5.59　对模式 A 应答机的响应

4. 对模式 C 应答机的响应

如相遇飞机的应答机具备高度报告能力，则 TCAS 计算机可通过该机对仅 ATCRBS 呼叫询问的高度应答信息而得到高度。同样，TCAS 计算机可通过应答信号相对于询问时刻的时间延迟，计算该飞机的距离，并利用方向性天线来测量其方位。

TCAS 计算机利用所获得的距离、方位和高度信息，跟踪并显示此类飞机，且可利用相对高度信息来计算并显示其相对高度和升降速度，在必要时做出垂直避撞机动咨询（TA/RA）。

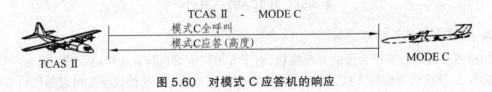

图 5.60　对模式 C 应答机的响应

5. 对方飞机无应答机或应答机不工作

对方飞机无应答机或应答机不工作，他们对 TCAS 的询问无法做出响应，因此 TCAS 无法探测该类飞机。

综上所述，TCAS 提供的保护等级由对方飞机所带应答机的类型确定。若两架飞机都带有 TCAS2 设备时，则通过 S 模式应答机交换数据对冲突进行协调解决；若对方飞机带 A 模式应答机，则 TCAS 仅提供交通警戒信息 TA；若对方飞机带 C 模式或 S 模式应答机，则 TCAS 既提供交通警戒信息 TA，还提供决策信息 RA；若对方飞机没有装应答机或应答机不工作，TCAS 将无法探测。

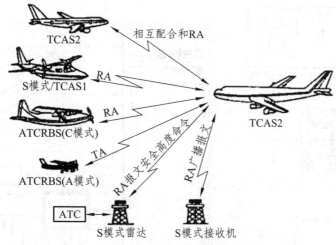

图 5.61　TCAS2 对不同类型系统的响应

5.8　近地警告系统

在起飞、复飞、进近着陆阶段且无线电高度低于 2 450 ft 时，近地警告系统（Ground Proximity Warning System, GPWS）根据飞机的形态和地形条件，如果接近地面出现不安全情况时，在驾驶舱内以目视和音响形式向机组报警，提醒飞行员采取有效措施；当飞机遇到风切变时，发出风切变警告，及时提醒机组从风切变中解脱出来。

5.8.1　近地警告系统的组成

近地警告系统 的组成框图如图 5.62 所示。它包括：信号输入部分、近地警告计算机、提醒和警告部件。

其中信号输入部分主要输入近地警告系统计算机需要的各种数据，包括近地警告模件（GPWM）、无线电高度表（RA）、大气数据惯性基准系统（ADIRS）、失速管理偏航阻尼器（SMYD）、多模式接收机（MMR）、飞行管理计算机系统（FMCS）、 气象雷达（WXR）和显示电子组件（DEU）。

近地警告计算机是系统的核心部分，用于建立近地警告系统的警告方式极限，确定飞机的飞行状态和离地高度，提供方式通告。由计算机比较警告极限和飞机的飞行状态以及离地高度，若发现飞机进入近地警告系统的警告方式极限，就发出相应的警告或警戒信号。

提醒和警告部分包括通用显示系统（CDS）的显示组件、远距电子组件（REU）、近地警告模件（GPWM）、气象雷达（WXR）和低于下滑道指示灯。GPWS 的目视警告在通用显示系统（CDS）的显示组件，低于下滑道告示器和 GPWM 上表达出来。GPWS 的语音警告通过远距电子组件送给驾驶员耳机组和驾驶舱扬声器。GPWS 算出提醒和警告状态后将禁止信号送给 TCAS 避撞系统和气象雷达系统显示。GPWS 将飞机前方地形表达出来，此信息经地形/气象继电器，然后送给 DEU 显示。当着陆时过早下降时提警驾驶员的信息直接送给 DEU 显示。

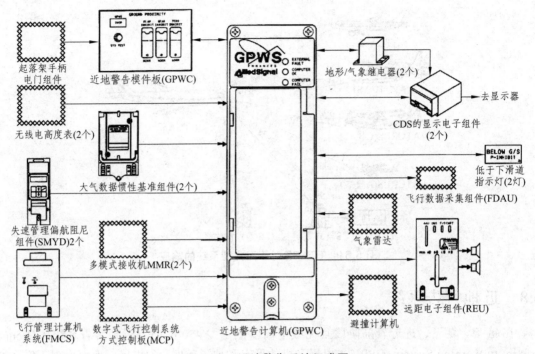

图 5.62　近地警告系统组成图

5.8.2　近地警告系统的工作原理

近地警告计算机根据相关机载导航系统所获得的各种飞机飞行运动参数，实时监测飞机相对于地面的飞行运动状态。

近地警告系统的信号输入组件向近地警告计算机输送各种数据，包括来自无线电高度表收发机的无线电高度；来自大气数据计算机 ADC 的气压高度和气压高度变化率；来自惯性导航系统的惯性垂直速度；来自 ILS 的下滑道偏离信号；襟翼位置，起落架位置；设定的报告高度；迎角、姿态角、俯仰角速率等信号。近地警告计算机（GPWC）中存储了各种警告方式的极限数据，GPWC 将其他系统输送来的飞机实际状态的数据与存储的极限数据相比较。若实际状态超越了某一种警告方式的极限，就输出相应的音响和目视控制信号，加给驾驶舱中的警告喇叭，使之发出与方式相关的语音，并且相关的信号灯燃亮。

5.8.3　近地警告系统的警告方式

近地警告系统的警告方式共有七种，包括过大的下降率（方式 1）、过大的接近地形率（方式 2）、起飞或复飞后掉高度太多（方式 3）、非着陆形态下的不安全越障高度（方式 4）、进近着陆时低于下滑道太多（方式 5）、到达给定的无线电高度和决断高度（DH）时的报告（方式 6）和低空风切变（方式 7）。

不同的近地警告方式发出不同的语音，归纳起来有 11 种语音。如果同时出现多种近地警告报警方式，只能有一种最优先的信号发生音响。其优先排列顺序如下：

① WINDSHEAR	（注意风切变）	方式 7
② WHOOP WHOOP PULL UP	（喂！喂！拉起来）	方式 1 和 2
③ TERRAIN	（注意地形）	方式 2
④ TOO LOW TERRAIN	（飞机太低，注意地形）	方式 4
⑤ TOO LOW GEAR	（太低，起落架未放下）	方式 4A 和 4B
⑥ TOO LOW FLAPS	（太低，襟翼未放下）	方式 4B
⑦ MINMUMS MINMUMS	（飞机已下降至决断高度）	方式 6
⑧ SINK RATE	（下降率过大）	方式 1
⑨ DON'T SINK	（不要下沉）	方式 3
⑩ GLIDE SLOPE	（飞机低于下滑道）	方式 5
⑪ ONE HUNDRED	（100 ft）	方式 6
FIFTY	（50 ft）	
THIRTY	（30 ft）	

下面介绍近地警告系统的七种警告方式。

1. 过大的下降率（方式 1）

在一定的无线电高度上，若飞机的下降速率超过了允许的极限值，则发出目视和语音信号提醒机组。此方式与襟翼和起落架的位置无关。

根据危及飞行安全的程度，报警区分为警戒区（也称为起始穿透区）、警告区（也称为内部警告区）。

当飞机实际的下降速率与无线电高度的交点位于警戒区内时，琥珀色的近地警戒灯亮，同时警告喇叭以 1.5 s 的间隔重复语音"SINK RATE"，直至飞机爬升或降低下降速率，使其离开此区域为止。若下降率继续增加，使其与无线电高度的交点位于警告区时，红色的拉升灯和主警告灯亮，同时警告喇叭以 1.5 s 的间隔重复语音"WHOOP WHOOP PULL UP"，以提醒飞行员采取拉升操作。只有当飞机的无线电高度与下降速率满足要求并脱离此区域时，才使灯熄灭，语音停止，如图 5.63 所示。例如，当离地高度为 2 450 ft 时，若气压高度下降率超过了 5 000 ft/min，就将给出"SINK RATE"警告，在同样的高度上，若下降率超过了 7 200 ft/min，就将给出"WHOOP WHOOP PULL UP"警告。

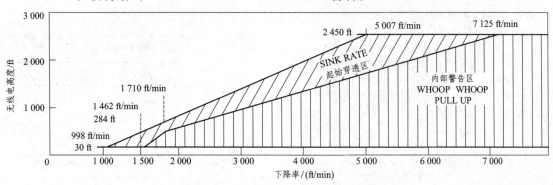

图 5.63　方式 1——过大的下降率

2. 过大的接近地形率（方式2）

当飞机在上升地形的上空飞行时，若飞机接近地面的速率过大，则发出目视和语音信号提醒飞行员，此方式与襟翼位置和起落架位置有关。

根据襟翼位置的不同，它分为襟翼不在着陆形态和襟翼在着陆形态两种情形。

襟翼不在着陆形态时，它的起始穿透区是指在飞行状态刚进入极限边界线 1.6 s 内所能达到的范围，区域大小与飞行状态有关，故以虚线画出，进入起始穿透区 1.6 s 后，自动进入内部警告区，如图 5.64 所示。

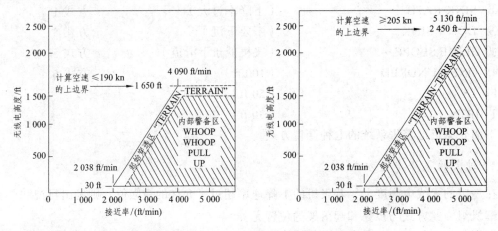

图 5.64　方式 2——襟翼不在着陆形态的情形

飞机在起始穿透区内时，琥珀色的近地灯亮，同时警告喇叭中发出两声语音"TERRAIN"。如果这期间飞机的状态没能离开报警区就进入了内部警告区，红色的拉升灯和主警告灯亮，警告喇叭中重复语音"WHOOP WHOOP PULL UP"。

由于地势下降或飞行员操纵飞机爬升，使飞机的状态离开了内部警告区，但仍不能终止报警，只是从警告转变为警戒，使琥珀色近地灯亮和重复语音"TERRAIN…"。此种信号一直保持到飞机从离开内部警告区开始又增加 300 ft 气压高度后，才能灯灭声停；如果飞机离开内部警告区后放下起落架，报警立即停止。

如图 5.65 所示，襟翼在着陆形态时，报警信号与起落架的位置有关。当起落架放下时，报警信号是琥珀色的近地灯亮，警告喇叭发出重复的语音"TERRAIN…"，直至飞机的状态离开报警区；当起落架收上时，报警信号变为红色的拉升灯和主警告灯亮，警告喇叭重复发出语音"WHOOP WHOOP PULL UP"。

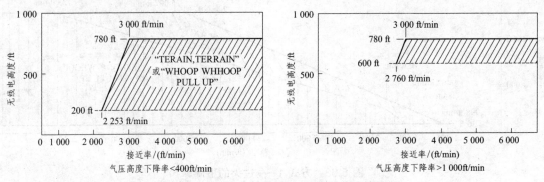

图 5.65　方式 2——襟翼在着陆形态的情形

3. 起飞或复飞后掉高度太多（方式3）

在起飞或复飞过程中，飞机下掉高度太多，将影响安全，此时应向飞行员提供报警信号。报警信号分为起始警戒和临界警戒两种。

起始警戒从飞机的气压高度下掉达到给定的门限值开始（此门限值取决于飞机开始下掉高度时的无线电高度）。当飞机高度下降至低于经过计算的无线电高度门限值（此门限值取决于爬升率和超越150 ft无线电高度后的爬升时间）时，就触发临界警戒报警。

当飞机下掉的气压高度超过了从飞机下掉开始由无线电高度所确定的门限值，就触发起始警戒的报警信号，琥珀色的近地灯亮，并重复发出语音"DON'T SINK…"，表示不要下沉。当飞机的无线电高度下降至低于临界警戒的门限值时，就触发临界警戒的报警信号，琥珀色的近地灯亮，并重复发出语音"TOO LOW TERRAN…"，提醒飞行员飞机太低，要注意地形。只要飞机建立了正的爬升率，报警就终止，如图5.66所示。

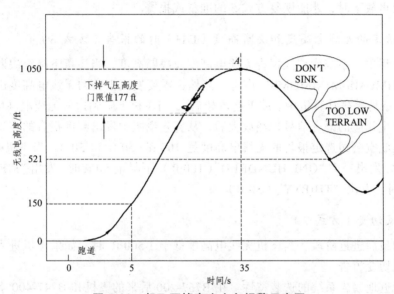

图 5.66 起飞下掉高度太多报警示意图

4. 非着陆形态下的不安全越障高度（方式4）

飞机不在着陆形态，由于下降或地形变化，使飞机的越障高度不安全时，向机组发出相应的报警信号，提醒机组采取正确的措施。

当襟翼不在着陆形态且起落架收上时，其报警为：如果飞机在高速区（空速在190 kn以上），重复语音信号"TOO LOW TERRAIN…"；在低速区（空速在190 kn以下），重复语音"TOO LOW GEAR…"，并且琥珀色的近地灯亮。

当襟翼不在着陆形态并且起落架放下时，其报警为：在高速区（159 kn以上），重复语音"TOO LOW TERRAIN…"；在低速区（159 kn以下），重复语音"TOO LOW FLAPS…"（表示太低，襟翼未放下），并且琥珀色的近地灯亮。

5. 进近着陆时低于下滑道太多（方式5）

当飞机在正航道进近时，起落架放下，且下降到低于1 000 ft无线电高度时，方式5就处于准备状态，其报警方式分为低音量的起始穿透区报警和正常音量的内部警戒区报警。当飞机无线电高度低于 1 000 ft 并且飞机在下滑道下 1.3 个点（即 0.46°）时，低音量的起始穿透区开始报警，此时琥珀色的近地灯亮，同时警告喇叭发出"GLIDE SLOPE…"，但音量比正常低 6 dB。当无线电高度低于 300 ft，并且低于下滑道 2 个点（即 0.7°）以上时，正常音量的内部警戒区开始报警，报警信号同起始穿透区，但语音音量与其他方式的语音音量相等，且语音的重复速率随无线电高度的减低和/或下滑偏离的增加而加快。

方式 5 预位以后，按压下滑警戒抑制电门，就可以抑制方式 5 的报警，即飞机低于下滑道很多，甚至于接地，都不发出报警。如果在方式 5 起始报警后，按压下滑警戒抑制电门，就可以取消发出的语音，并熄灭琥珀色的近地灯。

值得注意的是，一旦方式 5 被抑制或取消，就不能由简单重复按压下滑警戒抑制电门来重新准备或恢复方式 5 的工作。只有当飞机爬升至 1 000 ft 以上并再次下降至 1 000 ft 以下，或收上起落架再放下时，才能恢复方式 5 的准备或报警。

6. 到达给定的无线电高度和决断高度（DH）时的报告（方式 6）

在着陆过程中，系统代替人报告无线电高度及决断高度，当飞机下降至决断高度时，系统发出"MINIMUMS-MINIMUMS"声音。当然，需要发出报告的无线电高度由航空公司选定，并存储在近地警告计算机中。放下起落架后，当飞机下降到这些无线电高度时，近地警告计算机就产生相应的语音信号，经放大后，从警告喇叭中发出高度报告的声音。

例如，某航空公司选定报告的无线电高度是 100 ft、50 ft 和 30 ft。当飞机下降至 100 ft 无线电高度时，发出一声"ONE HUNDRED"（100 ft）；下降至 50 ft 时，发出"FIFTY"（50 ft）；下降至 30 ft 时，发出"THIRTY"（30 ft）。

7. 低空风切变（方式 7）

在起飞和最后进近阶段，当飞机无线电高度低于 1 500 ft 时，如果飞机进入风切变警告范围，发出风切变警告。

此方式为近地警告系统的选装特性。在 B767-200 后来的飞机和 B747-400 上选用了这一特性。警告信号是：音响信号为响一声警笛声后随之三声语音"WINDSHEAR"（注意风切变）；目视信号为红色的主警告灯、风切变警告灯及电子姿态指引仪或主飞行显示器上显示的红色字符"WINDSHEAR"。

在发出风切变警告后，对其他近地警告方式的报警至少抑制 25 s，只要解脱操作仍在进行，此抑制条件就继续。

5.8.4　增强型近地警告系统

虽然 GPWS 能有效地减少事故，但是 CFIT 事故仍然是导致商用喷气飞机事故的主要原因，事故数据显示 GPWS 有需要改进的区域。GPWS 依赖于无线电高度而工作，但无线电高度不能反映飞机前方的地形情况。当飞机进入突然上升的地形时，警告的时间非常短，无前视功能。另外，当襟翼和起落架均在着陆形态，飞机以正常的下降率进近时，GPWS 不能提供地形警告。

为了克服现行 GPWS 的不足，发展了增强型近地警告系统（Enhanced Ground Proximity Warning System, EGPWS）。EGPWS 除保留现行 GPWS 的警戒功能外，还具有地形显示功能和前视地形警戒能力。

5.8.4.1 前视警戒原理和功能

EGPWS 的计算机内有一个全球机场位置数据库和一个全球地形数据库，地形数据库内包含有全球 95% 的陆地情况。全球定位系统 GPS 或惯性基准系统 IRS 向 EGPWS 的计算机输送飞机的当前经、纬度数据，大气数据系统向 EGPWS 计算机输送飞机的气压高度。EGPWS 计算机将这些数据和从地形数据库中提取出来的航线前方地形资料进行对照，算出飞机和前方某些最高地形点的接近速度及高度，然后和既定告警门限相比较，一旦超过，则判定为地形威胁而触发报警。

EGPWS 根据潜在的地形威胁向机组提供警戒级和警告级两种报警。有两种前视报警包线，一个为警戒级报警包线，另一个为警告级报警包线。报警包线根据飞机前方的前视距离和飞机下方的高度偏离以及飞机两侧的横向距离确定，如图 5.67 所示。

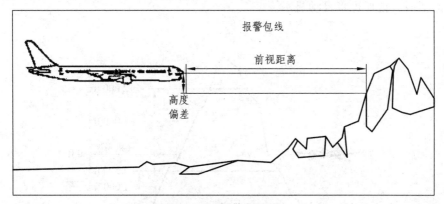

图 5.67　报警包线图

前视距离主要取决于地速。地速增加，前视距离增大，这样能保证在所有速度上报警时间大致相同。前视距离以沿着飞机飞行的轨迹（爬升、下降或平飞）为基点，高度偏离为飞机下方 700 ft，横侧距离为相对飞机地面航迹每一侧 1/8 n mile（0.23 km）。

在潜在的地形碰撞威胁前 35～50 s，触发前视警戒级报警；20～30 s，触发警告级报警。

5.8.4.2 最小地形间隔 TCF

除了前视报警包线外，GPWS 还有一个附加保护功能，最小地形间隔 TCF，它是对气压高度错误的补偿。TCF 是一种机场周围的警戒包线，该包线依据飞机的无线电高度而定，如图 5.67 所示。当飞机按照正常的 3° 下滑轨迹下滑到跑道上时，飞机将保留完美的 TCF 警戒包线。如果飞机穿越 TCF 包线，同时也就穿越了以气压高度为基准的 EGPWS 的前视警戒包线，系统将启动前视警戒功能；如果气压高度错误，TCF 将提供基于无线电高度的报警。由于，EGPWS 和 GPWS 的计算机组件的软硬件明显不同，因此 GPWS 不能升级改装为 EGPWS。

5.8.4.3　地形显示

EGPWS 本身只作威胁来临的告警计算，不带显示器，但它具有向显示器输出活动地图的接口，以便驾驶员监视前方地形，增强处境意识，避免潜在的地形冲突。因此，在驾驶舱仪表板上可安装专门的活动地图显示器，也可以在 EHSI 上显示或者在彩色气象雷达显示器上显示，但地形和气象雷达数据不能同时在同一个显示器上显示。机长和副驾驶的地图显示选择是独立的，当一个显示器上显示地形时，可在另一个显示器上选择显示气象信息。当 EGPWS 结合显示器使用时，屏幕上能复现前下方地形。飞机前方地形在显示器上以星罗棋布的红、黄、绿等光点图形来显示，其颜色参照飞机的现行高度而定，如图 5.68 所示。

① 绿色光点图形代表前方地形轮廓低于飞机 500 ft 或更大者。

② 黄色光点图形代表前方地形轮廓低于飞机 500 ft 以内者或高于飞机 2 000 ft 以内者。

③ 红色光点图形代表前方地形轮廓高于飞机 2 000 ft 以上者。

④ 任何低于飞机现行高度 2 000 ft 的地形不显示，只用黑色背景显示。

地形显示可通过 EFIS 开关板上的地形显示选择按钮人工选择。但是，当前视警戒或警告报警被激活时，地形也将自动显示。

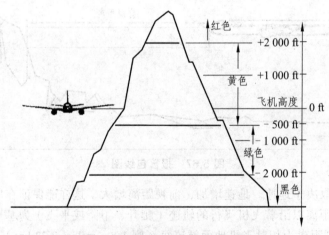

图 5.68　地形显示色彩与飞行高度的关系

5.8.4.4　驾驶舱报警

EGPWS 在潜在的地形碰撞威胁前 35 ~ 50 s 触发警戒级报警，发出 "CAUTION TERRAIN"（注意地形）的声音警告，地形显示由黄色光点图形变为整体实心黄色图形，琥珀色的近地灯点亮，提醒驾驶员采取措施。若 7 s 内机组未作出响应，系统将再次发出警告。

EGPWS 在潜在的地形碰撞威胁前 20 ~ 30 s 触发警告级报警，发出 "TERRAIN TERRAIN, PULL UP!"（地形，地形，拉起来）的声音警告，地形显示由红色光点图形变为整体实心红色图形，主警告灯和红色的拉升灯点亮，如图 5.69 所示。若机组及时拉升飞机，则在威胁解除后，警告撤销。若机组改变航向回避，则语音警告中止，但显示器上仍有威胁地形向旁侧离去。

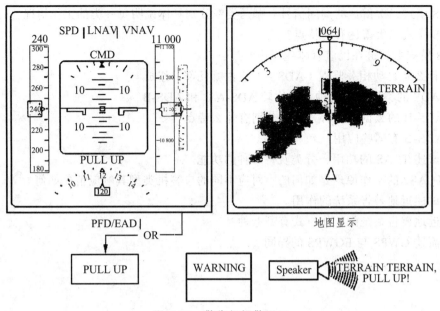

图 5.69　警告级报警显示

当 TCF 警戒被启动时，报警语音为"TOO LOW TERRAIN"（太低，地形），同时琥珀色的近地灯点亮。

复习思考题

1. 什么是空管监视？空管监视设施分为哪三个分系统？它们各自的作用是什么？

2. 空管监视方法有哪些？每种方法对应有哪些监视系统？

3. 什么是雷达？主要由哪几部分组成？各个部分的作用是什么？

4. 雷达是如何测距和测方位的？

5. 雷达的主要性能参数有哪些？它们如何影响雷达的探测距离、分辨力和抗干扰程度？

6. 试根据一次雷达方程 $R_{\max} = \left[\dfrac{P_t \sigma \cdot A_r^2}{4\pi \lambda^2 S_{r\,(\min)}} \right]^{\frac{1}{4}}$ 说明影响 $R_{\max}$ 的因素。

7. 一次雷达是如何对目标进行检测的？为什么要采用脉冲积累的方式来增加检测概率？

8. 雷达电波在传输过程中，影响电波传输距离的因素有哪些？简述影响原因。

9. 民航一次监视雷达有哪些种类？一次雷达的优缺点是什么？

10. 精密进近雷达是如何工作的？

11. 什么是二次雷达？有什么优缺点？

12. A / C 模式二次雷达有哪几种工作模式？民航主要用哪两种模式？

13. 二次雷达的询问信号为什么要发射 P_2 脉冲？机载应答机是如何决定是否回答的？

14. 应答信号的脉冲结构是怎样的？飞机代号和高度是如何编码的？

15. 机载 ATC 应答机控制盒"IDENT"电门的作用是什么？

16. 试说明 S 模式的意义？

17. S 模式二次雷达的询问信号有哪两类？分别具体说明每一类的工作情况？

18. S 模式二次雷达有何特点？

19. S 模式数据链在民航有哪些应用？

20. 什么是自动相关监视（ADS）？它由哪几部分组成？

21. ADS 的类型有哪两种？试比较 ADS-A/C 和 ADS-B。

22. ADS-B 的数据链有哪几种？分别有什么特点？

23. ADS-B 有哪些应用？

24. 试述 TCAS 的功用、分类及每一种的功能。

25. TCAS2 的工作原理是如何的？对应不同的应答机类型其响应情况如何？

26. 试述近地警告系统的作用。

27. 近地警告系统的工作方式有哪七种？

27. 简述 GWPS 与 EGWPS 的异同。

参考文献

[1] 魏光兴，等. 通信 导航 监视设施[M]. 成都：西南交通大学出版社，2004.

[2] 宣家禄. 通信导航雷达服务设施[M]. 中国民用航空飞行学院，1997.

[3] 蔡成仁. 航空无线电[M]. 北京：科学出版社，1992.

[4] 马存宝. 民机通信导航与雷达[M]. 西安：西北工业大学出版社，2004.

[5] 王世锦，王湛. 机载雷达与通信导航设备[M]. 北京：科学出版社，2012.

[6] 刘基余. GPS卫星导航定位原理与方法[M]. 北京：科学出版社，2008.

[7] 程擎，朱代武. 新一代空中交通管理系统[M]. 成都：西南交通大学出版社，2014.

[8] 程擎. 空中交通管制雷达原理. 中国民航飞行学院，2010.

[9] Dale Stacey. 航空无线电通信系统与网络[M]. 吴仁彪，等，译. 北京：电子工业出版社，
2011.

[10] 新航行系统概论编辑委员会. 新航行系统概论[M]. 北京：中国民航出版社，1998.

[11] 黄景让，李得明. 无线电通信[M]. 北京：人民邮电出版社，1992.

[12] 谢益溪，张克俊. 现代无线电通信知识讲座[M]. 北京：电子工业出版社，1991.

[13] 沈琪琪，朱德生. 短波通信[M]. 西安：西安电子科技大学出版社，1989.

[14] 吕海寰，蔡剑铭，甘仲民，等. 卫星通信系统[M]. 北京：人民邮电出版社，1994.

[15] 杨留清，等. 数字移动通信系统[M]. 北京：人民邮电出版社，1995.

[16] 郑连兴，倪育德. DVOR VRB-51D多普勒全向信标[M]. 北京：中国民航出版社，1997.

[17] 郑连兴，陆芝平. 自动定向机[M]. 北京：国防工业出版社，1993.

[18] 贾玉涛. 无线电导航[M]. 北京：国防工业出版社，1993.

[19] 高钟毓. 惯性导航系统技术[M]. 北京：清华大学出版社，2012.

[20] 刘建业，等. 导航系统理论与应用[M]. 西安：西北工业大学出版社，2010.

[21] 吴德伟. 无线电导航系统[M]. 北京：电子工业出版社，2015.

[22] 黎廷璋. 空中交通管制机载应答机[M]. 北京：国防工业出版社，1995.

[23] 刘汉辉. 空中交通警戒与防撞系统[M]. 北京：民航工业出版社，1994.

[24] 张进德. 近地警告系统[M]. 北京：国防工业出版社，1995.

[25] 何晓薇，等. 航空电子设备[M]. 成都：西南交通大学出版社，2002.

[26] 朱新宇，等. 民航飞机电气及通信系统[M]. 成都：西南交通大学出版社，2002.

[27] 马士中. 测距机[M]. 北京：国防工业出版社，1993.

[28] 陆平芝，郑德华. 全向信标和仪表着陆系统[M]. 北京：国防工业出版社，1990.

[29] 向敬成，张明友. 雷达系统[M]. 北京：电子工业出版社，2001.

[30] 丁鹭飞，耿富录. 雷达原理[M]. 西安：西安电子科技大学出版社，1995.

[31] 张尉. 二次雷达原理[M]. 北京：国防工业出版社，2009.

[32] Doc 9750, AN/963. 全球空中航行计划. 国际民航组织，2007.

[33] Annex 10 to the Convention on International Civil Aviation, Aeronautical Telecommunications, Volume I Radio Navigation Aids, International Civil Aviation Organization, Sixth Edition July 2006.

[34] Annex 10 to the Convention on International Civil Aviation, Aeronautical Telecommunications, Volume III communication system, International Civil Aviation Organization, Second Edition, July 2007.

[35] Annex 10 to the Convention on International Civil Aviation, Aeronautical Telecommunications, Volume IV surveillance and collision avoidance system, International Civil Aviation Organization, Fourth Edition, July 2007.